电路理论与电子技术实验和实习教程

主编　李艳红　方路线　刘璐玲
主审　赵振华　李元科

北京理工大学出版社
BEIJING INSTITUTE OF TECHNOLOGY PRESS

内容简介

本书主要针对应用型人才培养及实际工程应用编写，强调实验过程的描述，重点是引导学生如何组织、设计和调试完成一个完整的实验，以达到实践能力提高的目的。全书分为基本仪器仪表使用技能、实验数据的处理，涵盖了电路理论、模拟电子技术、数字电子技术和电工与电子技术实习课程中常用的基本实验。本书从基础性实验技能、综合性实验设计和研究性实验探索等三个层面上，阐述了理论与实践关联的认识，以及工程素质的培养。对每个实验的目的和实施方案设计、实验步骤安排、仪器选择、数据记录、思考题等过程加以启发和引导，增强学生创新意识和自主研究问题兴趣的培养，提高分析问题和解决问题的能力。

本书各章节的内容既相互独立又相互配合，且循序渐进，可作为高等工科院校各专业的电路理论与电子技术实验课程的基本参考书籍。

图书在版编目（CIP）数据

电路理论与电子技术实验和实习教程/李艳红，方路线，刘璐玲主编. —北京：北京理工大学出版社，2016.5（2023.8重印）
ISBN 978-7-5682-2147-4

Ⅰ.①电… Ⅱ.①李…②方…③刘… Ⅲ.①电路理论-高等学校-教材②电子技术-高等学校-教材 Ⅳ.①TM13②TN

中国版本图书馆CIP数据核字（2016）第085290号

出版发行／北京理工大学出版社有限责任公司
社　　址／北京市海淀区中关村南大街5号
邮　　编／100081
电　　话／（010）68914775（总编室）
　　　　　（010）82562903（教材售后服务热线）
　　　　　（010）68944723（其他图书服务热线）
网　　址／http://www.bitpress.com.cn
经　　销／全国各地新华书店
印　　刷／廊坊市印艺阁数字科技有限公司
开　　本／710毫米×1000毫米　1/16
印　　张／15
字　　数／259千字
版　　次／2016年5月第1版　2023年8月第3次印刷
定　　价／38.00元

责任编辑／陈莉华
文案编辑／陈莉华
责任校对／周瑞红
责任印制／王美丽

图书出现印装质量问题，请拨打售后服务热线，本社负责调换

《电路理论与电子技术实验和实习教程》
编委会

主　编　李艳红　方路线　刘璐玲

副主编　尤　洋　熊　文　李　平　王　欣　周胜兰

编　者　陈　里　周凤香　周　莹　陈向诗瑶

主　审　赵振华　李元科

前　言

本书融合了电路理论实验、电子技术实验和电工与电子实习三门实践课程，以培养学生基本实验技能、综合设计能力、科研创新精神为目标，分基础验证、综合设计和创新研究三个层次构成了与理论相结合的实验内容。随着相关课程的理论内容不断加深，加强相关的基础验证试验比例，会让学生具有综合设计能力和创新研究性能力。本实践课程体现了基础、综合和创新的结合，体现了与科研、工程、社会应用的结合；推动了理论教学与实验教学之间的合理衔接，推进了学生自主学习，合作学习，研究性学习。

本书内容依照教学规律由浅入深、循序渐进的学习和能力培养原则，分层次安排实验内容，后一层次的内容以前一层次为基础，逐步加深。本教程由六大部分组成，第一部分为实验基本常识，包括电路理论与电子技术实验和实习的操作规程、常用实验仪器的使用、实验仪器设备的安全使用和实验报告的编写与要求；第二部分为电路理论实验，包括基尔霍夫定律的验证，叠加原理的验证，电源的等效变换，戴维南定理和诺顿定理的验证，*RC* 一阶电路的响应测试，*R*、*L*、*C* 元件阻抗特性的测定，正弦稳态交流电路相量的研究，*RC* 选频网络特性测试，*RLC* 串联谐振电路的研究，双口网络的测试，互感电路观测、单相铁芯变压器特性的测试，三相交流电路电压和电流的测量；第三部分为电子技术基础（模拟部分），包括晶体管共射极单管放大器、场效应管放大器、负反馈放大器、射极跟随器、差动放大器、集成运算放大器指标测试、集成运算放大器的基本应用、*RC* 正弦波振荡器、*LC* 正弦波振荡器、集成函数信号发生器芯片的应用与调试、低频功率放大器、直流稳压电源、晶闸管可控整流电路；第四部分为电子技术基础（数字部分），包括TTL 集成逻辑门的逻辑功能与参数测试、CMOS 集成逻辑门的逻辑功能与参数测试、组合逻辑电路的设计与测试、译码器及其应用、数据选择器及其应用、触发器及其应用、计数器及其应用、移位寄存器及其应用、脉冲分配器及其应用、单稳态触发器与施密特触发器、555 时基电路及其应用；第五部分为电工实习部分，包括维修电工的基本知识及技能、继电接触控制系统各种器件的工作原理与使用方法、异步电动机的各种启动电路设计；第六部分为电子实习部分，包括制板和焊接的基本知识及技能、PCB 设计及制作的基本方法和收音机整机装配的基本技能。

本书由武汉工程大学邮电与信息工程学院的李艳红、方路线、刘璐玲担任主编，尤洋、熊文、李平、王欣、周胜兰担任副主编。其中尤洋编写了第一章，刘璐玲编写了第二章全部实验内容，李艳红编写了第三章全部实验内容及第四章的实验三 ~ 实验十二，方路线编写了第四章的实验一和实验二，熊文编写了第五章的常用控制电器部分，李平编写了第五章异步电动机的各种启动电路设计部分，王欣编写了第六章制板和焊接的基本知识及技能部分，周胜兰编写了第六章 PCB 设计及制作的基本方法部分，周凤香编写了第六章收音机整机装配的基本技能部分，陈里、周莹和陈向诗瑶分别编写了附录 1、2、3；全书由李艳红和方路线组织并统稿。本书由武汉工程大学邮电与信息工程学院赵振华教授、华中科技大学李元科教授主审，他们认真仔细地审阅了全部书稿，提出了大量的宝贵意见，在此一并表示感谢。

由于本书作者水平有限，书中难免有缺点和不妥之处，恳请读者批评指正。

编　者

目　录

第一章　实验基本常识

一、电路理论与电子技术实验和实习的操作规程

电子技术工作者经常要对电子设备进行安装、调试和测量。因此，同学们要注意培养正确、良好的操作习惯，并逐步积累经验、不断提高实验水平。

1. 实验前的预习

为了避免盲目性，使实验过程有条不紊地进行，在做每个实验前都要做好以下几个方面的准备：

（1）阅读实验教材，明确实验目的、任务，了解实验内容及测试方法。

（2）复习有关理论知识并掌握所用仪器的使用方法，认真完成实验所要求的电路设计、实验底板安装等任务。

（3）根据实验内容拟好实验步骤，选择测试方案。

（4）对实验中的原始数据和待观察的波形，应先记录待用。

2. 实验仪器的合理布局

实验时，各仪器仪表和实验对象（如实验板或实验装置等）之间，应按信号流向并根据连线简捷、调节顺手、观察与读数方便的原则进行合理布局。图1－1为实验仪器的一种布局形式。输入信号源置于实验板的左侧，测试用的示波器与电压表置于实验板的右侧，实验用的直流稳压电源与函数发生器放中间。

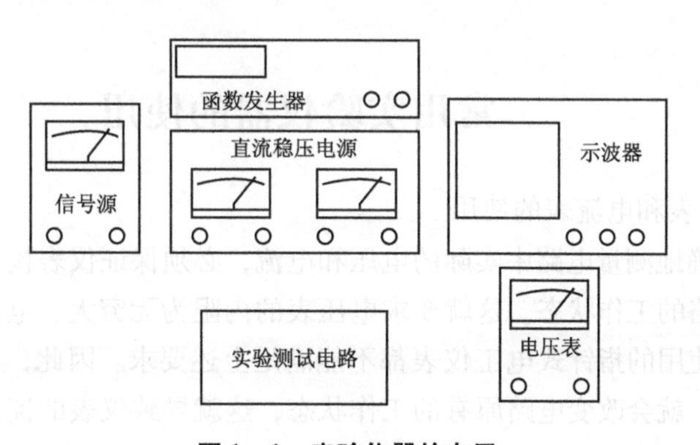

图1－1　实验仪器的布局

3. 对电子实验器件的接插、安装与布线

目前，在实验室中通常有一块或数块多孔插座板，利用这些多孔插座板可以直接接插、安装和连接实验电路而无须焊接。为了检查、测量方便，在多孔插座板上接插、安装时应注意做到以下几点：

（1）首先要弄清楚多孔插座板和实验台的结构，然后根据实验台的结构特点来安排元器件位置和电路的布线。

（2）接插元器件和导线时要细心。接插前，必须先用钳子或镊子把待插元器件和导线的插脚弄平直。接插时，应小心地用力插入，以保证插脚与插座间接触良好。实验结束时，应轻轻拔下元器件和导线，切不可用力太猛。

（3）布线的顺序是先布电源线与地线，然后按布线图，从输入到输出依次连接好各元器件。在可能的条件下应尽量做到接线短、接点少，但同时又要考虑到测量的方便。

（4）在接通电源之前，要仔细检查所有的连接线。特别应注意检查各电源的连线和公共地线接得是否正确。

4. 测试前的准备

在线路按要求安装完毕即将通电测试前，应做好：

（1）首先检查 220 V 交流电源和实验所需的元器件、仪器仪表等是否齐全并符合要求，检查各种仪器面板上的旋钮，使之处于所需的待用位置。例如，直流稳压电源应置于所需的挡级，并将其输出电压调整到所要求的数值。切勿在调整好电压前将其随意与实验电路板接通。

（2）对照实验电路图，对实验电路板中的元件和接线进行仔细的寻迹检查，检查各引线有无接错，特别是电源与电解电容的极性是否接反，各元件及接点有无漏焊、假焊，并注意防止碰线短路等问题。经过认真仔细检查，确认安装无差错后，方可按前述的接线原则，将实验电路板与电源和测试仪器接通。

二、常用实验仪器的使用

1. 电压表和电流表的使用

为了准确地测量电路中实际的电压和电流，必须保证仪表接入电路后不会改变被测电路的工作状态。这就要求电压表的内阻为无穷大、电流表的内阻为零，而实际使用的指针式电工仪表都不能满足上述要求。因此，当测量仪表一旦接入电路，就会改变电路原有的工作状态，这就导致仪表的读数值与电路原有的实际值之间出现误差。误差的大小与仪表本身内阻的大小密切相关。

（1）分压法测量电压表的内阻。图 1－2 为采用分压法测量电压表内阻的电路图。V 为被测内阻（R_V）的电压表。测量时先将开关 S 闭合，调节直流稳压电源的输出电压，使电压表 V 的指针为满偏转。然后断开开关 S，调节 R_B使电压表 V 的指示值减半。

此时有：

$$R_V = R_B + R_1$$

电压表的灵敏度为：

$$S = R_V / U$$

式中，U 为电压表满偏时的电压值。

（2）分流法测量电流表的内阻。图 1－3 为用分流法测量电流表内阻的电路图。A 为被测内阻（R_A）的直流电流表。测量时先断开开关 S，调节电流源的输出电流 I 使电流表指针满偏转。然后合上开关 S，并保持 I 值不变，调节电阻箱 R_B的阻值，使电流表的指针指在 1/2 满偏转位置，此时有：

$$I_A = I_S = I/2$$

$$R_A = R_B \parallel R_1$$

式中，可调电流源 R_1为固定电阻器之值，R_B的值可从电阻箱的刻度盘上读得。

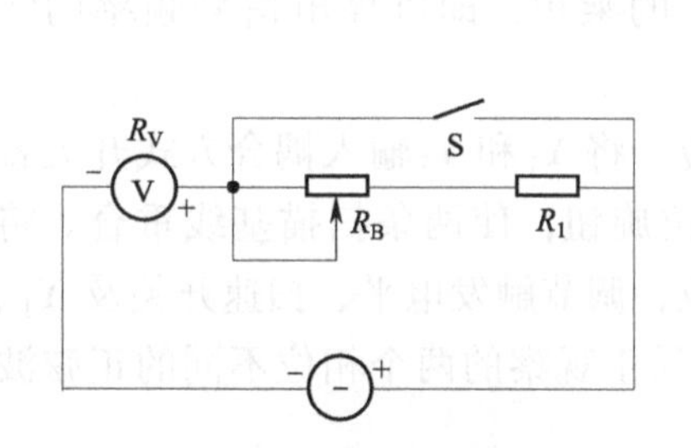

图 1－2　分压法测量电压表的内阻

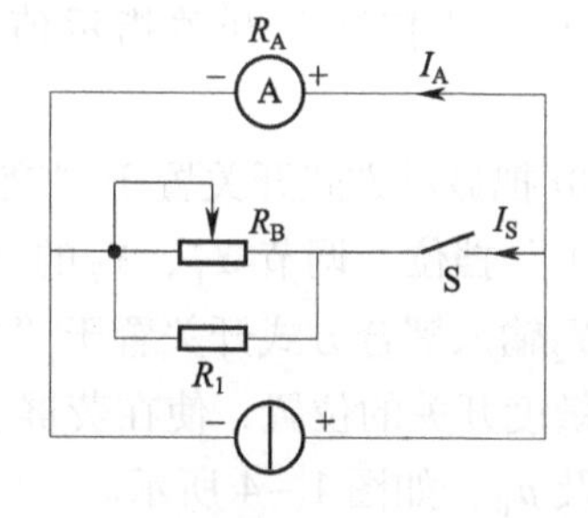

图 1－3　分流法测量电流表的内阻

2．示波器的使用

示波器是一种用途很广的电子测量仪器，它既能直接显示电信号的波形，又能对电信号进行各种参数的测量。

（1）扫描基线调节。将示波器的显示方式开关置于“单踪”显示（Y_1或 Y_2），输入耦合方式开关置于“GND”，触发方式开关置于“自动”。开启电源开关后，调节“辉度”“聚焦”“辅助聚焦”等旋钮，使荧光屏上显示一条细而且亮度适中的扫描基线。然后调节“X 轴位移”（⇄）和“Y 轴位移”（⇅）旋钮，使扫描线位于屏幕中央，并且能上下左右移动自如。

（2）调节“校正信号”波形的幅度、频率。触发方式开关通常先置于“自动”，调出波形后，若被显示的波形不稳定，可置触发方式开关于“常态”，通过调节“触发电平”旋钮找到合适的触发电压，使被测试的波形稳定地显示在示波器屏幕上。示波器选择较慢的扫描速率时，显示屏上将会出现闪烁的光迹，但被测信号的波形不在 X 轴方向左右移动，这样的现象仍属于稳定显示。

将 Y 轴输入耦合方式开关置于“AC”或“DC”，触发源选择开关置于“内”，内触发源选择开关置于“Y_1”或“Y_2”。调节 X 轴“扫描速率”开关（t/div）和 Y 轴“输入灵敏度”开关（V/div），使示波器显示屏上显示出一个或数个周期稳定的方波波形。适当调节“扫描速率”开关及“Y 轴灵敏度”开关使屏幕上显示 1～2 个周期的被测信号波形。在测量幅值时，应注意将“Y 轴灵敏度微调”旋钮置于“校准”位置，即顺时针旋到底，且听到关的声音。在测量周期时，应注意将“X 轴扫速微调”旋钮置于“校准”位置，即顺时针旋到底，且听到关的声音。

（3）波形的读数。

① 根据被测波形在屏幕坐标刻度上垂直方向所占的格数（div 或 cm）与“Y 轴灵敏度”开关指示值（V/div）的乘积，即可算出信号幅值的实测值。

② 根据被测信号波形一个周期在屏幕坐标刻度水平方向所占的格数（div 或 cm）与“扫速”开关指示值（t/div）的乘积，即可算出信号频率的实测值。

③ 把显示方式开关置于“交替”挡位，将 Y_1 和 Y_2 输入耦合方式开关置于“⊥”挡位，调节 Y_1、Y_2 的（↑↓）移位旋钮，使两条扫描基线重合。将 Y_1、Y_2 输入耦合方式开关置于“AC”挡位，调节触发电平、扫速开关及 Y_1、Y_2 灵敏度开关的位置，使在荧屏上显示出易于观察的两个相位不同的正弦波形 u_i 及 u_R，如图 1－4 所示。

根据两波形在水平方向的差距 X，及信号周期 X_T，则可求得两波形相位差。求相位差公式为：

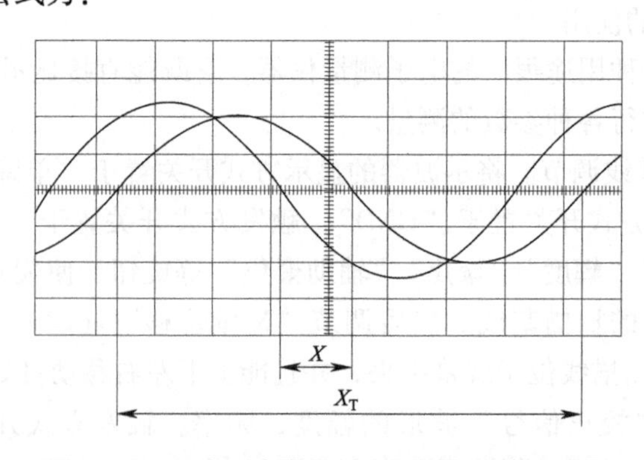

图 1－4 双踪示波器显示两相位不同的正弦波

$$\theta = \frac{X(\text{div})}{X_{\text{T}}(\text{div})} \times 360°$$

式中，X_T为一周期所占格数；X 为两波形在 X 轴方向的差距格数。

3. 函数信号发生器的使用

函数信号发生器按需要可输出正弦波、方波、三角波三种信号波形。输出电压最大可达20 V_{P-P}。通过输出衰减开关和输出幅度调节旋钮，可使输出电压在毫伏级到伏级范围内连续调节。函数信号发生器的输出信号频率可以通过频率分挡开关进行调节。

函数信号发生器作为信号源，它的输出端不允许短路。

4. 交流毫伏表的使用

交流毫伏表只能在其工作频率范围之内，用来测量正弦交流电压的有效值。为了防止因过载而损坏，测量前一般先把量程开关置于量程较大的位置上，然后在测量中逐挡减小量程。

交流毫伏表使用时的注意事项：

(1) 通电前，一定要将输入电缆的红黑鳄鱼夹相互短接。防止仪器在通电时因外界干扰信号通过输入电缆进入电路，经电路放大后将表针打弯。

(2) 接通220 V电源，按下电源开关，电源指示灯亮，仪器立刻工作。为了保证仪器的稳定性，需预热10秒钟后使用，开机后10秒钟内指针无规则摆动属正常。

(3) 测量前，应进行短路调零。将测试线的红黑鳄鱼夹夹在一起，将量程旋钮旋到1 mV量程，指针应指在零位（可通过面板上的机械调零电位器进行调零）。若指针偏离零点过多，应检查测试线是否断路或接触不良并更换测试线。

(4) 交流毫伏表灵敏度较高，按下电源后，在较低量程时由于干扰信号（感应信号）的作用，指针会发生偏转，称为自起现象。所以在不测试信号时应将量程旋钮旋到较高量程挡位，以防打弯指针。

(5) 交流毫伏表接入被测电路时，其接地端（黑鳄鱼夹）应始终接在电路的地线上（成为公共接地线），以防干扰。

5. 万用表的使用

万用表分为指针式万用表和数字式万用表。数字万用表以其性能优良、价格较低而迅速流行起来。数字万用表除了具有指针表的功能外，还可以用来测量电容、频率、温度等；并且其以数字显示读数。数字万用表的上部是液晶显示屏，在中间部分是功能选择旋钮，下部是表笔插孔，分为“COM”（公共端）或“-”端和“+”端，还有一个电流插孔、测三极管β值插孔和测电容插孔。

(1) 直流电压的测量。首先将黑表笔插进“COM”孔，红表笔插进

“VΩ ”孔。把旋钮选到比估计值大的量程（注意：表盘上的数值均为最大量程，“V -”表示直流电压挡，“V ~”表示交流电压挡，“A”是电流挡），接着把表笔接电源或电池两端并保持接触稳定。数值可以直接从显示屏上读取，若显示为“1.”，则表明量程太小，那么就要加大量程后再测量。如果在数值左边出现“ -”，则表明表笔极性与实际电源极性相反。利用该方法可测电池、随身听电源等的电压。

（2）交流电压的测量。表笔插孔与直流电压的测量一样，不过将旋钮打到交流挡“V ~”处所需的量程即可。交流电压无正负之分，测量方法跟前面相同。无论测交流电压还是直流电压，都要注意人身安全，不要随便用手触摸表笔的金属部分。

（3）直流电流的测量。先将黑表笔插入“COM”孔，若测量大于 200 mA 的电流，则要将红表笔插入“10 A”插孔并将旋钮打到直流“10 A”挡；若测量小于 200 mA 的电流，则将红表笔插入“200 mA”插孔，将旋钮打到直流 200 mA 以内的合适量程。将万用表串进电路中，保持稳定，即可读数。若显示为“1.”，那么就要加大量程；如果在数值左边出现“ -”，则表明电流从黑表笔流进万用表。

（4）交流电流的测量。测量方法与直流电流测量方法相同，不过挡位应该打到交流挡位，电流测量完毕后应将红表笔插回“VΩ”孔，若忘记这一步而直接测电压，万用表或者电源会报废。

（5）电阻的测量。将表笔插进“COM”和“VΩ”孔中，把旋钮打到所需的量程，用表笔接在电阻两端金属部位，测量中可以用手接触电阻，但不要把手同时接触电阻两端，这样会影响测量精确度，因为人体的电阻很大但是有限大的导体。读数时，要保持表笔和电阻有良好的接触。注意数值单位：在“200”挡时单位是“Ω”，在“2K”到“200K”挡时单位为“kΩ ”，“2M”以上的单位是“MΩ”。

（6）二极管的测量。数字万用表可以测量发光二极管、整流二极管等。测量时，表笔的位置与测量电压时一样，将旋钮旋到“二极管符号”挡；用红表笔接二极管的正极，黑表笔接负极，这时会显示二极管的正向压降。肖特基二极管的压降是 0.2 V 左右，普通硅整流管（1N4000、1N5400 系列等）约为 0.7 V，发光二极管为 1.8 ~ 2.3 V。调换表笔后，显示屏显示“1.”则为正常，因为二极管的反向电阻很大，否则此管已被击穿。

（7）三极管的测量。表笔的插位同上，其测量原理同二极管的测量是一样的。先假定 A 脚为基极，用黑表笔与该脚相接，红表笔分别接触其他两脚。若两次读数均为 0.7 V 左右，然后再用红表笔接 A 脚，黑表笔分别接触其他两脚，若均显示“1.”，则A脚为基极，否则需要重新测量，且可以判断出此管为PNP管。利用“hFE”挡来判断：先将挡位打到“hFE”挡，可以看到挡位旁有一排小插孔，分为PNP管和NPN管的测量。前面已经判断出管型，将基极插入对应管型“b”孔，其余两脚分别插入“c”孔和“e”孔，此时可以读取数值，即β值；再固定基极，其余两脚对调；比较两次读数，读数较大的管脚位置与表面“c”孔和“e”孔相对应。

三、实验仪器设备的安全使用

注意安全操作规程，在调换仪器时须切断实验台的电源，为防止器件损坏，通常要求在切断实验电路板上的电源后才能改接线路，仪器设备的外壳如能良好接地，可防止机壳带电。在调试时，要逐步养成用右手进行单手操作的习惯，并注意人体与大地之间有良好的绝缘。

在使用仪器过程中，不必经常开关电源，不要随意触碰仪器面板上的开关和旋钮。实验结束后，只需要关断仪器电源和实验台的电源，不必将仪器的电源线拔掉。在实验室配电柜、实验台及各仪器中通常都安装有电源保险丝。仪器使用的保险丝，常用的有0.5 A、1 A、2 A、3 A和5 A等几种规格，应注意按规定的容量调换保险丝，当被测量值的大小无法估计时，应从仪表的最大量程开始测试，然后逐渐减小量程。

四、实验报告的编写与要求

实验报告是实验结果的总结和反映，也是实验课的继续和提高。通过撰写实验报告使知识条理化，可以培养学生解决综合问题的能力。将实际情况记录下来，不应擅自修改，更不能弄虚作假。对测量结果和所记录的实验现象，要学会正确分析与判断，不要对测量结果的正确与否一无所知，以致出现因数据错误，而重做实验的情况。如果发现数据有问题，要认真检查线路并分析原因。数据经初步整理，再请指导教师审阅后，才可拆线。

实验报告的主要内容包括以下几个方面：

（1）实验目的。

（2）实验电路、测试方法和测试设备。

（3）实验的原始数据、波形和现象，以及对它们的处理结果。

（4）结果分析及问题讨论。

（5）收获和体会。

(6) 记录所使用仪器的规格及编号（以备以后复核）。

在写实验报告时，常常要对实验数据进行科学的处理，才能找出其中的规律，并得出有用的结论。常用的数据处理方法是列表和作图。实验所得的数据可分类记录在表格中，这样便于对数据进行分析和比较。也可将实验结果绘成曲线，直观地表示出来。在作图时，应合理选择坐标刻度和起点位置（坐标起点不一定要从零开始），并要采用方格纸绘图。当标尺范围很宽时，应采用对数坐标纸。另外，在波形图上通常还应标明幅值、周期等参数。

第二章　电路理论实验

一、基尔霍夫定律的验证

【实验目的】

（1）验证基尔霍夫定律的正确性，加深对基尔霍夫定律的理解。
（2）学会各支路电流及电压的测量方法。

【原理说明】

基尔霍夫定律是电路的基本定律。测量某电路的各支路电流及每个元件两端的电压，应分别满足基尔霍夫电流定律（KCL）和基尔霍夫电压定律（KVL）。即对电路中的任一个节点而言，应有 $\Sigma I=0$；对任意一个闭合回路而言，应有 $\Sigma U=0$。运用上述定律时必须注意各支路或闭合回路中电量的参考方向，此方向可预先任意设定。

【实验设备】

实验所需设备如表 2－1 所示。

表 2－1　实验设备

序号	名称	型号与规格	数量	备注
1	直流可调稳压电源	0～30 V	2	
2	直流数字电流表	0～2 000 mA	1	
3	直流数字电压表	0～200 V	1	
4	实验电路板		1	实验装置自带

【实验内容】

实验参考线路如图 2－1 所示。

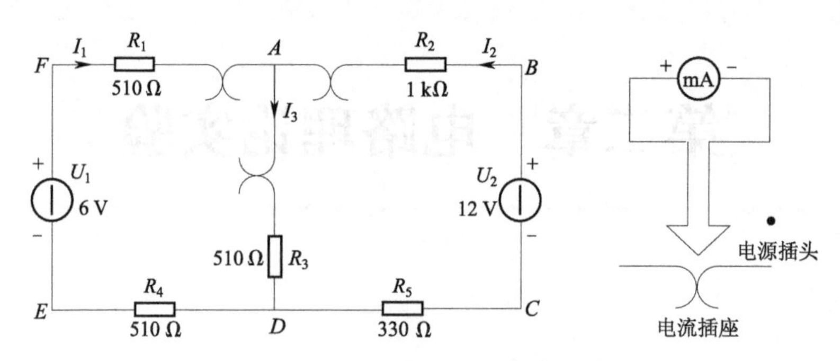

图 2 -1 基尔霍夫实验参考线路图

（1）实验前先任意设定三条支路和三个闭合回路的电流正方向。图 2 -1 中的 I_1、I_2、I_3 的方向已设定。三个闭合回路的电流正方向可设为 *ADEFA*、*BADCB* 和 *FBCEF*。

（2）分别将两路直流稳压电源接入电路，令 $U_1 = 6$ V，$U_2 = 12$ V。

（3）熟悉电流插头的结构，将电流插头的两端接至数字毫安表的“+”“−”两端。

（4）将电流插头分别插入三条支路的三个电流插座中，读出并记录电流值。

（5）用直流数字电压表分别测量两路电源及电阻元件上的电压值，并记录在表 2 -2 中。

表 2 -2 实验数据记录

被测量	I_1/mA	I_2/mA	I_3/mA	U_1/V	U_2/V	U_{FA}/V	U_{AB}/V	U_{AD}/V	U_{CD}/V	U_{DE}/V
计算值										
测量值										
相对误差										

【实验注意事项】

（1）数字电压表、电流表显示正值与负值的含义。

（2）U_1、U_2 也需测量，不应取电源本身的显示值。

（3）防止电源的两个输出端碰线短路。

（4）及时更换合适的量程。

【思考题】

（1）根据图 2 -1 的电路参数，计算出待测的电流 I_1、I_2、I_3 和各电阻上的电压值，记入表中，以便实验测量时，可正确地选定毫安表和电压表的量程。

（2）实验中，若用指针式万用表直流毫安挡测各支路电流，在什么情况下可能出现指针反偏？应如何处理？在记录数据时应注意什么？

【实验报告】

（1）根据实验数据，选定节点 A，验证 KCL 的正确性。

（2）根据实验数据，选定实验电路中的任意一个闭合回路，验证 KVL 的正确性。

（3）分析产生误差的原因。

二、叠加原理的验证

【实验目的】

（1）验证线性电路叠加原理的正确性。

（2）加深对线性电路的叠加性和齐次性的认识和理解。

【原理说明】

叠加原理指出：在有多个独立源共同作用下的线性电路中，通过每一个元件的电流或其两端的电压，可以看成是由每一个独立源单独作用时在该元件上所产生的电流或电压的代数和。

线性电路的齐次性是指当激励（某独立电源的值）增加或减小 K 倍时，电路的响应（即在电路中各电阻元件上所建立的电流值或电压值）也将增加或减小 K 倍。

【实验设备】

实验所需设备如表 2－3 所示。

表 2－3　实验设备

序号	名　称	型号与规格	数量	备　注
1	直流可调稳压电源	0～30 V	2	
2	直流数字电压表	0～200 V	1	
3	直流数字毫安表	0～2 000 mA	1	
4	叠加原理实验电路板		1	实验设备自带

【实验内容】

实验参考线路如图 2－2 所示。

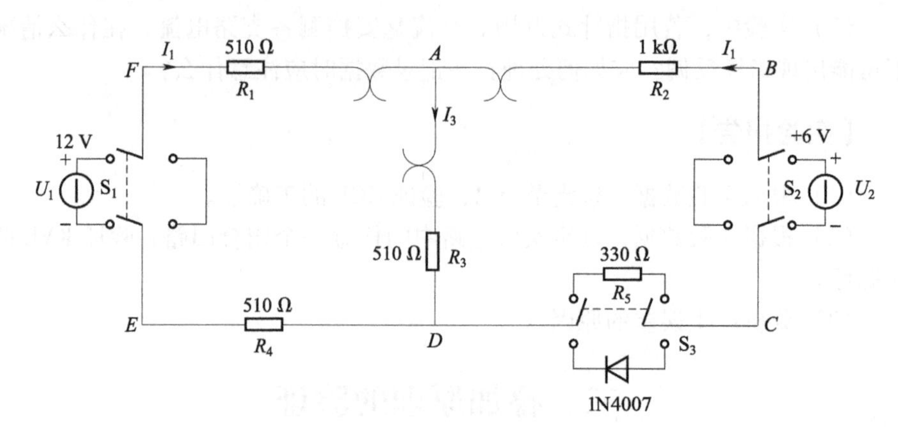

图 2－2　实验参考线路

（1）将两路稳压电源的输出分别调节为 12 V 和 6 V，接入 U_1 和 U_2 处。

（2）令 U_1 电源单独作用（将开关 S_1 投向 U_1 侧，开关 S_2 投向短路侧）。用直流数字电压表和毫安表（接电流插头）测量各支路电流及各电阻元件两端的电压，将数据记入表 2－4 中。

表 2－4　实验数据记录（一）

测量项目 / 实验内容	U_1 /V	U_2 /V	I_1 /mA	I_2 /mA	I_3 /mA	U_{AB} /V	U_{CD} /V	U_{AD} /V	U_{DE} /V	U_{FA} /V
U_1 单独作用										
U_2 单独作用										
U_1、U_2 共同作用										
$2U_2$ 单独作用										

（3）令 U_2 电源单独作用（将开关 S_1 投向短路侧，开关 S_2 投向 U_2 侧），重复实验步骤（2）的测量和记录，将数据记入表 2－4 中。

（4）令 U_1 和 U_2 共同作用（开关 S_1 和 S_2 分别投向 U_1 和 U_2 侧），重复上述的测量和记录，将数据记入表 2－4 中。

（5）将 U_2 的数值调至＋12 V，重复上述步骤（3）的测量并记录，将数据记入表2－4 中。

（6）将 R_5（330 Ω）换成二极管 1N4007（即将开关 S_3 投向二极管 1N4007 侧），重复步骤（1）～（5）的测量过程，将数据记入表 2－5 中。

表 2-5　实验数据记录（二）

测量项目 / 实验内容	U_1 /V	U_2 /V	I_1 /mA	I_2 /mA	I_3 /mA	U_{AB} /V	U_{CD} /V	U_{AD} /V	U_{DE} /V	U_{FA} /V
U_1单独作用										
U_2单独作用										
U_1、U_2共同作用										
$2U_2$单独作用										

【实验注意事项】

（1）用电流插头测量各支路电流时，或者用电压表测量电压降时，应注意仪表的极性，正确判断测得值的正负后，记入数据表格中。

（2）注意仪表量程的及时更换。

【思考题】

（1）在叠加原理实验中，要令 U_1、U_2分别单独作用，应如何操作？可否直接将不作用的电源（U_1或 U_2）短接置零？

（2）实验电路中，若有其中一个电阻器改为二极管，试问叠加原理的叠加性与齐次性还成立吗？为什么？

【实验报告】

（1）根据实验数据表格，进行分析、比较、归纳，总结出实验结论，验证线性电路的叠加性与齐次性。

（2）各电阻器所消耗的功率能否用叠加原理计算得出？试用上述实验数据，进行计算并作出结论。

（3）通过实验步骤（6）及分析表格 2-5 的数据，你能得出什么样的结论？

（4）写出心得体会及其他。

三、电源的等效变换

【实验目的】

（1）掌握电源外特性的测试方法。

（2）验证电压源与电流源等效变换的条件。

【原理说明】

（1）直流稳压电源在一定的电流范围内，具有很小的内阻。故在实用中，常将它视为理想的电压源，即其输出电压不随负载电流而变。其外特性曲线，即其伏安特性曲线 $U=f(I)$ 是一条平行于 I 轴的直线。一个实用中的恒流源在一定的电压范围内，可视为一个理想的电流源。

（2）一个实际的电压源（或电流源），其端电压（或输出电流）不可能不随负载而变，因为它具有一定的内阻值。故在实验中，用一个电阻与稳压源（或恒流源）相串联（或并联）来模拟一个实际的电压源（或电流源）。

（3）一个实际的电源，就其外部特性而言，既可以看成是一个电压源，又可以看成是一个电流源。若视为电压源，则可用一个理想的电压源 U_s 与一个电阻 R_0 相串联的组合来表示；若视为电流源，则可用一个理想电流源 I_s 与一电导 g_0相并联的组合来表示。如果这两种电源能向同样大小的负载供出同样大小的电流和端电压，则称这两个电源对外电路是等效的，即具有相同的外特性。

一个电压源与一个电流源等效变换的条件为：

$$I_s=U_s/R_0,\ g_0=1/R_0 \quad 或 \quad U_s=I_sR_0,\ R_0=1/g_0。$$

电路图如图 2－3 所示。

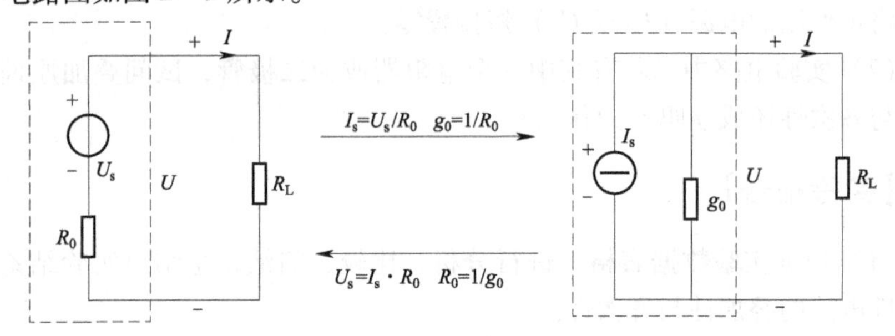

图 2－3 电压源与电流源的等效变换

【实验设备】

实验设备如表 2－6 所示。

表 2－6 实验设备

序号	名称	型号与规格	数量	备注
1	直流可调稳压电源	0～30 V	1	
2	直流可调恒流源	0～200 mA	1	
3	直流数字电压表	0～200 V	1	
4	直流数字毫安表	0～500 mA	1	
5	电阻器	51 Ω，200 Ω	1	自备
6	可调电阻箱	0～99 999.9 Ω	1	自备

【实验内容】

1. 测定直流稳压电源与实际电压源的外特性

（1）按图 2－4 接线。U_s 为 6 V 直流稳压电源。调节 R_2，令其阻值由大至小变化，将两表的读数记录在表 2－7 中。

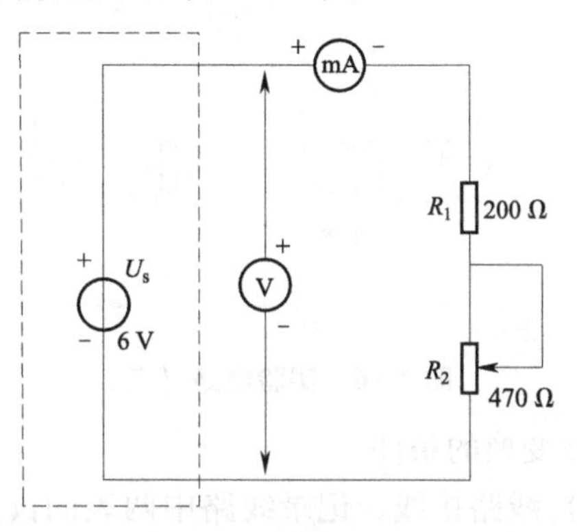

图 2－4　实验电路（一）

表 2－7　实验数据记录（一）

U/V							
I/mA							

（2）按图 2－5 接线，虚线框可模拟为一个实际的电压源。调节 R_2，令其阻值由大至小变化，将两表的读数记录在表 2－8 中。

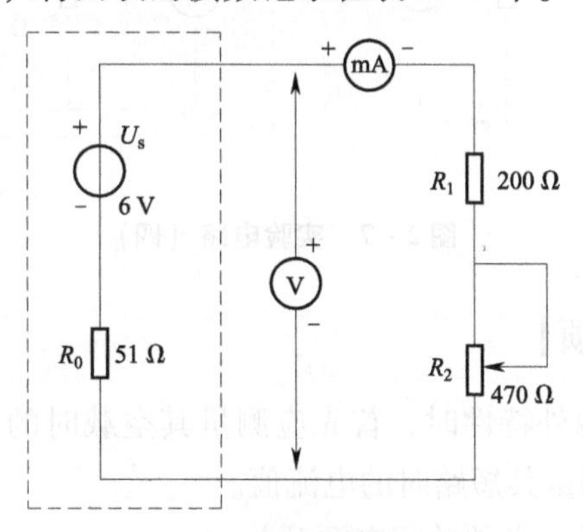

图 2－5　实验电路（二）

表 2－8　实验数据记录（二）

U/V							
I/mA							

2. 测定电流源的外特性

按图 2-6 接线，I_s 为直流恒流源，调节其输出为 10 mA，令 R_0 分别为 1 kΩ 和 ∞（即接入和断开），调节电位器 R_L（从 0 至 470 Ω），测出这两种情况下的电压表和电流表的读数。自拟数据表格，记录实验数据。

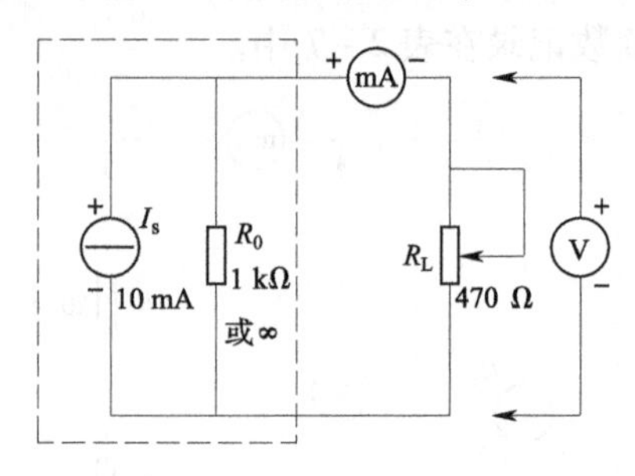

图 2-6 实验电路（三）

3. 测定电源等效变换的条件

先按图 2-7（a）线路接线，记录线路中两表的读数。然后利用图 2-7（a）中右侧的元件和仪表，按图 2-7（b）接线。调节恒流源的输出电流 I_s，使两表的读数与图 2-7（a）时的数值相等，记录 I_s 之值，验证等效变换条件的正确性。

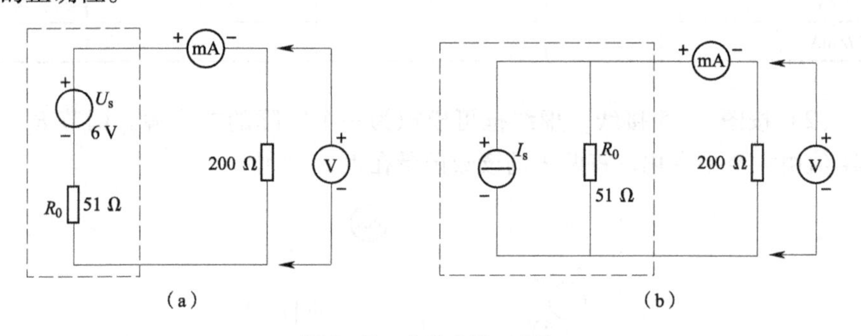

图 2-7 实验电路（四）

【实验注意事项】

（1）在测电压源外特性时，首先应测量其空载时的电压值；测电流源外特性时，不要忘记测量其短路时的电流值。

（2）换接线路时，必须关闭电源开关。

（3）直流仪表的接入应注意极性与量程。

【思考题】

电压源与电流源的外特性为什么呈下降变化趋势？稳压源和恒流源的输出

在任何负载下是否保持恒值？

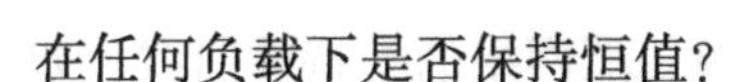

【实验报告】

（1）根据实验数据绘出电源的四条外特性曲线。

（2）根据实验结果，验证电源等效变换的条件。

（3）写出心得体会。

四、戴维南定理和诺顿定理的验证

【实验目的】

（1）验证戴维南定理和诺顿定理的正确性，加深对定理的理解。

（2）掌握测量有源二端网络等效参数的一般方法。

【原理说明】

（1）任何一个线性含源网络，如果仅研究其中一条支路的电压和电流，则可将电路的其余部分看作是一个有源二端网络（或称为含源一端口网络）。

戴维南定理指出：任何一个线性有源网络，总可以用一个电压源与一个电阻的串联来等效代替，此电压源的电动势 U_s 等于这个有源二端网络的开路电压 U_{oc}，其等效内阻 R_0 等于该网络中所有独立源均置零（理想电压源视为短接，理想电流源视为开路）时的等效电阻。

诺顿定理指出：任何一个线性有源二端网络，总可以用一个电流源与一个电阻的并联组合来等效代替，此电流源的电流 I_s 等于这个有源二端网络的短路电流 I_{sc}，其等效内阻 R_0 定义同戴维南定理。

U_{oc}（U_s）、R_0 或者 I_{sc}（I_s）、R_0 称为有源二端网络的等效参数。

（2）有源二端网络等效参数的测量方法。

① 开路电压、短路电流法测 R_0。在有源二端网络输出端开路时，用电压表直接测其输出端的开路电压 U_{oc}，然后再将其输出端短路，用电流表测其短路电流 I_{sc}，则等效内阻为

$$R_0 = \frac{U_{oc}}{I_{sc}}$$

如果二端网络的内阻很小，若将其输出端口短路则易损坏其内部元件，因此不宜用此法。

② 伏安法测 R_0。用电压表、电流表测出有源二端网络的外特性曲线，如图 2－8 所示。根据外特性曲线求出斜率 $\tan\phi$，则内阻

$$R_0 = \tan\phi = \frac{\Delta U}{\Delta I} = \frac{U_{oc}}{I_{sc}}$$

也可以先测量开路电压 U_{oc}，再测量电流为额定值 I_N 时的输出端电压值 U_N，则内阻为

$$R_0 = \frac{U_{oc} - U_N}{I_N}$$

③ 半电压法测 R_0。如图 2－9 所示，当负载电压为被测网络开路电压的一半时，负载电阻（由电阻箱的读数确定）即为被测有源二端网络的等效内阻值。

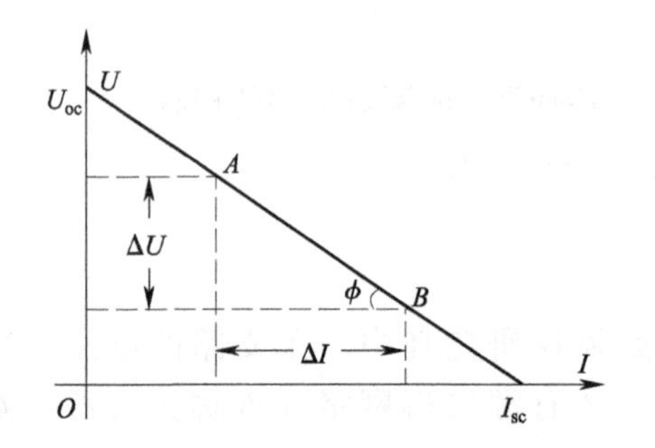

图 2－8 有源二端网络的外特性曲线　　图 2－9 采用半电压法测 R_0 的电路

④ 零示法测 U_{oc}。在测量具有高内阻有源二端网络的开路电压时，用电压表直接测量会造成较大的误差。为了消除电压表内阻的影响，往往采用零示法测量，如图 2－10 所示。

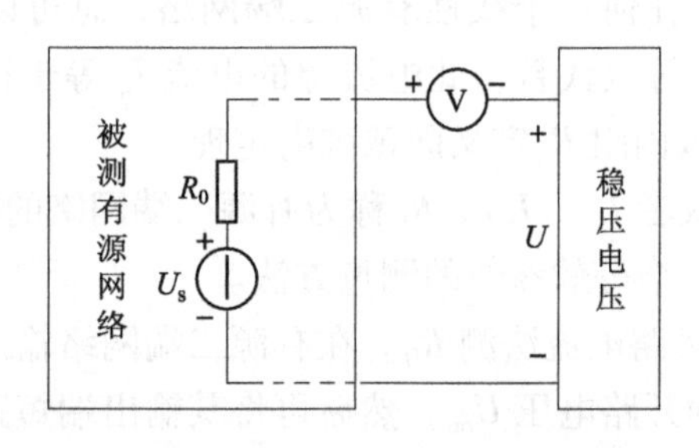

图 2－10 采用零示法测量 U_{oc} 的电路

零示法测量原理是用一低内阻的稳压电源与被测有源二端网络进行比较，当稳压电源的输出电压与有源二端网络的开路电压相等时，电压表的读数将为“0”。然后将电路断开，测量此时稳压电源的输出电压，即为被测有源二端网络的开路电压。

【实验设备】

实验设备如表 2-9 所示。

表 2-9　实验设备

序号	名称	型号与规格	数量	备注
1	直流可调稳压电源	0~30 V	1	
2	直流可调恒流源	0~200 mA	1	
3	直流数字电压表	0~200 V	1	
4	直流数字毫安表	0~500 mA	1	
5	可调电阻箱	0~99 999.9 Ω	1	自备
6	电位器	1 K/2 W	1	自备
7	戴维南定理实验电路板		1	自备

【实验内容】

（1）被测有源二端网络如图 2-11（a）所示。

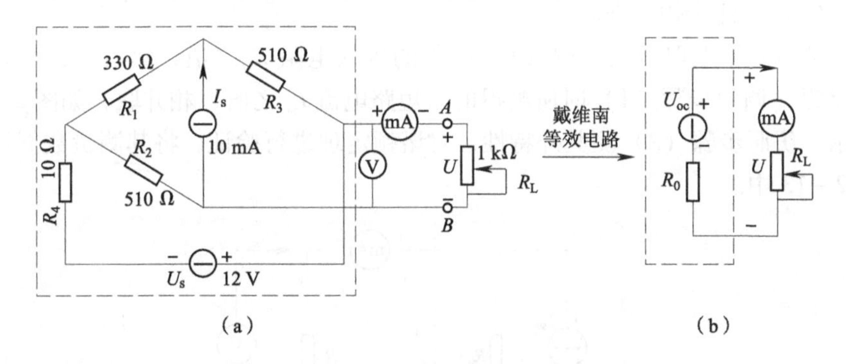

图 2-11　被测有源二端网络

按图 2-11（a）接入 $U_s=12$ V 的稳压电源和 $I_s=10$ mA 的恒流源，不接入 R_L。测出 U_{oc} 和 I_{sc} 的数据并填入表 2-10 中，计算出 R_0。

表 2-10　实验数据记录（一）

U_{oc}/V	I_{sc}/mA	$R_0=U_{oc}/I_{sc}$ /Ω

（2）负载实验。

按图 2-11（a）接入 R_L。改变 R_L 阻值，测量有源二端网络的电压和电流，将其测量数据填入表 2-11 中。

表 2-11　实验数据记录（二）

R_L/Ω									
U/V									
I/mA									

（3）验证戴维南定理。

从电阻箱上取得按步骤（1）所得的等效电阻 R_0 之值，然后令其与直流稳压电源（调到步骤（1）时所测得的是开路电压 U_{oc} 之值）相串联，如图 2-11（b）所示。仿照步骤（2）测其外特性，对戴维南定理进行验证，将其测量数据填入表 2-12 中。

表 2-12　实验数据记录（三）

R_L/Ω									
U/V									
I/mA									

（4）验证诺顿定理。

从电阻箱上取得按步骤（1）所得的等效电阻 R_0 之值，然后令其与直流恒流源（调到步骤（1）时所测得的是短路电流 I_{sc} 之值）相并联，如图 2-12 所示。仿照步骤（2）测其外特性，对诺顿定理进行验证，将其测量数据填入表 2-13 中。

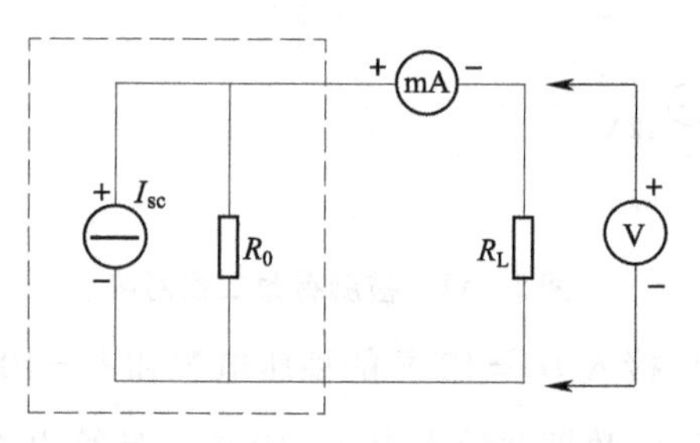

图 2-12　验证诺顿定理电路图

表 2-13　实验数据记录（四）

R_L/Ω									
U/V									
I/mA									

（5）用半电压法和零示法测量被测网络的等效内阻 R_0 及其开路电压 U_{oc}。线路及数据表格自拟。

【实验注意事项】

（1）测量时应注意电流表量程的更换。

（2）步骤（5）中，电压源置零时不可将稳压源短接。

（3）用万用表直接测 R_0时，网络内的独立源必须先置零，以免损坏万用表。其次，欧姆挡必须经调零后再进行测量。

（4）用零示法测量 U_{oc}时，应先将稳压电源的输出调至接近于 U_{oc}，再按图 2－10 测量。

（5）改接线路时，要关掉电源。

【思考题】

（1）在求戴维南或诺顿等效电路时，作短路试验，测量 I_{sc} 的条件是什么？在本实验中可否直接作负载短路实验？请实验前对线路预先作好计算，以便调整实验线路及测量时可准确地选取量程。

（2）说明测量有源二端网络开路电压及等效内阻的几种方法，并比较其优缺点。

【实验报告】

（1）根据步骤（2）、（3）、（4），验证戴维南定理和诺顿定理的正确性，并分析产生误差的原因。

（2）根据步骤（1）、（5）的几种方法测得的 U_{oc}与 R_0与预习时根据电路计算的结果作比较，你能得出什么结论？

五、*RC* 一阶电路的响应测试

【实验目的】

（1）测定 *RC* 一阶电路的零输入响应、零状态响应及完全响应。

（2）学习电路时间常数的测量方法。

（3）掌握有关微分电路和积分电路的概念。

（4）进一步学会用示波器观测波形。

【原理说明】

（1）动态网络的过渡过程是十分短暂的单次变化过程。要用普通示波器观察过渡过程和测量有关的参数，就必须使这种单次变化的过程重复出现。为此，我们利用信号发生器输出的方波来模拟阶跃激励信号，即利用方波输出的上升沿作为零状态响应的正阶跃激励信号，利用方波的下降沿作为零输入响应的负阶跃激励信号。只要选择方波的重复周期远大于电路的时间常数τ，那么电路在这样的方波序列脉冲信号的激励下，它的响应就和直流电接通与断开的过渡过程是基本相同的。

（2）图2－13（b）所示的一阶电路的零输入响应和零状态响应分别按指数规律衰减和增长，其变化的快慢决定于电路的时间常数τ。

（3）时间常数τ的测定方法。

用示波器测量零输入响应的波形如图2－13（a）所示。

根据一阶微分方程的求解得知$u_C = U_m e^{-t/RC} = U_m e^{-t/\tau}$。当$t=\tau$时，$u_C(\tau) = 0.368\ U_m$。此时所对应的时间就等于$\tau$。亦可用零状态响应波形增加到0.632 U_m所对应的时间测得，如图2－13（c）所示。

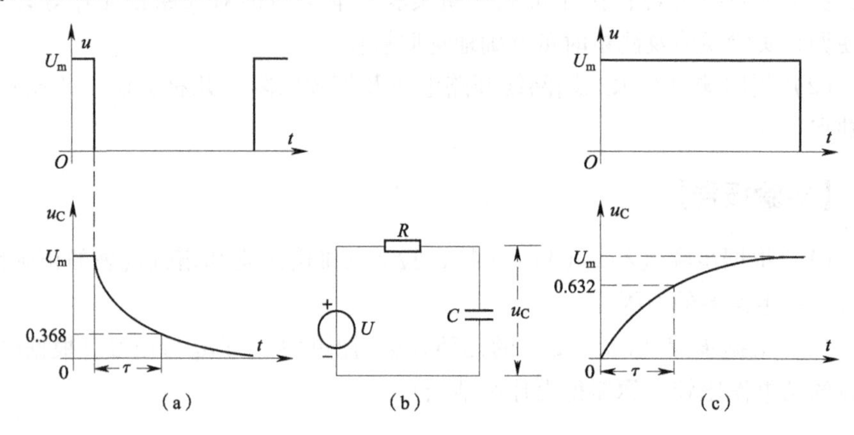

图2－13 电路及波形

（a）零输入响应；（b）*RC*一阶电路；（c）零状态响应

（4）微分电路和积分电路是*RC*一阶电路中较典型的电路，它对电路元件参数和输入信号的周期有着特定的要求。对于一个简单的*RC*串联电路，在方波序列脉冲的重复激励下，当满足$\tau = RC \ll \frac{T}{2}$时（$T$为方波脉冲的重复周期），且由$R$两端的电压作为响应输出，则该电路就是一个微分电路。因为此时电路的输出信号电压与输入信号电压的微分成正比。如图2－14（a）所示，利用微分电路可以将方波转变成尖脉冲。

若将图2－14（a）中的R与C位置调换一下，如图2－14（b）所示，由C两端的电压作为响应输出，且电路的参数满足$\tau = RC \gg \frac{T}{2}$，则该*RC*电路称为积分电路。因为此时电路的输出信号电压与输入信号电压的积分成正比。利用积分电路可以将方波转变成三角波。

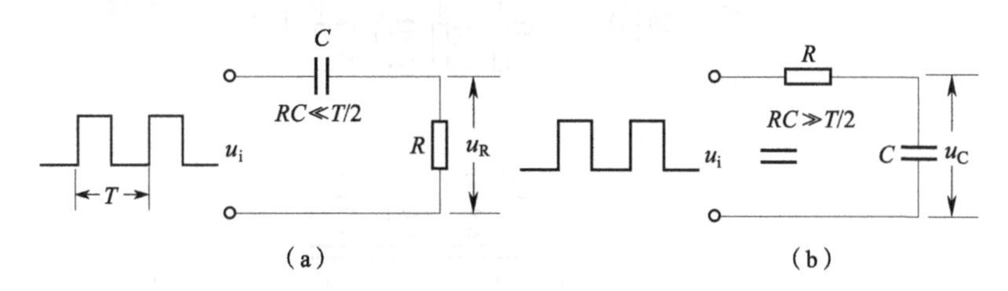

图 2－14　微分电路与积分电路

（a）微分电路；（b）积分电路

从输入输出波形来看，上述两个电路均起着波形变换的作用，请在实验过程中仔细观察与记录。

【实验设备】

实验设备如表 2－14 所示。

表 2－14　实验设备

序号	名　称	型号与规格	数量	备注
1	函数信号发生器		1	
2	双踪示波器		1	自备
3	一阶动态电路实验板		1	自备

【实验内容】

实验参考线路，如图 2－15 所示。

（1）本实验线路上选 $R=10\ \text{k}\Omega$，$C=6\ 800\ \text{pF}$ 组成如图 2－13（b）所示的 RC 充放电电路。u_i为信号发生器输出的 $U_{P-P}=3\ \text{V}$、$f=1\ \text{kHz}$ 的方波电压信号，并通过两根同轴电缆线，将激励源 u_i和响应 u_C的信号分别连至示波器的两个输入口 Y_A和 Y_B。这时可在示波器的屏幕上观察到激励与响应的变化规律，测算出时间常数 τ，并用方格纸按 1∶1 的比例描绘波形。

少量地改变电容值或电阻值，定性地观察对响应的影响，记录观察到的现象。

（2）令 $R=10\ \text{k}\Omega$，$C=0.1\ \mu\text{F}$，观察并描绘响应的波形，继续增大 C 的值，定性地观察对响应的影响。

（3）令 $C=0.01\ \mu\text{F}$，$R=100\ \Omega$，组成如图 2－14（a）所示的微分电路。在同样的方波激励信号（$U_{P-P}=3\ \text{V}$，$f=1\ \text{kHz}$）作用下，观测并描绘激励与响应的波形。

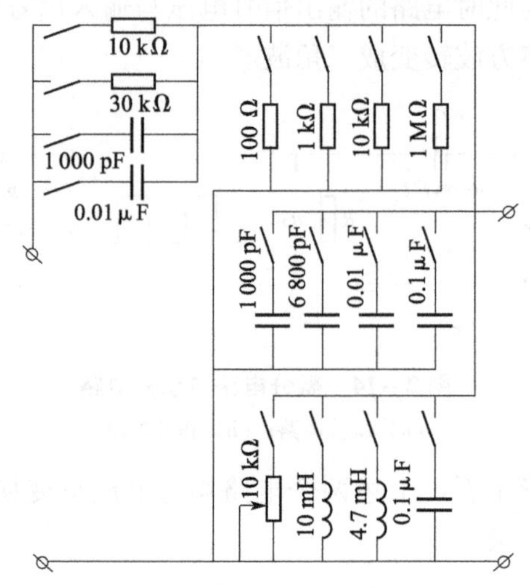

图 2-15 动态电路、选频电路实验板

增减 R 的值，定性地观察对响应的影响，并作记录。当 R 增至 1 MΩ 时，输入输出波形有何本质上的区别？

【实验注意事项】

（1）调节电子仪器各旋钮时，动作不要过快、过猛。实验前，需熟读双踪示波器的使用说明书。观察时，要特别注意相应开关、旋钮的操作与调节。

（2）信号源的接地端与示波器的接地端要连在一起（称共地），以防外界干扰而影响测量的准确性。

（3）示波器的辉度不应过亮，尤其是光点长期停留在荧光屏上不动时，应将辉度调暗，以延长示波管的使用寿命。

【思考题】

（1）什么样的电信号可作为 RC 一阶电路零输入响应、零状态响应和完全响应的激励源？

（2）已知 RC 一阶电路 $R = 10\ \text{k}\Omega$，$C = 0.1\ \mu\text{F}$，试计算时间常数 τ，并根据 τ 值的物理意义，拟定测量 τ 的方案。

（3）何谓积分电路和微分电路？它们必须具备什么条件？它们在方波序列脉冲的激励下，其输出信号波形的变化规律如何？这两种电路有何功用？

【实验报告】

（1）根据实验观测结果，在方格纸上绘出 RC 一阶电路充放电时 u_C 的变化曲线，由曲线测得 τ 值，并与参数值的计算结果作比较，分析误差原因。

（2）根据实验观测结果，归纳、总结积分电路和微分电路的形成条件，阐明波形变换的特征。

六、R、L、C 元件阻抗特性的测定

【实验目的】

（1）验证电阻、感抗、容抗与频率的关系，测定 $R-f$、X_L-f 及 X_C-f 特性曲线。

（2）加深理解 R、L、C 元件端电压与电流间的相位关系。

【原理说明】

（1）在正弦交变信号作用下，R、L、C 电路元件在电路中的抗流作用与信号的频率有关，它们的阻抗频率特性 $R-f$，X_L-f，X_C-f 曲线如图 2－16 所示。

（2）元件阻抗频率特性的测量电路如图 2－17 所示。

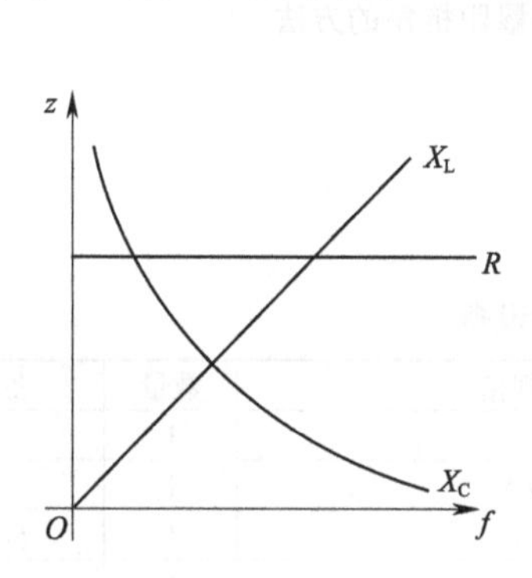

图 2－16　X_L-f、X_C-f 曲线

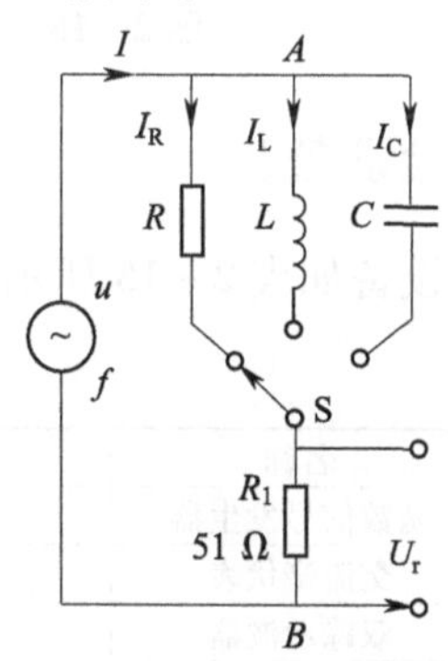

图 2－17　元件阻抗频率特性的测量电路

图中的 R_1 是提供测量回路电流用的标准小电阻，由于 R_1 的阻值远小于被测元件的阻抗值，因此可以认为 AB 之间的电压就是被测元件 R、L 或 C 两端的电压，流过被测元件的电流则可由 R_1 两端的电压除以 R_1 所得。

若用双踪示波器同时观察 R_1 与被测元件两端的电压，就会展现出被测元件两端的电压波形和流过该元件电流的波形，从而可在荧光屏上测出电压与电流的幅值及它们之间的相位差。

（3）将元件 R、L、C 串联或并联相接，亦可用同样的方法测得 $Z_{串}$ 与 $Z_{并}$ 的阻抗频率特性 $Z-f$，根据电压、电流的相位差可判断 $Z_{串}$ 或 $Z_{并}$ 是感性还是

容性负载。

(4) 元件的阻抗角（即相位差 φ）随输入信号的频率变化而改变，将各个不同频率下的相位差画在以频率 f 为横坐标、阻抗角 φ 为纵坐标的坐标纸上，并用光滑的曲线连接这些点，即得到阻抗角的频率特性曲线。

用双踪示波器测量阻抗角的方法如图 2－18 所示。从荧光屏上数得一个周期占 n 格，相位差占 m 格，则实际的相位差 φ（阻抗角）为：

$$\varphi = m \times \frac{360^\circ}{n}$$

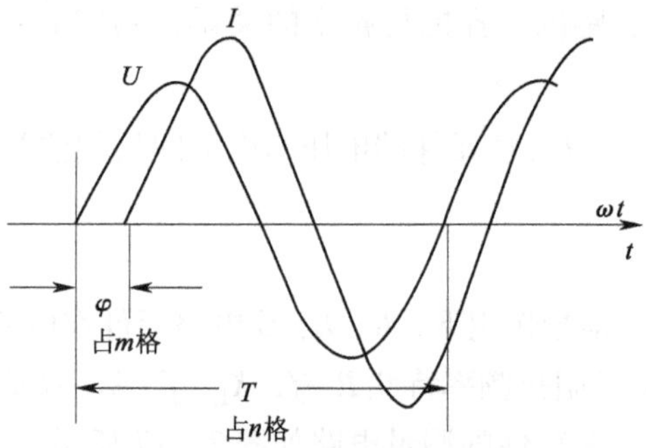

图 2－18　用双踪示波器测量阻抗角的方法

【实验设备】

实验设备如表 2－15 所示。

表 2－15　实验设备

序号	名称	型号与规格	数量	备注
1	函数信号发生器		1	
2	交流毫伏表	0～600 V	1	
3	双踪示波器		1	自备
4	频率计		1	
5	实验线路元件	$R=1\ \text{k}\Omega$，$R_1=51\ \Omega$，$C=1\ \mu\text{F}$，L 约 10 mH	1	自备

【实验内容】

(1) 测量 R、L、C 元件的阻抗频率特性。

通过电缆线将函数信号发生器输出的正弦信号接至如图 2－17 的电路，作为激励源 u，并用交流毫伏表测量，使激励电压的有效值为 $U=3$ V，并保持不变。

使信号源的输出频率从 200 Hz 逐渐增至 5 kHz（用频率计测量），并使开关 S 分别接通 R、L、C 三个元件，用交流毫伏表测量 U_r，并计算各频率点时的 I_R、I_L 和 I_C（即 U_r/R_1）以及 $R=U/I_R$、$X_L=U/I_L$ 及 $X_C=U/I_C$ 之值。

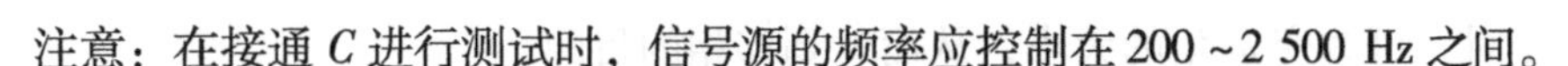

注意：在接通 C 进行测试时，信号源的频率应控制在 200～2 500 Hz 之间。

（2）用双踪示波器观察在不同频率下各元件阻抗角的变化情况，按图 2－18 记录 n 和 m，算出 φ。

（3）测量 R、L、C 元件串联的阻抗角频率特性。

【实验注意事项】

（1）交流毫伏表属于高阻抗电表，测量前必须先调零。

（2）测 φ 时，示波器的"V/div"和"t/div"的微调旋钮应旋至"校准"位置。

【思考题】

测量 R、L、C 各个元件的阻抗角时，为什么要与它们串联一个小电阻？可否用一个小电感或大电容代替？为什么？

【实验报告】

（1）根据实验数据，在方格纸上绘制 R、L、C 三个元件的阻抗频率特性曲线，从中可得出什么结论？

（2）根据实验数据，在方格纸上绘制 R、L、C 三个元件串联的阻抗角频率特性曲线，并总结、归纳得出结论。

七、正弦稳态交流电路相量的研究

【实验目的】

（1）研究正弦稳态交流电路中电压、电流相量之间的关系。

（2）掌握日光灯线路的接线。

（3）理解改善电路功率因数的意义并掌握其方法。

【原理说明】

（1）在单相正弦交流电路中，用交流电流表测得各支路的电流值，用交流电压表测得回路各元件两端的电压值，它们之间的关系满足相量形式的基尔霍夫定律，即 $\Sigma \dot{I}=0$ 和 $\Sigma \dot{U}=0$。

（2）图 2－19 所示的 RC 串联电路，在正弦稳态信号 u 的激励下，u_R 与 u_C 保持有 90°的相位差，即当 R 的阻值改变时，u_R 的相量轨迹是一个半圆。u、u_C 与 u_R 三者形成一个直角形的电压三角形，如图 2－20 所示。R 的阻值改变时，可改变 φ 角的大小，从而达到移相的目的。

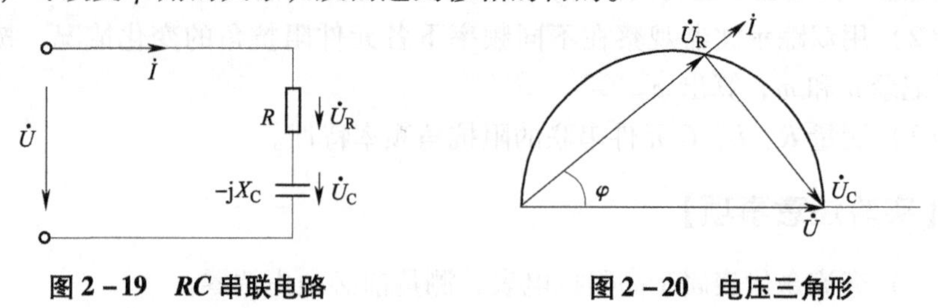

图 2－19 *RC* 串联电路　　　　图 2－20 电压三角形

（3）日光灯线路如图 2－21 所示，图中 A 是日光灯管，*L* 是镇流器，S 是启辉器，*C* 是补偿电容器，用以改善电路的功率因数（$\cos\varphi$ 值）。有关日光灯的工作原理请自行翻阅有关资料。

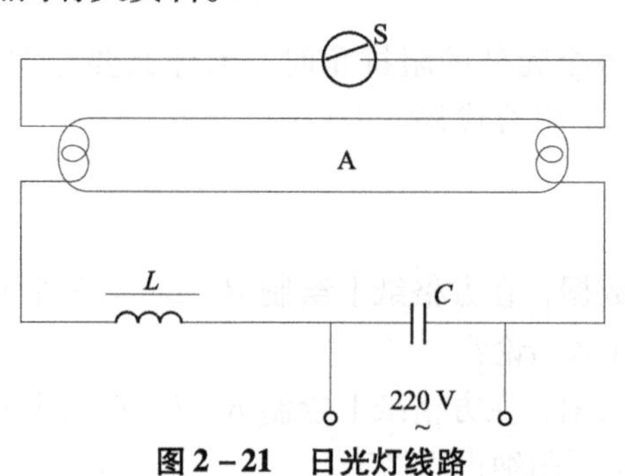

图 2－21 日光灯线路

【实验设备】

实验设备如表 2－16 所示。

表 2－16 实验设备

序号	名称	型号与规格	数量
1	交流电压表	0～500 V	1
2	交流电流表	0～5 A	1
3	功率表		1
4	自耦调压器		1
5	镇流器、启辉器	与 30 W 灯管配用	1
6	日光灯灯管	30 W	1
7	电容器	1 μF，2.2 μF，4.7 μF/500 V	1
8	白炽灯及灯座	220 V，25 W	1～3
9	电流插座		3

【实验内容】

（1）按图 2－19 接线。*R* 为 220 V、25 W 的白炽灯泡，电容器为 4.7 μF/500 V。

经指导教师检查后，接通实验台电源，将自耦调压器输出（即 U）调至 220 V。记录 U、U_R、U_C的值并填入表 2－17 中，验证电压三角形关系。

表 2－17　实验数据记录（一）

测量值			计算值		
U/V	U_R/V	U_C/V	U'（与 U_R，U_C组成 Rt△） （$U'=\sqrt{U_R^2+U_C^2}$）	ΔU（$=U'-U$）/V	（$\Delta U/U$）/%

（2）日光灯线路接线与测量，如图 2－22 所示。

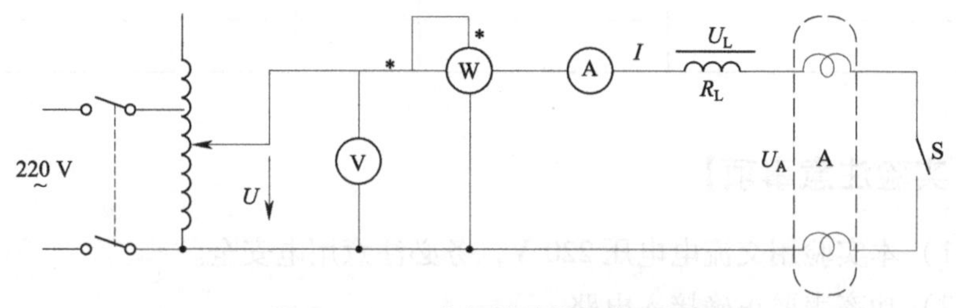

图 2－22　日光灯线路接线与测量

按图 2－22 接线。经指导教师检查后接通实验台电源，调节自耦调压器的输出，使其输出电压缓慢增大，直到日光灯刚点亮为止，记下三表的指示值。然后将电压调至 220 V，测量功率 P，电流 I，电压 U、U_L、U_A等值，并将其填入表 2－18 中，验证电压、电流相量关系。

表 2－18　实验数据记录（二）

	测量数值						计算值	
	P/W	cosφ	I/A	U/V	U_L/V	U_A/V	R/Ω	cosφ
启辉值								
正常工作值								

（3）并联电路——电路功率因数的改善。按图 2－23 组成实验线路。

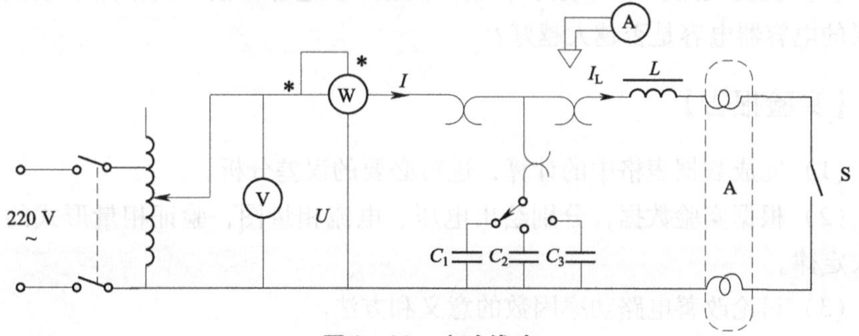

图 2－23　实验线路

经指导老师检查后，接通实验台电源，将自耦调压器的输出调至220 V，记录功率表、电压表读数。通过一只电流表和三个电流插座分别测得三条支路的电流，改变电容值，进行三次重复测量，将测量数据填入表2－19中。

表2－19 实验数据记录（三）

	测量数值						计算值	
电容值/μF	P/W	cosφ	U/V	I/A	I_L/A	I_C/A	I'/A	cosφ
0								
1								
2.2								
4.7								

【实验注意事项】

（1）本实验用交流电电压220 V，务必注意用电安全。

（2）功率表要正确接入电路。

（3）线路接线正确，日光灯不能启辉时，应检查启辉器接触是否良好。

【思考题】

（1）参阅课外资料，了解日光灯的启辉原理。

（2）在日常生活中，当日光灯上缺少了启辉器时，人们常用一根导线将启辉器的两端短接一下，然后迅速断开，使日光灯点亮；或用一只启辉器去点亮多只同类型的日光灯，这是为什么？

（3）为了改善电路的功率因数，常在感性负载上并联电容器，此时增加了一条电流支路，试问电路的总电流是增大还是减小？此时，感性元件上的电流和功率是否改变？

（4）提高线路功率因数为什么只采用并联电容器法，而不用串联法？所并联的电容器电容是否越大越好？

【实验报告】

（1）完成数据表格中的计算，进行必要的误差分析。

（2）根据实验数据，分别绘出电压、电流相量图，验证相量形式的基尔霍夫定律。

（3）讨论改善电路功率因数的意义和方法。

（4）写出装接日光灯线路的心得体会。

八、RC 选频网络特性测试

【实验目的】

（1）熟悉文氏电桥电路的结构特点及其应用。
（2）学会用交流毫伏表和示波器测定文氏电桥电路的幅频特性和相频特性。

【原理说明】

文氏电桥电路是一个 RC 的串、并联电路，如图 2－24 所示。该电路结构简单，被广泛地用于低频振荡电路中作为选频环节，可以获得很好的正弦波电压。

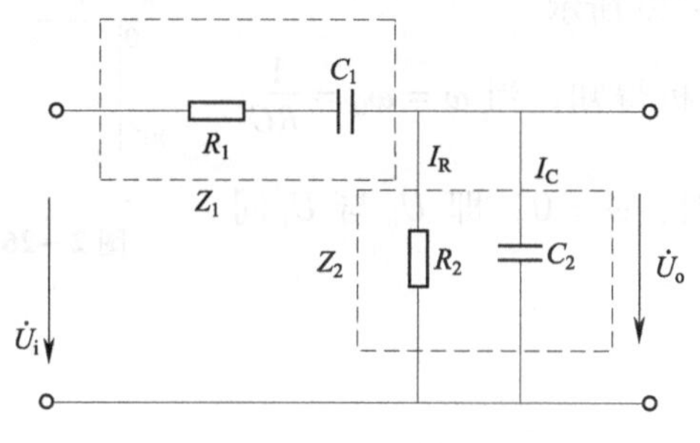

图 2－24　文氏电桥电路

（1）用函数信号发生器的正弦输出信号作为图 2－24 的激励信号 $\dot{U}_i$，并保持 $\dot{U}_i$值不变的情况下，改变输入信号的频率 f，用交流毫伏表或示波器测出输出端相应于各个频率点下的输出电压 $\dot{U}_o$值，将这些数据画在以频率 f 为横轴，U_o为纵轴的坐标纸上，用一条光滑的曲线连接这些点，该曲线就是上述电路的幅频特性曲线。

文氏桥路的一个特点是其输出电压幅度不仅会随输入信号的频率而变，而且还会出现一个与输入电压同相位的最大值，如图 2－25 所示。

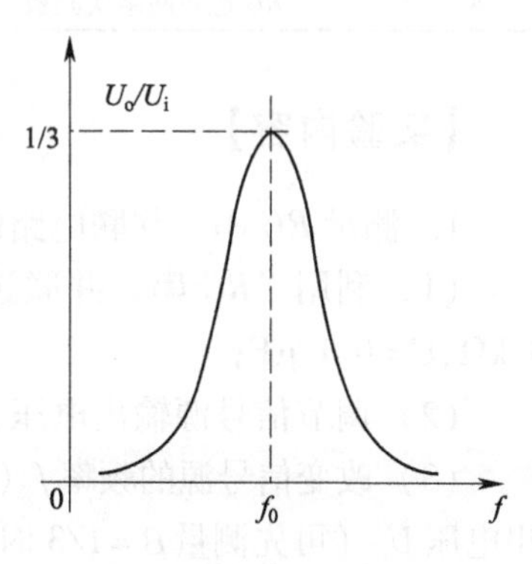

图 2－25　幅频特性曲线

由电路分析得知，该网络的传递函数为

$$\beta=\frac{1}{3+\mathrm{j}\left(\omega RC-\dfrac{1}{\omega RC}\right)}$$

当角频率 $\omega=\omega_0=\dfrac{1}{RC}$时，

$|\beta| = \dfrac{U_o}{U_i} = \dfrac{1}{3}$，此时 U_o 与 U_i 同相。由图 2－25 可见 RC 串并联电路具有带通特性。

（2）将上述电路的输入和输出分别接到双踪示波器的 Y_A 和 Y_B 两个输入端，改变输入正弦信号的频率，观测相应的输入和输出波形间的时延 τ 及信号的周期 T，则两波形间的相位差为 $\varphi = \dfrac{\tau}{T} \times 360° = \varphi_o - \varphi_i$（输出相位与输入相位之差）。

将各个不同频率下的相位差 φ 画在以 f 为横轴，φ 为纵轴的坐标纸上，用光滑的曲线将这些点连接起来，即是被测电路的相频特性曲线，如图 2－26 所示。

由电路理论分析得知，当 $\omega = \omega_0 = \dfrac{1}{RC}$，即 $f = f_0 = \dfrac{1}{2\pi RC}$ 时，$\varphi = 0$，即 U_o 与 U_i 同相位。

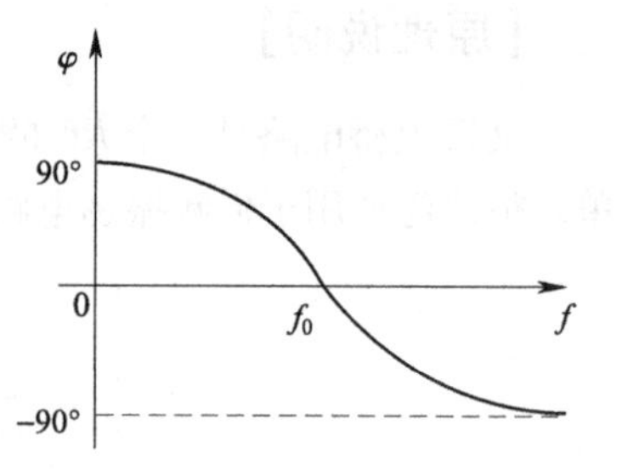

图 2－26 相频特性曲线

【实验设备】

实验设备如表 2－20 所示。

表 2－20 实验设备

序号	名称	型号与规格	数量	备注
1	函数信号发生器及频率计		1	
2	双踪示波器		1	自备
3	交流毫伏表	0～600 V	1	
4	RC 选频网络实验板		1	自备

【实验内容】

1. 测量 RC 串、并联电路的幅频特性

（1）利用"RC 串、并联选频网络"线路，组成图 2－24 线路。取 $R = 1\ \text{k}\Omega$，$C = 0.1\ \mu\text{F}$；

（2）调节信号源输出电压为 3 V 的正弦信号，接入图 2－24 的输入端；

（3）改变信号源的频率 f（由频率计读得），并保持 $U_i = 3$ V 不变，测量输出电压 U_o（可先测量 $\beta = 1/3$ 时的频率 f_0，然后再在 f_0 左右设置其他频率点进行测量）。

（4）取 $R=200\ \Omega$，$C=2.2\ \mu F$，重复上述测量，将其测量的数据填入表 2－21 中。

表 2－21　实验数据记录（一）

$R=1\ k\Omega$ $C=0.1\ \mu F$	f/Hz	
	U_o/V	
$R=200\ \Omega$, $C=2.2\ \mu F$	f/Hz	
	U_o/V	

2．测量 RC 串、并联电路的相频特性

将图 2－24 的输入电压 U_i 和输出电压 U_o 分别接至双踪示波器的 Y_A 和 Y_B 两个输入端，改变输入正弦信号的频率，观测不同频率点时，相应的输入与输出波形间的时延 τ 及信号的周期 T。两波形间的相位差为：$\varphi=\varphi_o-\varphi_i=\frac{\tau}{T}\times 360°$，将其测量的数据填入表 2－22 中。

表 2－22　实验数据记录（二）

$R=1\ k\Omega$, $C=0.1\ \mu F$	f/Hz	
	T/ms	
	τ/ms	
	φ	
$R=200\ \Omega$, $C=2.2\ \mu F$	f/Hz	
	T/ms	
	τ/ms	
	φ	

【实验注意事项】

由于信号源内阻的影响，输出幅度会随信号频率变化。因此，在调节输出频率时，应同时调节输出幅度，使实验电路的输入电压保持不变。

【思考题】

（1）根据电路参数，分别估算文氏电桥电路两组参数的固有频率 f_0。

（2）推导 RC 串并联电路的幅频、相频特性的数学表达式。

【实验报告】

（1）根据实验数据，绘制文氏电桥电路的幅频特性和相频特性曲线。找

出 f_0，并与理论计算值比较，分析误差原因。

（2）讨论实验结果。

九、RLC 串联谐振电路的研究

【实验目的】

（1）学习用实验方法绘制 RLC 串联电路的幅频特性曲线。

（2）加深理解电路发生谐振的条件、特点，掌握电路品质因数（电路 Q 值）的物理意义及其测定方法。

【原理说明】

（1）在图 2－27 所示的 RLC 串联电路中，当正弦交流信号源的频率 f 改变时，电路中的感抗、容抗随之而变，电路中的电流也随 f 而变。取电阻 R 上的电压 $\dot{U}_o$ 作为响应，当输入电压 $\dot{U}_i$ 的幅值维持不变时，在不同频率的信号激励下，测出 $\dot{U}_o$ 之值，然后以 f 为横坐标，以 U_o/U_i 为纵坐标（因 $\dot{U}_i$ 不变，故也可直接以 U_o 为纵坐标），绘出光滑的曲线，此即为幅频特性曲线，亦称谐振曲线，如图 2－28 所示。

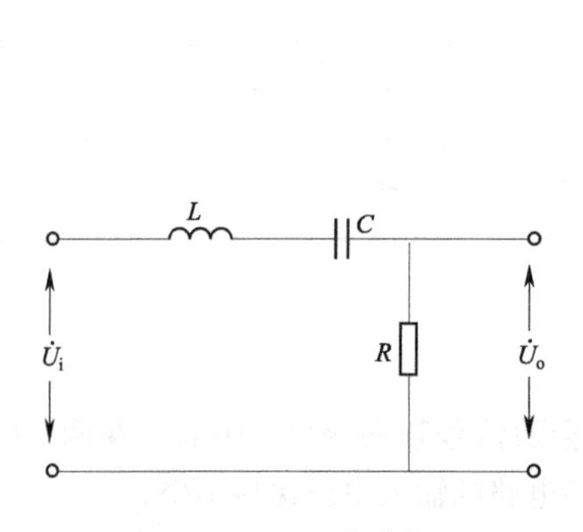

图 2－27 RLC 串联电路

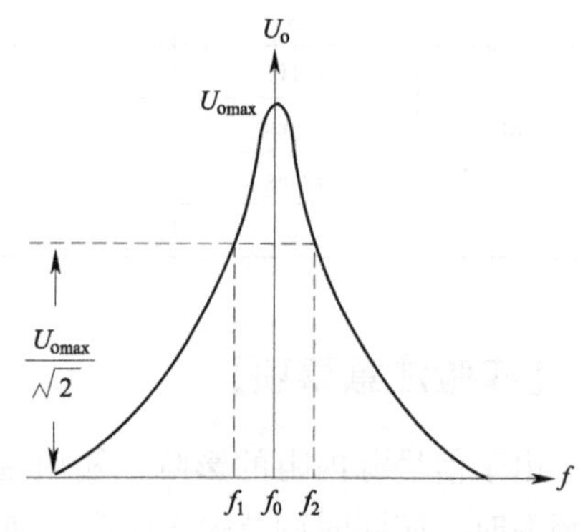

图 2－28 幅频特性曲线

（2）在 $f=f_0=\dfrac{1}{2\pi\sqrt{LC}}$ 处，即幅频特性曲线尖峰所在的频率点称为谐振频率。此时 $X_L=X_C$，电路呈纯阻性，电路阻抗的模为最小。在输入电压 $\dot{U}_i$ 为定值时，电路中的电流达到最大值，且与输入电压 $\dot{U}_i$ 同相位。从理论上讲，此时 $U_i=U_R=U_o$，$U_L=U_C=QU_i$，式中的 Q 称为电路的品质因数。

（3）电路品质因数 Q 值的两种测量方法。

一是根据公式 $Q=\frac{U_L}{U_o}=\frac{U_C}{U_o}$测定，$U_C$ 与 U_L 分别为谐振时电容器 C 和电感线圈 L 上的电压；另一方法是通过测量谐振曲线的通频带宽度 $\Delta f=f_2-f_1$，再根据 $Q=\frac{f_0}{f_2-f_1}$求出 Q 值。式中 f_0 为谐振频率，f_2 和 f_1 是失谐（输出电压的幅度下降到最大值的 $1/\sqrt{2}$（=0.707）倍时）的上、下频率点。Q 值越大，曲线越尖锐，通频带越窄，电路的选择性越好。在恒压源供电时，电路的品质因数、选择性与通频带只决定于电路本身的参数，而与信号源无关。

【实验设备】

实验设备如表 2－23 所示。

表 2－23　实验设备

序号	名称	型号与规格	数量	备注
1	函数信号发生器		1	
2	交流毫伏表	0～600 V	1	
3	双踪示波器		1	自备
4	频率计		1	
5	谐振电路实验电路板		1	自备

【实验内容】

（1）按图 2－29 组成监视、测量电路。先选用 C、R。用交流毫伏表测电压，用示波器监视信号源输出。令信号源输出电压 $U_i=4\ V_{P-P}$，并保持不变。

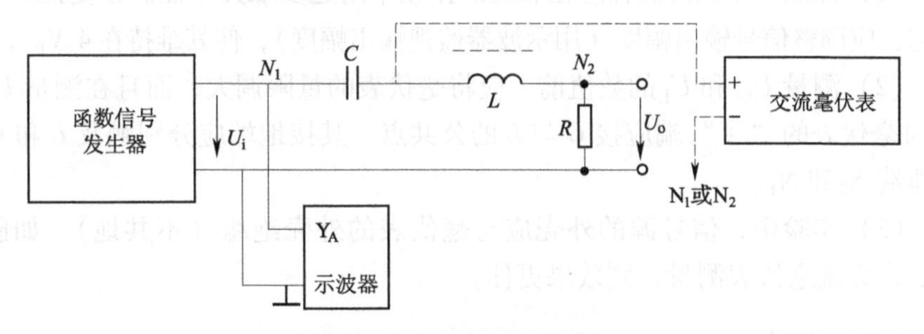

图 2－29　监视、测量电路

（2）找出电路的谐振频率 f_0。其方法是，将毫伏表接在 R（200 Ω）两端，令信号源的频率由小逐渐变大（注意要维持信号源的输出幅度不变），当 U_o 的读数为最大时，读得频率计上的频率值即为电路的谐振频率 f_0，并测量

U_C与U_L之值（注意及时更换毫伏表的量限）。

（3）在谐振点两侧，按频率递增或递减 500 Hz 或 1 kHz，依次各取 8 个测量点，逐点测出U_o、U_L、U_C之值，将其数据填入表 2 – 24 中。

表 2 – 24 实验数据记录（一）

f/kHz	
U_o/V	
U_L/V	
U_C/V	
$U_i=4\ V_{P-P}$， $C=0.01\ \mu F$， $R=200\ \Omega$， $f_0=$ ， $f_2-f_1=$ ， $Q=$	

（4）将电阻改为 1 kΩ，重复步骤（2）、步骤（3）的测量过程，将其数据填入表 2 – 25 中。

表 2 – 25 实验数据记录（二）

f/kHz	
U_o/V	
U_L/V	
U_C/V	
$U_i=4\ V_{P-P}$， $C=0.01\ \mu F$， $R=1\ k\Omega$， $f_0=$ ， $f_2-f_1=$ ， $Q=$	

（5）改变 C 的值，重复步骤（2）~（4）（自制表格）。

【实验注意事项】

（1）测试频率点的选择应在靠近谐振频率附近多取几个点。在变换频率测试前，应调整信号输出幅度（用示波器监视输出幅度），使其维持在 4 V_{P-P}。

（2）测量 U_C 和 U_L的数值前，应将毫伏表的量限调大，而且在测量 U_L与U_C时毫伏表的“+”端应接 C 与 L 的公共点，其接地端应分别触及 L 和 C 的近地端 N_2和 N_1。

（3）实验中，信号源的外壳应与毫伏表的外壳绝缘（不共地）。如能用浮地式交流毫伏表测量，则效果更佳。

【思考题】

（1）根据实验线路板给出的元件参数值，估算电路的谐振频率。

（2）改变电路的哪些参数可以使电路发生谐振，电路中 R 的数值是否影响谐振频率值？

（3）如何判别电路是否发生谐振？测试谐振点的方案有哪些？

（4）电路发生串联谐振时，为什么输入电压不能太大？如果信号源给出3 V的电压，电路谐振时，若用交流毫伏表测 U_L和 U_C，应该选择多大的量限？

（5）要提高 *RLC* 串联电路的品质因数，电路参数应如何改变？

（6）本实验在谐振时，对应的 U_L与 U_C是否相等？如有差异，原因何在？

【实验报告】

（1）根据测量数据，绘出不同 Q 值时的三条幅频特性曲线。

（2）计算出通频带与 Q 值，说明不同 R 值时对电路通频带与品质因数的影响。

（3）对两种测 Q 值的不同方法进行比较，分析误差原因。

（4）谐振时，比较输出电压 U_o与输入电压 U_i是否相等？试分析原因。

（5）通过本次实验，总结、归纳串联谐振电路的特性。

（6）写出心得体会。

十、双口网络的测试

【实验目的】

（1）加深理解双口网络的基本理论。

（2）掌握直流双口网络传输参数的测量技术。

【原理说明】

对于任何一个线性网络，我们所关心的往往只是输入端口和输出端口的电压和电流之间的相互关系，并通过实验测定方法求取一个极其简单的等值双口电路来替代原网络，此即为“黑盒理论”的基本内容。

（1）一个双口网络两端口的电压和电流四个变量之间的关系，可以用多种形式的参数方程来表示。本实验采用输出口的电压 U_2和电流 I_2作为自变量，以输入口的电压 U_1和电流 I_1作为应变量，所得的方程称为双口网络的传输方程。如图 2－30 所示的无源线性双口网络（又称为四端网络）的传输方程为：

$$U_1 = AU_2 + BI_2$$

$$I_1 = CU_2 + DI_2$$

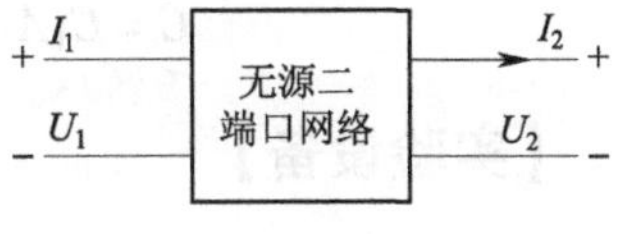

图 2－30　无源线性双口网络

式中的 A、B、C、D 为双口网络的传输参数，其值完全决定于网络的拓扑结构及各支路元件的参数值。这四个参数表征了该双口网络的基本特性，它们的含义是：

$A=\dfrac{U_{10}}{U_{20}}$（令 $I_2=0$，即输出口开路时）

$B=\dfrac{U_{1S}}{I_{2S}}$（令 $U_2=0$，即输出口短路时）

$C=\dfrac{I_{10}}{U_{20}}$（令 $I_2=0$，即输出口开路时）

$D=\dfrac{I_{1S}}{I_{2S}}$（令 $U_2=0$，即输出口短路时）

由上可知，只要在网络的输入口加上电压，在两个端口同时测量其电压和电流，即可求出 A、B、C、D 四个参数，此即为双端口同时测量法。

（2）若要测量一条远距离输电线构成的双口网络，采用同时测量法就很不方便。这时可采用分别测量法，即先在输入口加电压，而将输出口开路或短路，在输入口测量电压和电流，由传输方程可得：

$R_{10}=\dfrac{U_{10}}{I_{10}}=\dfrac{A}{C}$（令 $I_2=0$，即输出口开路时）

$R_{1S}=\dfrac{U_{1S}}{I_{1S}}=\dfrac{B}{D}$（令 $U_2=0$，即输出口短路时）

然后在输出口加电压，而将输入口开路或短路，测量输出口的电压和电流。此时可得：

$$R_{20}=\frac{U_{20}}{I_{20}}=\frac{D}{C}\text{（令 }I_1=0\text{，即输入口开路时）}$$

$$R_{2S}=\frac{U_{2S}}{I_{2S}}=\frac{B}{A}\text{（令 }U_1=0\text{，即输入口短路时）}$$

R_{10}、R_{1S}、R_{20}、R_{2S}分别表示一个端口开路和短路时另一端口的等效输入电阻。四个参数中只有三个是独立的。至此，可求出四个传输参数：

$$A=\sqrt{R_{10}/(R_{20}-R_{2S})},\quad B=R_{2S}A,\quad C=A/R_{10},\quad D=R_{20}C$$

（3）双口网络级联后的等效双口网络的传输参数亦可采用前述的方法求得。从理论推得两个双口网络级联后的传输参数与每一个参加级联的双口网络的传输参数之间有如下的关系：

$$A=A_1A_2+B_1C_2 \qquad B=A_1B_2+B_1D_2$$

$$C=C_1A_2+D_1C_2 \qquad D=C_1B_2+D_1D_2$$

【实验设备】

实验设备如表 2-26 所示。

表 2-26　实验设备

序号	名称	型号与规格	数量	备注
1	直流可调稳压电源	0 ~ 30 V	1	
2	数字直流电压表	0 ~ 200 V	1	
3	数字直流毫安表	0 ~ 500 mA	1	
4	双口网络实验电路板		1	自备

【实验内容】

双口网络实验线路如图 2-31 所示。将直流稳压电源的输出电压调到 10 V,作为双口网络的输入。

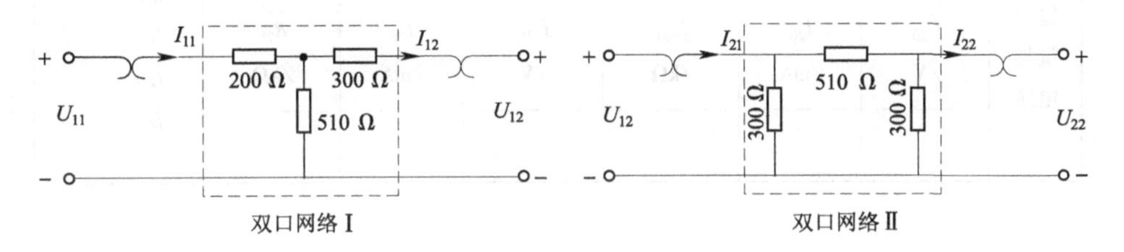

图 2-31　双口网络实验线路

(1) 按同时测量法分别测量计算两个双口网络的传输参数 A_1、B_1、C_1、D_1 和 A_2、B_2、C_2、D_2，填入表 2-27 中，并列出它们的传输方程。

表 2-27　实验数据记录（一）

<table>
<tr><td rowspan="5">双口网络 I</td><td rowspan="3">输出端开路
$I_{12}=0$</td><td colspan="3">测量值</td><td>计算值</td></tr>
<tr><td>U_{110}/V</td><td>U_{120}/V</td><td>I_{110}/mA</td><td rowspan="4">A_1 =
B_1 =
C_1 =
D_1 =</td></tr>
<tr><td></td><td></td><td></td></tr>
<tr><td rowspan="2">输出端短路
$U_{12}=0$</td><td>U_{11S}/V</td><td>I_{11S}/mA</td><td>I_{12S}/mA</td></tr>
<tr><td></td><td></td><td></td></tr>
<tr><td rowspan="5">双口网络 II</td><td rowspan="3">输出端开路
$I_{22}=0$</td><td colspan="3">测量值</td><td rowspan="3">计算值</td></tr>
<tr><td>U_{210}/V</td><td>U_{220}/V</td><td>I_{210}/mA</td></tr>
<tr><td></td><td></td><td></td></tr>
<tr><td rowspan="2">输出端短路
$U_{22}=0$</td><td>U_{21S}/V</td><td>I_{21S}/mA</td><td>I_{22S}/mA</td><td rowspan="2">A_2 =
B_2 =
C_2 =
D_2 =</td></tr>
<tr><td></td><td></td><td></td></tr>
</table>

（2）将两个双口网络级联，即将网络Ⅰ的输出接至网络Ⅱ的输入。用两端口分别测量法计算级联后等效双口网络的传输参数 A、B、C、D，填入表2-28中，并验证等效双口网络传输参数与级联的两个双口网络传输参数之间的关系。

表2-28 实验数据记录（二）

输入端加电压	输出端开路 $I_2=0$			输出端短路 $U_2=0$			计算传输参数
	U_{10} /V	I_{10} /mA	R_{10} /kΩ	U_{1S} /V	I_{1S} /mA	R_{1S} /kΩ	
输出端加电压	输入端开路 $I_1=0$			输入端短路 $U_1=0$			$A=$ $B=$ $C=$ $D=$
	U_{20} /V	I_{20} /mA	R_{20} /kΩ	U_{2S} /V	I_{2S} /mA	R_{2S} /kΩ	

【实验注意事项】

（1）用电流插头插座测量电流时，要注意判别电流表的极性及选取适合的量程（根据所给的电路参数，估算电流表量程）。

（2）计算传输参数时，I、U 均取其正值。

【思考题】

（1）试述双口网络同时测量法与分别测量法的测量步骤，分析其优缺点及其适用情况。

（2）本实验方法可否用于交流双口网络的测定？

【实验报告】

（1）完成对数据表格的测量和计算任务。

（2）列写参数方程。

（3）验证级联后等效双口网络的传输参数与级联的两个双口网络传输参数之间的关系。

（4）总结、归纳双口网络的测试技术。

十一、互感电路观测

【实验目的】

（1）学会互感电路同名端、互感系数以及耦合系数的测定方法。

（2）理解两个线圈相对位置的改变，以及用不同材料作线圈芯时对互感的影响。

【原理说明】

1．判断互感线圈同名端的方法

（1）直流法，如图 2－32 所示，当开关 S 闭合瞬间，若毫安表的指针正偏，则可断定 1、3 为同名端；指针反偏，则 1、4 为同名端。

（2）交流法，如图 2－33 所示，将两个绕组 N_1 和 N_2 的任意两端（如 2、4 端）联在一起，在其中的一个绕组（如 N_1）两端加一个低电压，另一绕组（如 N_2）开路。用交流电压表分别测出端电压 U_{13}、U_{12} 和 U_{34}。若 U_{13} 是两个绕组端压之差，则 1、3 是同名端；若 U_{13} 是两绕组端电压之和，则 1、4 是同名端。

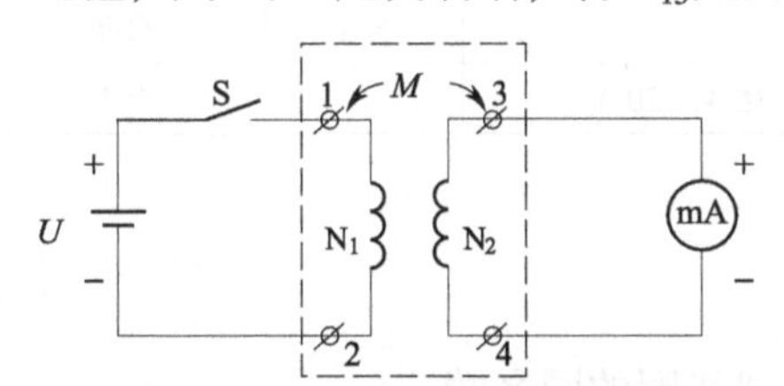

图 2－32　判断互感线圈同名端的方法（直流法）

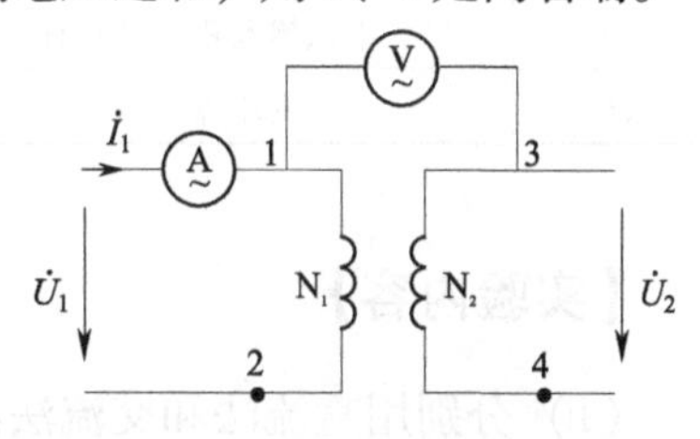

图 2－33　判断互感线圈同名端的方法（交流法）

2．两线圈互感系数 M 的测定

在图 2－33 的 N_1 侧施加低压交流电压 $\dot{U}_1$，测出 $\dot{I}_1$ 及 $\dot{U}_2$。根据 $U_2=\omega MI_1$ 可算得互感系数为 $M=\dfrac{U_2}{\omega I_1}$。

3．耦合系数 k 的测定

两个互感线圈耦合松紧的程度可用耦合系数 k 来表示：

$$k=M/\sqrt{L_1L_2}$$

如图 2－33 所示，先在 N_1 侧加低压交流电压 $\dot{U}_1$，测出 N_2 侧开路时的电流 $\dot{I}_1$；然后再在 N_2 侧加电压 $\dot{U}_2$，测出 N_1 侧开路时的电流 $\dot{I}_2$，求出各自的自

感 L_1 和 L_2，即可算得 k 值。

【实验设备】

实验设备如表 2－29 所示。

表 2－29 实验设备

序号	名称	型号与规格	数量	备注
1	直流数字电压表	0～200 V	1	
2	直流数字毫安表	0～500 mA	1	
3	交流电压表	0～500 V	1	
4	交流电流表	0～5 A	1	
5	空心互感线圈	N_1 为大线圈 N_2 为小线圈	1 对	自备
6	自耦调压器		1	
7	直流稳压电源	0～30 V	1	
8	电阻器	51 Ω/8 W 510 Ω/2 W	各 1	自备
9	发光二极管	红或绿	1	自备
10	粗、细铁棒及粗、细铝棒		各 1	自备
11	变压器	36 V/220 V	1	自备

【实验内容】

（1）分别用直流法和交流法测定互感线圈的同名端。

① 直流法。实验线路如图 2－34 所示，先将 N_1 和 N_2 两线圈的四个接线端编号。将 N_1 与 N_2 同心地套在一起，并放入细铁棒。U 为直流可调稳压电源，调至 10 V。流过 N_1 侧的电流不可超过 0.4 A（选用 5 A 量程的数字电流表）。N_2 侧直接接入 2 mA 量程的毫安表。将铁棒迅速地拔出和插入，观察毫安表读数正、负的变化，来判定 N_1 和 N_2 两个线圈的同名端。

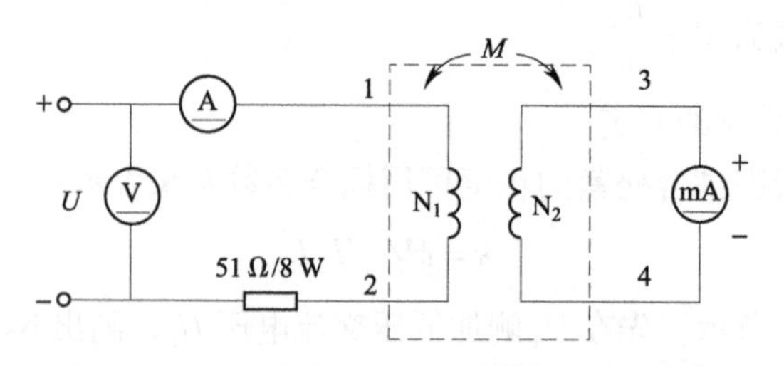

图 2－34 采用直流法判断同名端的实验线路

② 交流法。本方法中，由于加在 N_1 上的电压较低，直接用屏内调压器很难调节，因此采用图 2－35 的线路来扩展调压器的调节范围。图中 *W*、*N* 为主屏上的自耦调压器的输出端，B 为升压铁芯变压器，此处作降压用。将 N_2 放入 N_1 中，并在两线圈中插入铁棒。A 为 2.5 A 以上量程的电流表，N_2 侧开路。

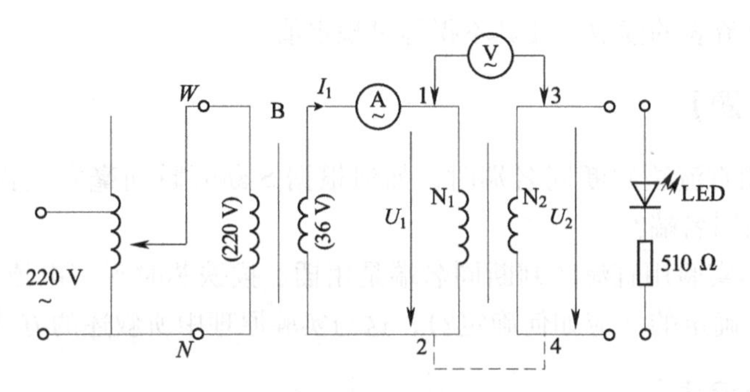

图 2－35　采用交流法判断同名端的实验线路

接通电源前，应首先检查自耦调压器是否调至零位，确认后方可接通交流电源，令自耦调压器输出一个很低的电压（约 12 V），使流过电流表的电流小于 1.4 A，然后用交流电压表测量 U_{13}、U_{12}、U_{34}，判定同名端。拆去 2、4 连线，并将 2、3 相接，重复上述步骤，判定同名端。

（2）拆除 2、3 连线，测量出 U_1，I_1，U_2，计算出 M。

（3）将交流低电压加在 N_2 侧，使流过 N_2 侧的电流小于 1 A，N_1 侧开路，按步骤（2）测出 U_2、I_2、U_1。

（4）用万用表的“$R\times1$”挡分别测出 N_1 和 N_2 线圈的电阻值 R_1 和 R_2，计算 k 值。

（5）观察互感现象。

在图 2－35 的 N_2 侧接入 LED 发光二极管与 510 Ω 串联的支路。

① 将铁棒慢慢地从两线圈中抽出和插入，观察 LED 亮度的变化及各电表读数的变化，记录现象。

② 将两线圈改为并排放置，并改变其间距，以及分别或同时插入铁棒，观察 LED 亮度的变化及仪表读数。

③ 改用铝棒替代铁棒，重复步骤①、②，观察 LED 的亮度变化，记录现象。

【实验注意事项】

（1）整个实验过程中，注意流过线圈 N_1 的电流不得超过 1.4 A，流过线

圈 N_2 的电流不得超过 1 A。

(2) 测定同名端及其他测量数据的实验中，都应将小线圈 N_2 套在大线圈 N_1 中，并插入铁芯。

(3) 作交流试验前，首先要检查自耦调压器，要保证手柄置在零位。因为在实验时加在 N_1 上的电压只有 2 ~3 V，因此调节时要特别仔细、小心，要随时观察电流表的读数，使其不得超过规定值。

【思考题】

(1) 用直流法判断同名端时，如何根据 S 断开瞬间毫安表指针的正偏、反偏来判断同名端?

(2) 本实验用直流法判断同名端是用插、拔铁芯时观察电流表的正、负读数变化来确定的（应如何确定?)，这与实验原理中所叙述的方法是否一致?

【实验报告】

(1) 总结对互感线圈同名端、互感系数的实验测试方法。

(2) 自拟测试数据表格，完成计算任务。

(3) 解释实验中观察到的互感现象。

十二、单相铁芯变压器特性的测试

【实验目的】

(1) 通过测量，计算变压器的各项参数。

(2) 学会测绘变压器的空载特性与外特性。

【原理说明】

(1) 图 2 -36 为测试变压器参数的常用电路。由各仪表读得变压器原边（AX，低压侧）的 U_1、I_1、P_1 及副边（ax，高压侧）的 U_2、I_2，并用万用表"$R\times1$"挡测出原、副绕组的电阻 R_1 和 R_2，即可算得变压器的以下各项参数值:

电压比：$K_U=\dfrac{U_1}{U_2}$，电流比：$K_I=\dfrac{I_2}{I_1}$，

原边阻抗：$Z_1=\dfrac{U_1}{I_1}$，副边阻抗：$Z_2=\dfrac{U_2}{I_2}$，

阻抗比：$K_Z=\dfrac{Z_1}{Z_2}$，负载功率：$P_2=U_2I_2\cos\varphi_2$，

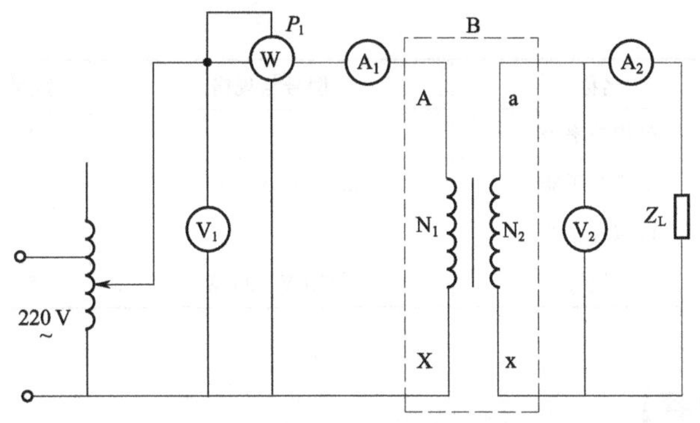

图 2－36　测试变压器参数的电路

损耗功率：$P_o = P_1 - P_2$，

功率因数：$\cos\alpha = \dfrac{P_1}{U_1 I_1}$，原边线圈铜耗：$P_{Cu1} = I_1^2 R_1$，

副边铜耗：$P_{Cu2} = I_2^2 R_2$，铁耗：$P_{Fe} = P_o -（P_{Cu1} + P_{Cu2}）$。

（2）铁芯变压器是一个非线性元件，铁芯中的磁感应强度 B 决定于外加电压的有效值 U。当副边开路（即空载）时，原边的励磁电流 I_{10} 与磁场强度 H 成正比。在变压器中，副边空载时，原边电压与电流的关系称为变压器的空载特性，这与铁芯的磁化曲线（$B-H$ 曲线）是一致的。

空载实验通常是将高压侧开路，由低压侧通电进行测量，又因空载时功率因数很低，故测量功率时应采用低功率因数瓦特表。此外因变压器空载时阻抗很大，故电压表应接在电流表外侧。

（3）变压器外特性测试。

为了满足三组灯泡负载额定电压为 220 V 的要求，故以变压器的低压（36 V）绕组作为原边，220 V 的高压绕组作为副边，即当作一台升压变压器使用。

保持原边电压 U_1（36 V）不变，逐次增加灯泡负载（每只灯为 25 W），测定 U_1、U_2、I_1 和 I_2，即可绘出变压器的外特性，即负载特性曲线 $U_2 = f(I_2)$。

【实验设备】

实验设备如表 2－30 所示。

表 2－30　实验设备

序号	名称	型号与规格	数量	备注
1	交流电压表	0～500 V	1	
2	交流电流表	0～5 A	1	

续表

序号	名称	型号与规格	数量	备注
3	单相功率表		1	自备
4	实验变压器	220 V/36 V　50 VA	1	自备
5	自耦调压器		1	
6	白炽灯	220 V，25 W	5	自备

【实验内容】

（1）用交流法判别变压器绕组的同名端。

（2）按图2－36线路接线。其中AX为变压器的低压绕组，ax为变压器的高压绕组。即电源经屏内调压器接至低压绕组，高压绕组220 V接Z_L即25 W的灯组负载（3只灯泡并联），经指导教师检查后方可进行实验。

（3）将调压器手柄置于输出电压为零的位置（逆时针旋到底），合上电源开关，并调节调压器，使其输出电压为36 V。令负载开路并逐次增加负载（最多亮5个灯泡），分别记下仪表的读数，记入自拟的数据表格，绘制变压器外特性曲线。实验完毕将调压器调回零位，断开电源。

当负载为4个或5个灯泡时，变压器已处于超载运行状态，很容易烧坏。因此，测试和记录应尽量快，总共不应超过3分钟。实验时，可先将5只灯泡并联安装好，断开每个灯泡的开关，通电且电压调至规定值后，再逐一打开各个灯的开关，并记录仪表读数。待数据记录完毕后，立即用相应的开关断开各灯。

（4）将高压侧（副边）开路，确认调压器处在零位后，合上电源，调节调压器输出电压，使U_1从零逐次上升到1.2倍的额定电压（1.2×36 V），分别记下各次测得的U_1、U_{20}和I_{10}数据，记入自拟的数据表格，用U_1和I_{10}绘制变压器的空载特性曲线。

【实验注意事项】

（1）本实验是将变压器作为升压变压器使用，并用调压器提供原边电压U_1，故使用调压器时应首先将其调至零位，然后才可合上电源。此外，必须用电压表监视调压器的输出电压，防止被测变压器输出过高电压而损坏实验设备，且要注意安全，以防高压触电。

（2）由负载实验转到空载实验时，要注意及时变更仪表量程。

（3）遇异常情况时，应立即断开电源，待处理好故障后，再继续实验。

【思考题】

（1）为什么本实验将低压绕组作为原边进行通电实验？此时，在实验过程中应注意什么问题？

（2）为什么变压器的励磁参数一定是在空载实验加额定电压的情况下求出？

【实验报告】

（1）根据实验内容，自拟数据表格，绘出变压器的外特性和空载特性曲线。

（2）根据额定负载时测得的数据，计算变压器的各项参数。

（3）计算变压器的电压调整率。

（4）写出心得体会。

十三、三相交流电路电压、电流的测量

【实验目的】

（1）掌握三相负载作星形连接、三角形连接的方法，验证这两种接法下线相电压与线相电流之间的关系。

（2）充分理解三相四线供电系统中中线的作用。

【原理说明】

（1）三相负载可接成星形（又称“Y”接）或三角形（又称“△”接）。当三相对称负载作星形连接时，线电压 U_L 是相电压 U_P 的 $\sqrt{3}$ 倍，线电流 I_L 等于相电流 I_P，即：

$$U_L = \sqrt{3}U_P,\quad I_L = I_P$$

在这种情况下，流过中线的电流 $I_0 = 0$，所以可以省去中线。由三相三线制电源供电，无中线的星形连接称为 Y 接法。

当对称三相负载作三角形连接时，有：

$$I_L = \sqrt{3}I_P,\ U_L = U_P$$

（2）不对称三相负载作星形连接时，必须采用三相四线制接法，即 Y 接法。而且中线必须牢固连接，以保证三相不对称负载的每相电压维持对称不变。

倘若中线断开，会导致三相负载电压的不对称，致使负载轻的那一相的相电压过高，使负载遭受损坏；负载重的一相相电压又过低，使负载不能正常工作。尤其是对于三相照明负载，无条件地一律采用 Y 接法。

（3）当不对称负载作三角形连接时，$I_L \neq \sqrt{3}I_P$，但只要电源的线电压 U_L 对称，加在三相负载上的电压仍是对称的，对各相负载工作没有影响。

【实验设备】

实验设备如表 2－31 所示。

表 2－31　实验设备

序号	名称	型号与规格	数量	备注
1	交流电压表	0～500 V	1	
2	交流电流表	0～5 A	1	
3	万用表		1	自备
4	三相自耦调压器		1	
5	三相灯组负载	220 V、25 W 白炽灯	9	自备
6	电流插座		3	自备

【实验内容】

（1）三相负载星形连接（三相四线制供电）。

按图 2－37 线路组接实验电路。即三相灯组负载经三相自耦调压器接通三相对称电源。将三相调压器的旋柄置于输出为 0 V 的位置（即逆时针旋到底）。经指导教师检查合格后，方可开启实验台电源，然后调节调压器的输出，使输出的三相线电压为 220 V，并按下述内容完成各项实验。分别测量三相负载的线电压、相电压、线电流、相电流、中线电流、电源与负载中点间的电压。将所测得的数据记入表 2－32 中，并观察各相灯组亮暗的变化程度，特别要注意观察中线的作用。

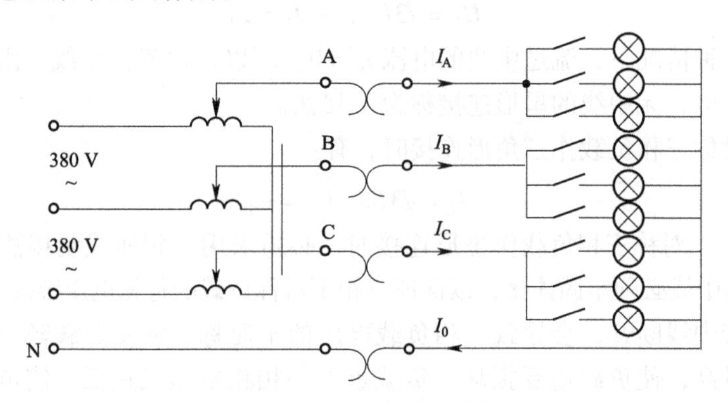

图 2－37　三相四线制电路

表 2-32　实验数据记录（一）

测量数据 / 负载情况	开灯盏数			线电流/A			线电压/V			相电压/V			中线电流 I_0 /A	中点电压 U_{N0} /V
	A 相	B 相	C 相	I_A	I_B	I_C	U_{AB}	U_{BC}	U_{CA}	U_{A0}	U_{B0}	U_{C0}		
Y 接平衡负载	3	3	3											
Y 接不平衡负载	1	2	3											
Y 接 B 相断开	1		3											
Y 接 B 相短路	1		3											

（2）负载三角形连接（三相三线制供电）。

按图 2-38 改接线路，经指导教师检查合格后接通三相电源，并调节调压器，使其输出线电压为 220 V，并按表 2-33 的内容进行测试。

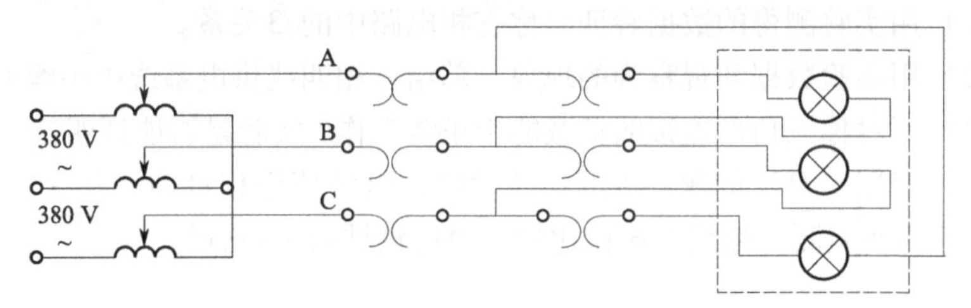

图 2-38　三相三线制电路

表 2-33　实验数据记录（二）

测量数据 / 负载情况	开灯盏数			线电压＝相电压/V			线电流/A			相电流/A		
	A-B 相	B-C 相	C-A 相	U_{AB}	U_{BC}	U_{CA}	I_A	I_B	I_C	I_{AB}	I_{BC}	I_{CA}
三相平衡	3	3	3									
三相不平衡	1	2	3									

【实验注意事项】

（1）本实验采用三相交流市电，线电压为 380 V，应穿绝缘鞋进实验室。实验时要注意人身安全，不可触及导电部件，防止意外事故发生。

（2）每次接线完毕，同组同学应自查一遍，然后由指导教师检查后，方可接通电源。必须严格遵守先断电、再接线、后通电；先断电、后拆线的实验操作原则。

（3）星形负载作短路实验时，必须首先断开中线，以免发生短路事故。

（4）为避免烧坏灯泡，参考实验装置内设有过压保护装置。当任一相电压大于 245 V 时，即声光报警并跳闸。因此，在做 Y 接不平衡负载或缺相实验时，所加线电压应以最高相电压小于 240 V 为宜。

【思考题】

（1）三相负载根据什么条件作星形或三角形连接？

（2）复习三相交流电路有关内容，试分析三相星形连接不对称负载在无中线情况下，当某相负载开路或短路时会出现什么情况？如果接上中线，情况又如何？

（3）本次实验中为什么要通过三相调压器将 380 V 的市电线电压降为 220 V 的线电压使用？

【实验报告】

（1）用实验测得的数据验证对称三相电路中的$\sqrt{3}$关系。

（2）用实验数据和观察到的现象，总结三相四线供电系统中中线的作用。

（3）不对称三角形连接的负载能否正常工作？实验是否能证明这一点？

（4）根据不对称负载三角形连接时的相电流值作相量图，并求出线电流值，然后与实验测得的线电流作比较，对比较结果进行分析。

第三章　电子技术基础（模拟部分）

一、晶体管共射极单管放大器

【实验目的】

（1）学会放大器静态工作点的调试方法，分析静态工作点对放大器性能的影响。

（2）掌握放大器电压放大倍数、输入电阻、输出电阻及最大不失真输出电压的测试方法。

（3）熟悉常用电子仪器及模拟电路实验设备的使用。

【实验原理】

图 3－1 为电阻分压式工作点稳定单管放大器实验电路图。它的偏置电路采用 R_{B1} 和 R_{B2} 组成的分压电路，并在发射极中接有电阻 R_E，以稳定放大器的静态工作点。当在放大器的输入端加入输入信号 u_i 后，在放大器的输出端便可得到一个与 u_i 相位相反、幅值被放大了的输出信号 u_o，从而实现了电压放大。

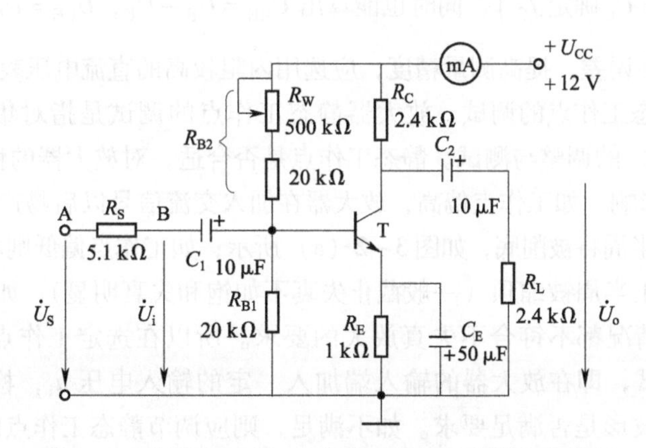

图 3－1　电阻分压式工作点稳定单管放大器实验电路

在图3－1电路中，当流过偏置电阻R_{B1}和R_{B2}的电流远大于晶体管T的基极电流I_B时，则它的静态工作点可用下式估算：

$$U_B \approx \frac{R_{B1}}{R_{B1}+R_{B2}} U_{CC}$$

$$I_E \approx \frac{U_B - U_{BE}}{R_E} \approx I_C$$

$$U_{CE} = U_{CC} - I_C\ (R_C + R_E)$$

电压放大倍数：

$$A_V = -\beta \frac{R_C /\!/ R_L}{r_{be}}$$

输入电阻：

$$R_i = R_{B1} /\!/ R_{B2} /\!/ r_{be}$$

输出电阻：

$$R_o \approx R_C$$

放大器的测量和调试一般包括：放大器静态工作点的测量与调试，消除干扰与自激振荡及放大器各项动态参数的测量与调试等。

1．放大器静态工作点的测量与调试

（1）静态工作点的测量。测量放大器的静态工作点，应在输入信号$u_i=0$的情况下进行，即将放大器输入端与地端短接，然后选用量程合适的直流毫安表和直流电压表，分别测量晶体管的集电极电流I_C以及各电极对地的电位U_B、U_C和U_E。实验中，为了避免断开集电极，所以采用先测量电位U_E或U_C，然后算出I_C的方法，例如，只要测出U_E，即可用$I_C \approx I_E = \frac{U_E}{R_E}$算出$I_C$$\left(\text{也可根据}\ I_C = \frac{U_{CC}-U_C}{R_C}\text{，由}\ U_C\ \text{确定}\ I_C\right)$，同时也能算出$U_{BE}=U_B-U_E$，$U_{CE}=U_C-U_E$。

为了减小误差，提高测量精度，应选用内阻较高的直流电压表。

（2）静态工作点的调试。放大器静态工作点的调试是指对集电极电流I_C（或电压U_{CE}）的调整与测试。静态工作点是否合适，对放大器的性能和输出波形都有很大影响。如工作点偏高，放大器在加入交流信号以后易产生饱和失真，此时u_O的负半周将被削底，如图3－2（a）所示；如工作点偏低则易产生截止失真，即u_O的正半周被缩顶（一般截止失真不如饱和失真明显），如图3－2（b）所示。这些情况都不符合不失真放大的要求。所以在选定工作点以后还必须进行动态调试，即在放大器的输入端加入一定的输入电压u_i，检查输出电压u_O的大小和波形是否满足要求。如不满足，则应调节静态工作点的位置。

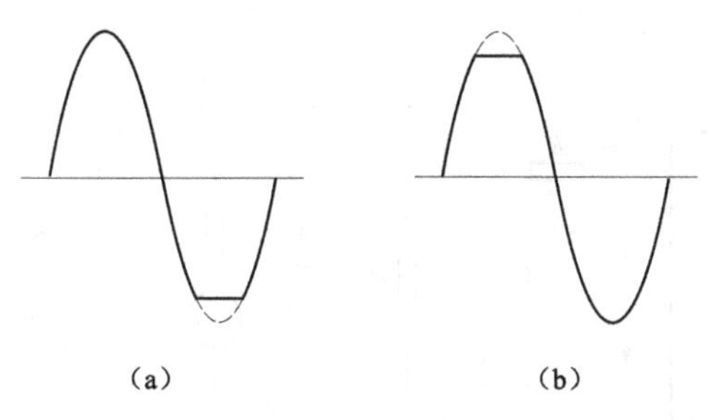

图 3-2　静态工作点对 u_O 波形失真的影响

改变电路参数 U_{CC}、R_C、R_B（R_{B1}、R_{B2}）都会引起静态工作点的变化，如图 3-3 所示。但通常采用调节偏置电阻 R_{B2} 的方法来改变静态工作点，如减小 R_{B2} 的值，则可使静态工作点提高等。

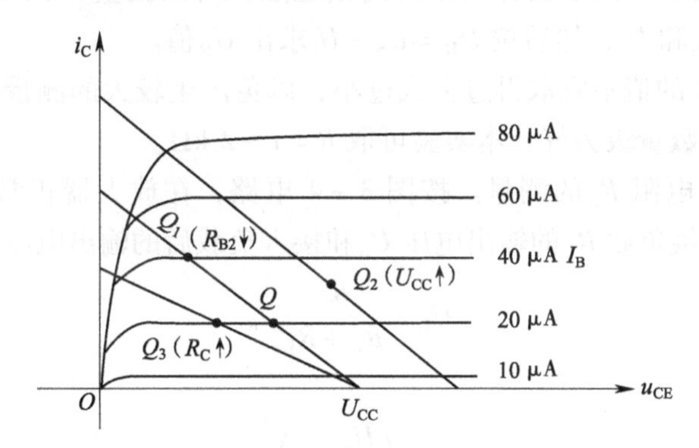

图 3-3　电路参数对静态工作点的影响

2. 放大器动态指标测试

放大器动态指标包括电压放大倍数、输入电阻、输出电阻、最大不失真输出电压（动态范围）和通频带等。

（1）电压放大倍数 A_u 的测量。调整放大器到合适的静态工作点，然后加入输入电压 u_i，在输出电压 u_o 不失真的情况下，用交流毫伏表测出 u_i 和 u_o 的有效值，则：

$$A_u = \frac{U_o}{U_i}$$

（2）输入电阻 R_i 的测量。为了测量放大器的输入电阻，按图 3-4 电路在被测放大器的输入端与信号源之间串入一已知电阻 R，在放大器正常工作的情况下，用交流毫伏表测出 U_S 和 U_i，则根据输入电阻的定义可得：

$$R_i = \frac{U_i}{I_i} = \frac{U_i}{\frac{U_R}{R}} = \frac{U_i}{U_S - U_i}R$$

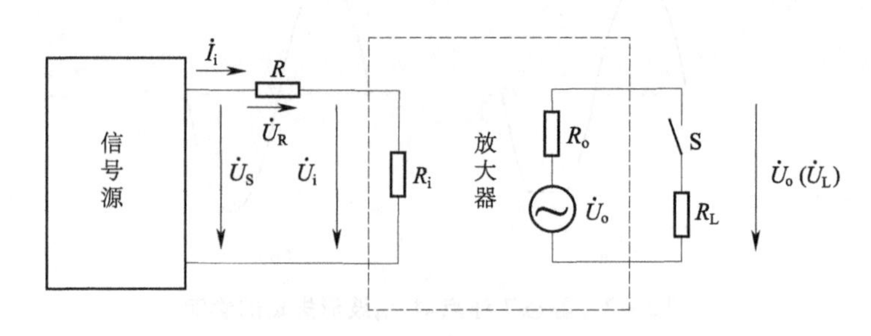

图 3－4 输入、输出电阻测量电路

测量时应注意下列几点：

① 由于电阻 R 两端没有电路公共接地点，所以测量 R 两端电压 U_R 时必须分别测出 U_S 和 U_i，然后按 $U_R = U_S - U_i$ 求出 U_R 值。

② 电阻 R 的值不宜取得过大或过小，以免产生较大的测量误差，通常取 R 与 R_i 为同一数量级为好，本实验可取 $R = 1 \sim 2\ \text{k}\Omega$。

（3）输出电阻 R_o 的测量。按图 3－4 电路，在放大器正常工作条件下，测出输出端不接负载 R_L 的输出电压 U_o 和接入负载后的输出电压 U_L，根据

$$U_L = \frac{R_L}{R_o + R_L} U_o$$

即可求出

$$R_o = \left(\frac{U_o}{U_L} - 1\right) R_L$$

在测试中应注意，必须保持 R_L 接入前后输入信号的大小不变。

（4）最大不失真输出电压 U_{OPP}（最大动态范围）的测量。如上所述，为了得到最大动态范围，应将静态工作点调在交流负载线的中点。为此在放大器正常工作情况下，逐步增大输入信号的幅度，并同时调节 R_W（改变静态工作点），用示波器观察 U_O。当输出波形同时出现削底和缩顶现象（见图 3－5）时，说明静态工作点已调在交流负载线的中点。然后反复调整输入信号，使波形输出幅度最大且无明显失真时，用交流毫伏表测出 U_O，则动态范围等于 $2\sqrt{2}U_O$。也可以用示波器直接读出 U_{OPP} 来。

（5）放大器幅频特性的测量。放大器的幅频特性是指放大器的电压放大倍数 A_V 与输入信号频率 f 之间的关系曲线。单管阻容耦合放大电路的幅频特性曲线如图 3－6 所示。A_{um} 为中频电压放大倍数，通常规定电压放大倍数随频率变化下降到中频放大倍数的 $1/\sqrt{2}$ 倍所对应的频率分别称为下限频率 f_L 和上限频率 f_H，则通频带

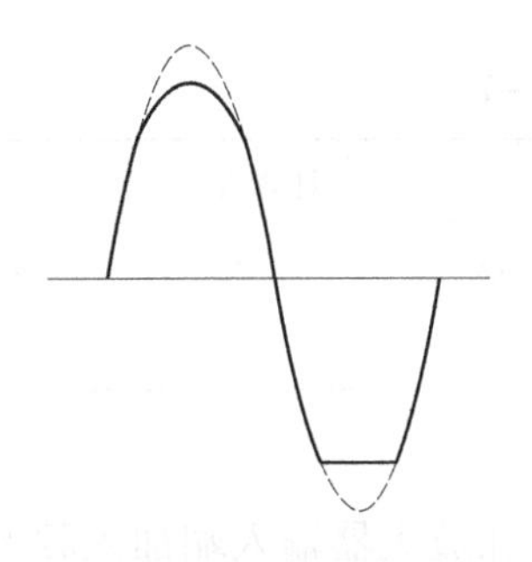

图 3－5　静态工作点正常，输入信号太大引起的失真

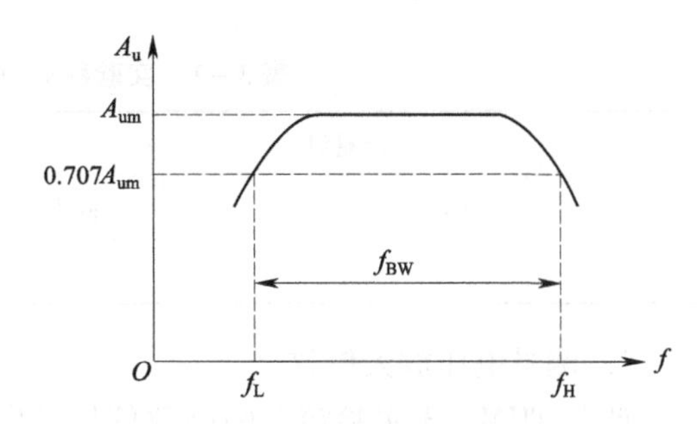

图 3－6　幅频特性曲线

$$f_{BW}=f_H-f_L。$$

放大器的幅率特性就是测量不同频率信号时的电压放大倍数 A_u。为此，可采用前述测 A_u 的方法，每改变一个信号频率，测量其相应的电压放大倍数。测量时应注意取点要恰当，在低频段与高频段应多测几个点，在中频段可以少测几个点。此外，在改变频率时，要保持输入信号的幅度不变，且输出波形不得失真。

【实验设备】

（1）THM－3 型模拟电路实验箱；（2）双踪示波器；

（3）交流毫伏表；（4）直流电压表；

（5）直流毫安表；（6）万用表；

（7）单管/负反馈两级放大器固定线路板。

【实验内容】

将单管/负反馈两极放大器固定线路板插入 THM－3 实验箱的四个绿色固定插孔中，按实验电路图 3－1 接线，晶体三极管管脚按图 3－7 排列。

1．调试静态工作点

接通直流电源前，先将图 3－8 中单管/负反馈两级放大器的 R_{W1} 电位器调至最大，接入电流表，并将 THM－3 实验箱上函数信号发生器输出旋钮旋至零（暂不接入信号源）。将实验箱直流稳压电源（+12 V）用锁紧线对应接入固定线路板的电源插孔中，调节 R_{W1}，使 $I_C=2$ mA（即 $U_E=2$ V），用直流电压表测量 U_B、U_E、U_C 及用万用表测量 R_{B2} 的值。将所测的值记入表 3－1 中。

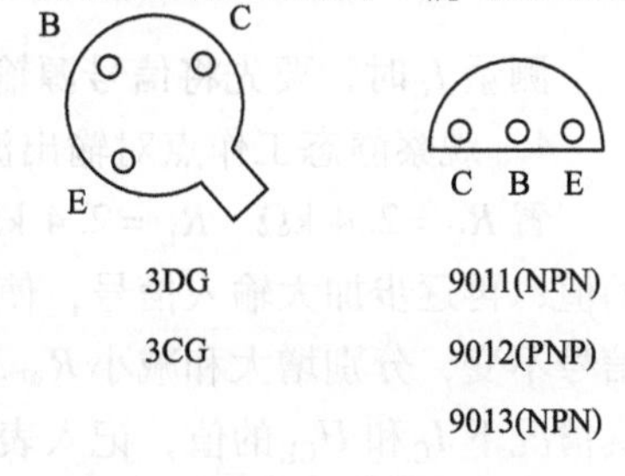

图 3－7　晶体三极管管脚排列

表3-1 实验数据记录（一）

测量值				计算值		
U_B/V	U_E/V	U_C/V	R_{B2}/kΩ	U_{BE}/V	U_{CE}/V	I_C/mA

2. 测量电压放大倍数

调节 THM-3 实验箱上的函数信号发生器，在放大器输入端加入频率为 1 kHz 的正弦信号 u_S，调节函数信号发生器的输出旋钮使放大器的输入电压 $u_i \approx 10$ mV。同时，用示波器观察放大器输出电压 u_O的波形，在波形不失真的条件下用交流毫伏表测量下述三种情况下的 U_O值，并用双踪示波器观察 u_O和 u_i的相位关系，记入表3-2中。

表3-2 实验数据记录（二）

R_C/kΩ	R_L/kΩ	U_O/V	A_u	观察记录 u_O和 u_i的波形
2.4	∞			u_i / O / t ; u_O / O / t
1.2	∞			
2.4	2.4			

3. 观察静态工作点对电压放大倍数的影响

置 $R_C = 2.4$ kΩ、$R_L = \infty$、U_i适量，调节 R_W，用示波器监视输出电压的波形，在 U_O不失真的条件下，测量 I_C和 U_O的值，记入表3-3中。

表3-3 实验数据记录（三）

I_C/mA			2.0		
U_O/V					
A_V					

测量 I_C时，要先将信号源输出旋钮旋至零。

4. 观察静态工作点对输出波形失真的影响

置 $R_C = 2.4$ kΩ、$R_L = 2.4$ kΩ、$u_i = 0$，调节 R_{W1}，使 $I_C = 2$ mA，测出 U_{CE}的值，再逐步加大输入信号，使输出电压 u_O足够大但不失真。然后保持输入信号不变，分别增大和减小 R_W，使波形出现失真，绘出 u_O的波形，并测出失真情况下 I_C和 U_{CE}的值，记入表3-4中。每次测 I_C和 U_{CE}值时都要将信号源的输出旋钮旋至零。

表 3－4　实验数据记录（四）

I_C/mA	U_{CE}/V	u_O波形	失真情况	管子工作状态
		u_O O t		
2.0		u_O O t		
		u_O O t		

5．测量最大不失真输出电压

置 $R_C=2.4\ \mathrm{k\Omega}$、$R_L=2.4\ \mathrm{k\Omega}$，按照实验原理中所述方法，同时调节输入信号的幅度和电位器 R_W，用示波器和交流毫伏表测量 U_{OPP}及 U_O值，记入表 3－5 中。

表 3－5　实验数据记录（五）

I_C/mA	U_{im}/mV	U_{Om}/V	U_{OPP}/V

【思考题】

（1）阅读教材中有关单管放大电路的内容并估算实验电路的性能指标。

假设：3DG6 的 $\beta=100$，$R_{B1}=20\ \mathrm{k\Omega}$，$R_{B2}=60\ \mathrm{k\Omega}$，$R_C=2.4\ \mathrm{k\Omega}$，$R_L=2.4\ \mathrm{k\Omega}$。估算放大器的静态工作点、电压放大倍数 A_u、输入电阻 R_i和输出电阻 R_o。

（2）阅读有关放大器干扰和自激振荡消除的内容。

（3）能否用直流电压表直接测量晶体管的 U_{BE}？为什么实验中要采用先测量 U_B、U_E，再间接算出 U_{BE}的方法？

（4）怎样测量 R_{B2}的阻值？

（5）当调节偏置电阻 R_{B2}，使放大器输出波形出现饱和或截止失真时，

晶体管的管压降 U_{CE}会怎样变化?

(6) 改变静态工作点对放大器的输入电阻 R_i有否影响?改变外接电阻 R_L 对输出电阻 R_o有否影响?

(7) 在测试 A_u、R_i和 R_o时怎样选择输入信号的大小和频率?为什么信号频率一般选 1 kHz,而不选 100 kHz 或更高?

(8) 测试中,如果将函数信号发生器、交流毫伏表、示波器中任一仪器的两个测试端接线换位(即各仪器的接地端不再连在一起),将会出现什么问题?

注:图 3-8 所示为共射极单管放大器与带有负反馈的两级放大器共用实验模块。如将 S_1、S_2断开,则前级(Ⅰ)为典型电阻分压式单管放大器;如将 S_1、S_2接通,则前级(Ⅰ)与后级(Ⅱ)接通,组成带有电压串联负反馈的两级放大器。

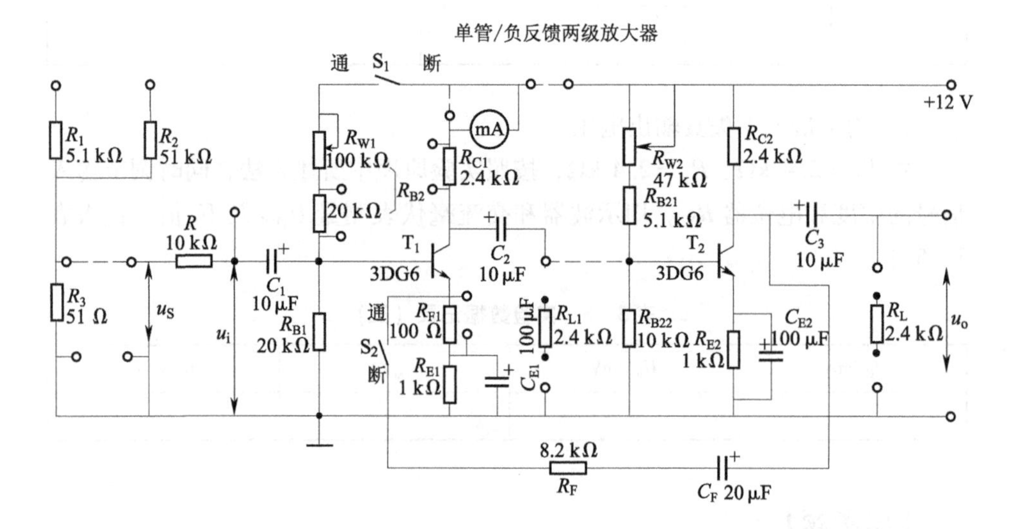

图 3-8 单管/负反馈两级放大电路

【实验报告】

(1) 列表整理测量结果,并把实测的静态工作点、电压放大倍数、输入电阻值、输出电阻值与理论计算值进行比较(取一组数据进行比较),分析产生误差的原因。

(2) 总结 R_C、R_L及静态工作点对放大器电压放大倍数、输入电阻、输出电阻的影响。

(3) 讨论静态工作点变化对放大器输出波形的影响。

(4) 分析讨论在调试过程中出现的问题。

二、场效应管放大器

【实验目的】

（1）了解结型场效应管的性能和特点。

（2）进一步熟悉放大器动态参数的测试方法。

【实验原理】

场效应管是一种电压控制型器件。按结构可分为结型和绝缘栅型两种类型。由于场效应管栅源之间处于绝缘或反向偏置，所以输入电阻很高（一般可达百兆欧）。又由于场效应管是一种多数载流子控制器件，因此热稳定性好、抗辐射能力强、噪声系数小。加之制造工艺较简单、便于大规模集成，因此得到越来越广泛的应用。

1. 结型场效应管的特性和参数

场效应管的特性主要有输出特性和转移特性。图 3－9 所示为 N 沟道结型场效应管 3DJ6F 的输出特性和转移特性曲线。其直流参数主要有饱和漏极电流 I_{DSS}、夹断电压 U_P 等；交流参数主要有低频跨导。

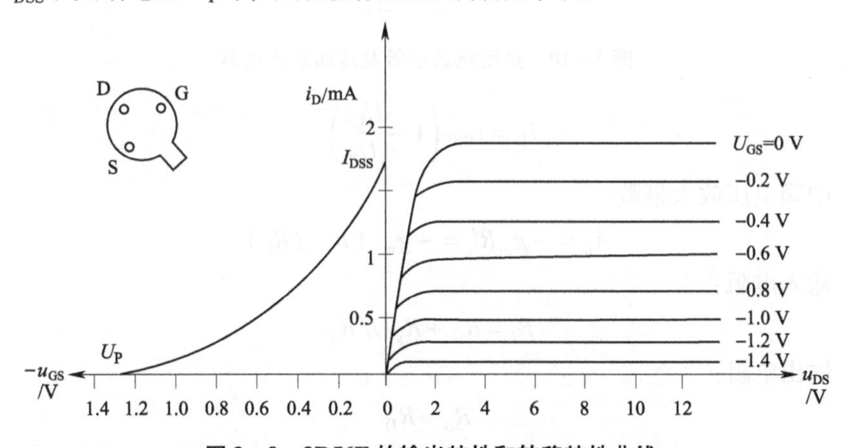

图 3－9　3DJ6F 的输出特性和转移特性曲线

表 3－6 列出了 3DJ6F 的典型参数值及测试条件。

2. 场效应管放大器性能分析

图 3－10 为结型场效应管组成的共源级放大电路。其静态工作点：

$$U_{GS} = U_G - U_S = \frac{R_{g1}}{R_{g1} + R_{g2}} U_{DD} - I_D R_S$$

表 3－6　3DJ6F 的典型参数值及测试条件

参数名称	饱和漏极电流 I_{DSS}/mA	夹断电压 U_P/V	跨导 g_m/（μA · V^{-1}）
测试条件	$u_{DS}=10$ V $u_{GS}=0$ V	$u_{DS}=10$ V $i_{DS}=50$ μA	$u_{DS}=10$ V $i_{DS}=3$ mA $f=1$ kHz
参数值	1～3.5	$<\lvert -9 \rvert$	>100

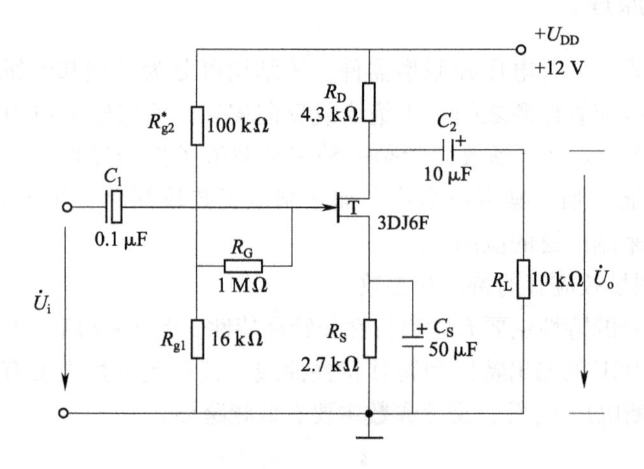

图 3－10　结型场效应管共源级放大电路

$$I_D=I_{DSS}\left(1-\frac{U_{GS}}{U_P}\right)^2$$

中频电压放大倍数：

$$A_u=-g_mR_L'=-g_m\ (R_D/\!/R_L)$$

输入电阻：

$$R_i=R_G+R_{g1}/\!/R_{g2}$$

输出电阻：

$$R_o\approx R_D$$

式中的跨导 g_m 可由特性曲线用作图法求得，或用公式

$$g_m=-\frac{2I_{DSS}}{U_P}\cdot\left(1-\frac{U_{GS}}{U_P}\right)$$

计算。但要注意，计算时 U_{GS} 要用静态工作点处之数值。

3. 输入电阻的测量方法

场效应管放大器的静态工作点、电压放大倍数和输出电阻的测量方法与晶体管放大器的测量方法相同。其输入电阻的测量，从原理上讲，也可采用晶体管实验中所述方法，但由于场效应管的 R_i 值比较大，如直接测输入电压，则限于测量仪器的输入电阻有限，必然会带来较大的误差。因此，为了减小误差，常利用被测放大器的隔离作用，通过测量输出电压 U_O 来计算输入电阻。测量电路如图 3 – 11 所示。

在放大器的输入端串入电阻 R，把开关 S 掷向位置 1（使 $R=0$），放大器的输出电压 $U_{O1}=A_uU_S$；保持 U_S 不变，再把 S 掷向位置 2（即接入 R），测量放大器的输出电压 U_{O2}。由于两次测量中 A_u 和 U_S 保持不变，故

$$U_{O2}=A_uU_i=\frac{R_i}{R+R_i}U_SA_u$$

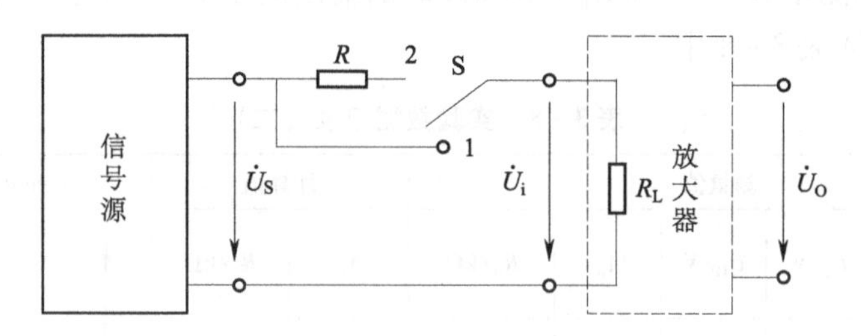

图 3 – 11　输入电阻测量电路

由此可以求出：

$$R_i=\frac{U_{O2}}{U_{O1}-U_{O2}}R$$

式中的 R 和 R_i 不要相差太大，本实验可取 $R=100\sim200\ \text{k}\Omega$。

【实验设备】

（1）THM – 3 型模拟电路实验箱；　　（2）双踪示波器；

（3）交流毫伏表；　　（4）直流电压表；

（5）电阻器、电容器若干。

【实验内容】

1. 静态工作点的测量和调整

（1）按图 3 – 10 连接电路，令 $u_i=0$，接通 +12 V 电源，用直流电压表测量 U_G、U_S 和 U_D。检查静态工作点是否在特性曲线放大区的中间部分。如合适则把结果记入表 3 – 7 中。

（2）若不合适，则适当调整 R_{g2} 和 R_S。调好后，再测量 U_G、U_S 和 U_D，记入表 3 – 7 中。

表 3-7 实验数据记录（一）

测量值						计算值		
U_G/V	U_S/V	U_D/V	U_{DS}/V	U_{GS}/V	I_D/mA	U_{DS}/V	U_{GS}/V	I_D/mA

2. 电压放大倍数 A_u、输入电阻 R_i 和输出电阻 R_o 的测量

（1）A_u 和 R_o 的测量。将 THM-3 实验箱上函数信号发生器模块电源开关打开，在放大器的输入端加入 $f=1$ kHz 的正弦信号 u_i（为 50~100 mV），并用示波器监视输出电压 u_O 的波形。在输出电压 u_O 没有失真的条件下，用交流毫伏表分别测量 $R_L=\infty$ 和 $R_L=10$ kΩ 时的输出电压 U_O（注意：保持 U_i 幅值不变），记入表 3-8 中。

表 3-8 实验数据记录（二）

	测量值				计算值		u_i 和 u_O 的波形
	U_i/V	U_O/V	A_u	R_o/kΩ	A_u	R_o/kΩ	u_i (O, t)
$R_L=\infty$							
$R_L=10$ kΩ							u_O (O, t)

用示波器同时观察 u_i 和 u_O 的波形，描绘出来并分析它们的相位关系。

（2）R_i 的测量。按图 3-11 改接实验电路，选择大小合适的输入电压 u_S（为 50~100 mV），将开关 S 掷向位置“1”，测出 $R=0$ 时的输出电压 U_{O1}，然后将开关掷向位置“2”，接入 R，保持 u_S 不变，再测出 U_{O2}，根据公式 $R_i=\frac{U_{O2}}{U_{O1}-U_{O2}}R$，求出 R_i，记入表 3-9 中。

表 3-9 实验数据记录（三）

测量值			计算值
U_{O1}/V	U_{O2}/V	R_i/kΩ	R_i/kΩ

【思考题】

（1）复习有关场效应管的内容，并分别用图解法与计算法估算场效应管

的静态工作点（根据实验电路参数），求出工作点处的跨导 g_m。

（2）场效应管放大器输入回路的电容 C_1 为什么可以取得小一些（可以取 $C_1 = 0.1\ \mu F$）？

（3）在测量场效应管静态工作电压 U_{GS} 时，能否用直流电压表直接并在 G、S 两端测量？为什么？

（4）为什么测量场效应管输入电阻时要用测量输出电压的方法？

【实验报告】

（1）整理实验数据，将测得的 A_u、R_i、R_o 和理论计算值进行比较。

（2）把场效应管放大器与晶体管放大器进行比较，总结场效应管放大器的特点。

（3）分析测试中的问题，总结实验收获。

三、负反馈放大器

【实验目的】

加深理解放大器中引入负反馈的方法和负反馈对放大器各项性能指标的影响。

【实验原理】

负反馈在电子电路中有着非常广泛的应用，虽然它使放大器的放大倍数降低，但能在多方面改善放大器的动态指标。因此，几乎所有的实用放大器都带有负反馈。

负反馈放大器有四种组态，即电压串联、电压并联、电流串联、电流并联。本实验以电压串联负反馈为例，分析负反馈对放大器各项性能指标的影响。

（1）图 3-12 为带有负反馈的两级阻容耦合放大电路，在电路中通过 R_F 把输出电压 u_o 引回到输入端，加在晶体管 T_1 的发射极上，在发射极电阻 R_{F1} 上形成反馈电压 u_F。根据反馈的判断法可知，它属于电压串联负反馈。

主要性能指标如下：

① 闭环电压放大倍数：

$$A_{uF} = \frac{A_u}{1 + A_u F_u}$$

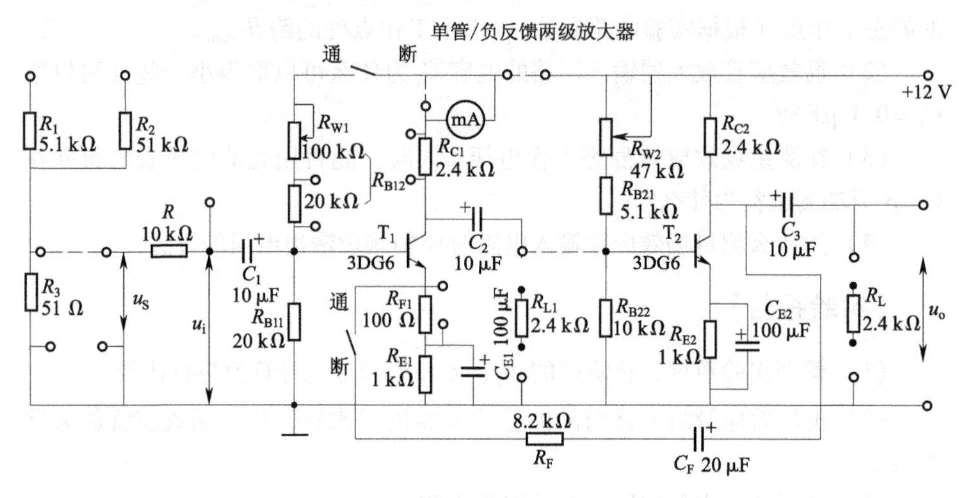

图 3－12　带有电压串联负反馈的两级阻容耦合放大器

其中，$A_u=U_o/U_i$为基本放大器（无反馈）的电压放大倍数，即开环电压放大倍数；$1+A_uF_u$为反馈深度，它的大小决定了负反馈对放大器性能改善的程度。

② 反馈系数：

$$F_u=\frac{R_{F1}}{R_F+R_{F1}}$$

③ 输入电阻：

$$R_{iF}=(1+A_uF_u)R_i$$

其中，R_i为基本放大器的输入电阻。

④ 输出电阻：

$$R_{oF}=\frac{R_o}{1+A_{uo}F_u}$$

R_o为基本放大器的输出电阻；A_{uo}为基本放大器 $R_L=\infty$ 时的电压放大倍数。

（2）本实验还需要测量基本放大器的动态参数，不能简单地断开反馈支路，而是要去掉反馈作用，但又要把反馈网络的影响（负载效应）考虑到基本放大器中去。

① 在画基本放大器的输入回路时，因为是电压负反馈，所以可将负反馈放大器的输出端交流短路，即令 $u_o=0$，此时 R_F相当于并联在 R_{F1}上。

② 在画基本放大器的输出回路时，由于输入端是串联负反馈，因此需将反馈放大器的输入端（T_1管的射极）开路，此时（R_F+R_{F1}）相当于并接在输出端。可近似认为 R_F并接在输出端。

根据上述规律，就可得到所要求的如图 3－13 所示的基本放大器。

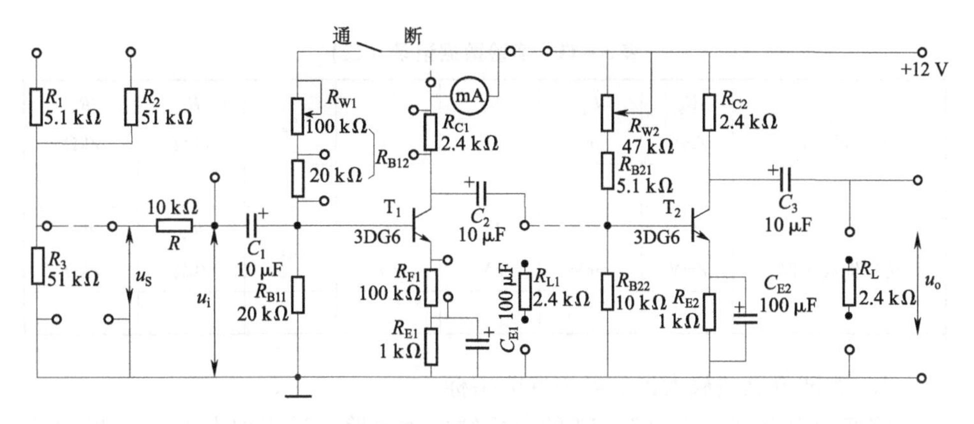

图 3－13　基本放大器

【实验设备】

（1）THM－3 型模拟电路实验箱；　　（2）双踪示波器；

（3）交流毫伏表；　　（4）直流电压表；

（5）单管/负反馈两级放大器固定线路板。

【实验内容】

1．测量静态工作点

按图 3－13 连接实验电路，取 $U_{CC}=12$ V、$u_i=0$，用直流电压表分别测量第一级、第二级的静态工作点，记入表 3－10 中。

表 3－10　实验数据记录（一）

	U_B/V	U_E/V	U_C/V	I_C/mA
第一级				
第二级				

2．测试基本放大器的各项性能指标

将负反馈开关断开，其他连线不动。测量中频电压放大倍数 A_u，输入电阻 R_i和输出电阻 R_o。

（1）将 $f=1$ kHz、$u_S\approx5$ mV 的正弦信号输入放大器，用示波器监视输出波形 u_o。在 u_o不失真的情况下，用交流毫伏表测量 U_S、U_i、U_L，记入表 3－11 中。

（2）保持 u_S不变，断开负载电阻 R_L（注意：R_F不要断开），测量空载时的输出电压 U_o，记入表 3－11 中。

表 3-11 实验数据记录（二）

基本放大器	U_S /mV	U_i /mV	U_L /V	U_o /V	A_u	R_i /kΩ	R_o /kΩ
负反馈放大器	U_S /mV	U_i /mV	U_L /V	U_o /V	A_{uF}	R_{iF} /kΩ	R_{oF} /kΩ

3. 测试负反馈放大器的各项性能指标

将实验电路恢复为图 3-12 的负反馈放大电路。适当加大 U_S，在输出波形不失真的条件下，测量负反馈放大器的 A_{uF}、R_{iF} 和 R_{oF}，记入表 3-11 中；测量 f_{HF} 和 f_{LF}，记入表 3-12 中。

表 3-12 实验数据记录（三）

基本放大器	f_L/kHz	f_H/kHz	Δf/kHz
负反馈放大器	f_{LF}/kHz	f_{HF}/kHz	Δf_F/kHz

【思考题】

（1）复习教材中有关负反馈放大器的内容。

（2）按实验电路 3-12 估算放大器的静态工作点（取 $\beta_1 = \beta_2 = 100$）。

（3）怎样把负反馈放大器改接成基本放大器？为什么要把 R_F 并接在输入端和输出端？

（4）估算基本放大器的 A_u、R_i 和 R_o；估算负反馈放大器的 A_{uF}、R_{iF} 和 R_{oF}，并验算它们之间的关系。

（5）如按深负反馈估算，则闭环电压放大倍数 A_{uF} 是多大？和测量值是否一致？为什么？

（6）如输入信号存在失真，能否用负反馈来改善？

（7）怎样判断放大器是否存在自激振荡？如何进行消振？

【实验报告】

（1）将基本放大器和负反馈放大器动态参数的实测值和理论估算值列表进行比较。

（2）根据实验结果，总结电压串联负反馈对放大器性能的影响。

四、射极跟随器

【实验目的】

（1）掌握射极跟随器的特性及测试方法。

（2）进一步学习放大器各项参数的测试方法。

【实验原理】

射极跟随器的原理图如图 3－14 所示。它是一个电压串联负反馈放大电路，它具有输入电阻高、输出电阻低、电压放大倍数接近于 1、输出电压能够在较大范围内跟随输入电压作线性变化以及输入、输出信号同相等特点。

射极跟随器的输出取自发射极，故称其为射极输出器。

1. 输入电阻 R_i

图 3－14 电路中，

$$R_i = r_{be} + (1+\beta)R_E$$

如考虑偏置电阻 R_B 和负载 R_L 的影响，则

$$R_i = R_B // [r_{be} + (1+\beta)(R_E // R_L)]$$

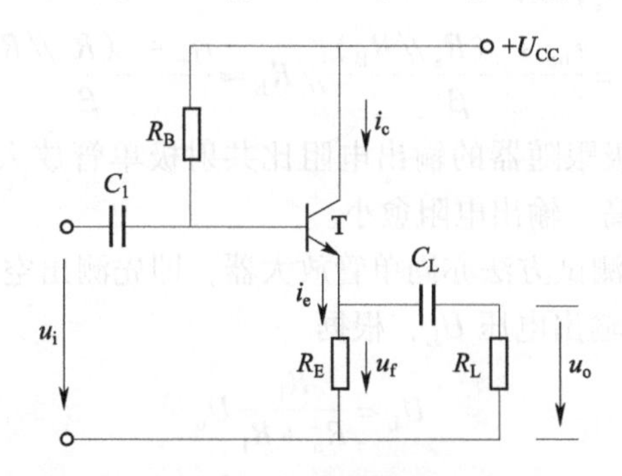

图 3－14　射极跟随器

由上式可知射极跟随器的输入电阻比共射极单管放大器的输入电阻要高得多，但由于偏置电阻 R_B 的分流作用，输入电阻难以进一步提高。

输入电阻的测试方法同单管放大器，实验线路如图 3－15 所示。

图 3－15 中，$R_i = \frac{U_i}{I_i} = \frac{U_i}{U_s - U_i}R$，即只要测得 A、B 两点的对地电位即可计算出 R_i。

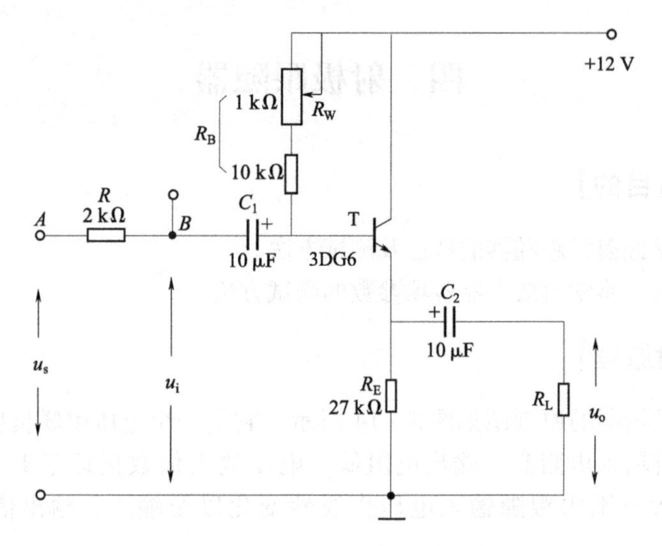

图 3－15　射极跟随器实验电路

2．输出电阻 R_o

图 3－14 电路中，

$$R_o = \frac{r_{be}}{\beta} /\!/ R_E \approx \frac{r_{be}}{\beta}$$

如考虑信号源内阻 R_s，则

$$R_o = \frac{r_{be} + (R_s /\!/ R_B)}{\beta} /\!/ R_E \approx \frac{r_{be} + (R_s /\!/ R_B)}{\beta}$$

由上式可知射极跟随器的输出电阻比共射极单管放大器的输出电阻低得多。三极管的 β 愈高，输出电阻愈小。

输出电阻 R_o 的测试方法亦同单管放大器，即先测出空载输出电压 U_o，再测接入负载 R_L 后的输出电压 U_L，根据

$$U_L = \frac{R_L}{R_o + R_L} U_o$$

即可求出

$$R_o = \left(\frac{U_o}{U_L} - 1\right) R_L$$

3．电压放大倍数

图 3－14 电路中，

$$A_u = \frac{(1+\beta)(R_E /\!/ R_L)}{r_{be} + (1+\beta)(R_E /\!/ R_L)} \leqslant 1$$

上式说明射极跟随器的电压放大倍数小于等于 1，且为正值。这是深度电

压负反馈的结果。但它的射极电流仍比基流大（$1+\beta$）倍，所以它具有一定的电流和功率放大作用。

4．电压跟随范围

电压跟随范围是指射极跟随器输出电压 U_o 跟随输入电压 U_i 作线性变化的区域。当 U_i 超过一定范围时，U_o 便不能跟随 U_i 作线性变化，即 U_o 波形产生了失真。为了使输出电压 U_o 正、负半周对称，并充分利用电压跟随范围，静态工作点应选在交流负载线中点，测量时可直接用示波器读取 U_o 的峰－峰值，即电压跟随范围；或用交流毫伏表读取 U_o 的有效值，则电压跟随范围

$$U_{OPP}=2\sqrt{2}U_o$$

【实验设备】

（1）THM－3 型模拟电路实验箱；（2）双踪示波器；

（3）交流毫伏表；（4）直流电压表；

（5）射极跟随器固定线路板。

【实验内容】

将射极跟随器固定线路板插入 THM－3 实验箱上的四个绿色固定插孔中。

1．静态工作点的调整

将固定线路板接通 12 V 直流电源，调节函数信号发生器，在 B 点加入 $f=1$ kHz 的正弦信号 u_i，输出端用示波器监视输出波形，反复调整 R_W 及信号源的输出幅度，使在示波器的屏幕上得到一个不失真最大输出波形，然后使 $u_i=0$，用直流电压表测量晶体管各电极对地电位，将测得数据记入表 3－13 中。

表 3－13　实验数据记录（一）

U_E/V	U_B/V	U_C/V	I_E/mA

在下面整个测试过程中应保持 R_W 值不变（即保持静工作点 I_E 不变）。

2．测量电压放大倍数 A_u

接入负载 $R_L=1$ kΩ，在 B 点加 $f=1$ kHz 的正弦信号 u_i，调节输入信号幅度，用示波器观察输出波形 u_o，在输出最大不失真情况下，用交流毫伏表测 U_i、U_L 的值，记入表 3－14 中。

表 3－14　实验数据记录（二）

U_i/V	U_L/V	A_u

3. 测量输出电阻 R_o

接上 $R_L=1\ k\Omega$ 的负载，在 B 点加 $f=1$ kHz 的正弦信号 u_i，用示波器监视输出波形，测空载时的输出电压 U_o，有负载时的输出电压 U_L，记入表 3－15 中。

表 3－15 实验数据记录（三）

U_o/V	U_L/V	R_o/kΩ

4. 测量输入电阻 R_i

在 A 点加 $f=1$ kHz 的正弦信号 u_s，用示波器监视输出波形，用交流毫伏表分别测出 A 点、B 点对地的电位 U_s、U_i，记入表 3－16 中。

表 3－16 实验数据记录（四）

U_s/V	U_i/V	R_i/kΩ

5. 测试跟随特性

接入 $R_L=1\ k\Omega$ 的负载，在 B 点加入 $f=1$ kHz 的正弦信号 u_i，逐渐增大信号 u_i 的幅度，用示波器监视输出波形直至输出波形达到最大不失真，测量对应的 U_L 值，记入表 3－17 中。

表 3－17 实验数据记录（五）

U_i/V	
U_L/V	

6. 测试频率响应特性

保持输入信号 u_i 幅度不变，改变信号源频率，用示波器监视输出波形，用交流毫伏表测量不同频率下的输出电压 U_L 的值，记入表 3－18 中。

表 3－18 实验数据记录（六）

f/kHz	
U_L/V	

【思考题】

（1）思考射极跟随器的工作原理。

（2）根据图 3－15 的元件参数值估算静态工作点，并画出交流、直流负载线。

【实验报告】

（1）整理实验数据，并画出曲线 $u_L=f(u_i)$ 及 $u_L=f(f)$ 曲线。

（2）分析射极跟随器的性能和特点。

五、差动放大器

【实验目的】

（1）加深对差动放大器性能及特点的理解。

（2）学习差动放大器主要性能指标的测试方法。

【实验原理】

图 3－16 是差动放大器的基本结构。它由两个元件参数相同的基本共射放大电路组成。当开关 S 拨向左边时，构成典型的差动放大器。调零电位器 R_P 用来调节 T_1 管、T_2 管的静态工作点，使得输入信号 $u_i=0$ 时，双端输出电压 $u_o=0$。R_E 为两管共用的发射极电阻，它对差模信号无负反馈作用，因而不影响差模电压放大倍数，但对共模信号有较强的负反馈作用，故可以有效地抑制零漂，稳定静态工作点。

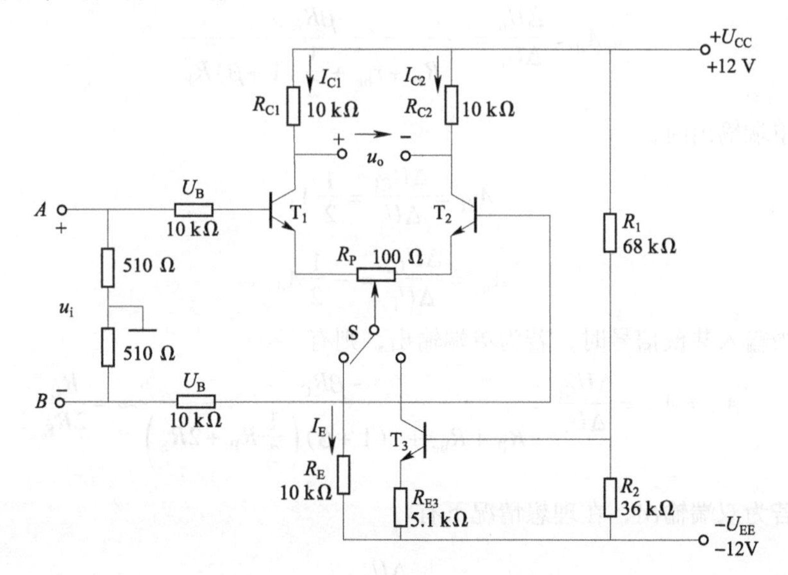

图 3－16　差动放大器实验电路

当开关S拨向右边时，构成具有恒流源的差动放大器。它用晶体管恒流源代替发射极电阻R_E，可以进一步提高差动放大器抑制共模信号的能力。

1. 静态工作点的估算

典型电路中，

$$I_E \approx \frac{|U_{EE}| - U_{BE}}{R_E} \text{（认为 } U_{B1} = U_{B2} \approx 0\text{）}$$

$$I_{C1} = I_{C2} = \frac{1}{2} I_E$$

恒流源电路中，

$$I_{C3} \approx I_{E3} \approx \frac{\frac{R_2}{R_1 + R_2}(U_{CC} + |U_{EE}|) - U_{BE}}{R_{E3}}$$

$$I_{C1} = I_{C2} = \frac{1}{2} I_{C3}$$

2. 差模电压放大倍数和共模电压放大倍数

当差动放大器的射极电阻R_E足够大，或采用恒流源电路时，差模电压放大倍数A_d由输出端的输出方式决定，而与输入方式无关。

双端输出，$R_E = \infty$，R_P在中心位置时，

$$A_d = \frac{\Delta U_o}{\Delta U_i} = -\frac{\beta R_C}{R_B + r_{be} + \frac{1}{2}(1+\beta) R_P}$$

单端输出时，

$$A_{d1} = \frac{\Delta U_{C1}}{\Delta U_i} = \frac{1}{2} A_d$$

$$A_{d2} = \frac{\Delta U_{C2}}{\Delta U_i} = -\frac{1}{2} A_d$$

当输入共模信号时，若为单端输出，则有

$$A_{c1} = A_{c2} = \frac{\Delta U_{C1}}{\Delta U_i} = \frac{-\beta R_C}{R_B + R_{be} + (1+\beta)\left(\frac{1}{2} R_P + 2R_E\right)} \approx -\frac{R_C}{2R_E}$$

若为双端输出，在理想情况下有

$$A_c = \frac{\Delta U_o}{\Delta U_i} = 0$$

实际上由于元件不可能完全对称，因此A_c也不会绝对等于零。

3．共模抑制比 *CMRR*

为了表征差动放大器对有用信号（差模信号）的放大作用和对共模信号的抑制能力，通常用一个综合指标来衡量，即共模抑制比。其计算公式为：

$$CMRR=\left|\frac{A_d}{A_c}\right| \text{或} CMRR=20\lg\left|\frac{A_d}{A_c}\right| \quad (\text{dB})$$

差动放大器的输入信号可采用直流信号也可采用交流信号。本实验由函数信号发生器提供频率$f=1$ kHz 的正弦信号作为输入信号。

【实验设备】

（1）THM－3 型模拟电路实验箱；　（2）双踪示波器；
（3）交流毫伏表；　（4）直流电压表；
（5）差动放大器固定线路板。

【实验内容】

1．典型差动放大器性能测试

将差动放大器固定线路板插入 THM－3 实验箱上的四个绿色固定插孔中，接通 12 V 直流电源，将开关 S 拨向左边构成典型差动放大器。

（1）测量静态工作点：① 调节放大器零点。信号源不接入，将放大器输入端A、B与地短接，接通 ±12 V 直流电源，用直流电压表测量输出电压U_o，调节调零电位器R_P，使$U_o=0$。调节时要仔细，力求准确。② 测量静态工作点。零点调好以后，用直流电压表测量 T_1管、T_2管各电极电位及射极电阻R_E两端电压U_{RE}，记入表 3－19 中。

表 3－19　实验数据记录（一）

测量值	U_{C1}/V	U_{B1}/V	U_{E1}/V	U_{C2}/V	U_{B2}/V	U_{E2}/V	U_{RE}/V
计算值	I_C/mA		I_B/mA		U_{CE}/V		

（2）测量差模电压放大倍数。断开直流电源，将函数信号发生器的输出端接放大器的输入端A，地端接放大器输入端B，构成单端输入方式，调节输入信号为频率$f=1$ kHz 的正弦信号，并使输出旋钮旋至零，用示波器监视输出端。

接通 ±12 V 直流电源，逐渐增大输入电压U_i（约 100 mV），在输出波形无失真的情况下，用交流毫伏表测 U_i、U_{C1}、U_{C2}，记入表 3－20 中，并观察 u_i、u_{C1}、u_{C2}之间的相位关系及 U_{RE}随 U_i改变而变化的情况。

（3）测量共模电压放大倍数。将放大器 A 与 B 短接，信号源接 A 端与地之间，构成共模输入方式。调节输入信号使 $f=1$ kHz、$U_i=1$ V，在输出电压无失真的情况下，测量 U_{C1}、U_{C2}之值并记入表 3－20 中，观察 u_i、u_{C1}、u_{C2}之间的相位关系及 U_{RE}随 U_i改变而变化的情况。

表 3－20　实验数据记录（二）

项目	典型差动放大电路		具有恒流源差动放大电路	
	单端输入	共模输入	单端输入	共模输入
U_i	100 mV	1 V	100 mV	1 V
U_{C1}/V				
U_{C2}/V				
$A_{d1}=\frac{U_{C1}}{U_i}$		—		—
$A_d=\frac{U_o}{U_i}$		—		—
$A_{c1}=\frac{U_{C1}}{U_i}$	—		—	
$A_c=\frac{U_o}{U_i}$	—		—	
$CMRR=\left\lvert\frac{A_{d1}}{A_{c1}}\right\rvert$				

2. 具有恒流源的差动放大电路性能测试

将图 3－16 电路中开关 S 拨向右边，构成具有恒流源的差动放大电路。重复上述步骤，并将数据记入表 3－20 中。

【思考题】

（1）根据实验电路参数，估算典型差动放大器和具有恒流源的差动放大器的静态工作点及差模电压放大倍数（取 $\beta_1=\beta_2=100$）。

（2）测量静态工作点时，放大器输入端 A、B 与地应如何连接？

（3）实验中怎样获得双端和单端输入差模信号？怎样获得共模信号？画出 A、B 端与信号源之间的连接图。

（4）怎样进行静态调零点？用什么仪表测 U_o？

（5）怎样用交流毫伏表测双端输出电压 U_o？

【实验报告】

（1）整理实验数据，列表比较实验结果和理论估算值，分析误差原因。

① 测量静态工作点和差模电压放大倍数。

② 将典型差动放大电路单端输出时的 *CMRR* 实测值与理论值进行比较。

③ 将典型差动放大电路单端输出时 *CMRR* 的实测值与具有恒流源的差动放大器 *CMRR* 实测值进行比较。

（2）比较 u_{i}、u_{C1}和 u_{C2}之间的相位关系。

（3）根据实验结果，总结电阻 R_{E}和恒流源的作用。

六、集成运算放大器指标测试

【实验目的】

（1）掌握运算放大器主要指标的测试方法。

（2）通过对运算放大器 μA741 指标的测试，了解集成运算放大器组件主要参数的定义和表示方法。

【实验原理】

集成运算放大器是一种线性集成电路，和其他半导体器件一样，它是用一些性能指标来衡量其质量的优劣。要正确使用集成运放，就必须了解它的主要参数指标。集成运放组件的各项指标通常是由专用仪器进行测试的，这里介绍的是一种简易测试方法。

本实验采用的集成运放型号为 μA741（或 F007），引脚排列如图 3－17 所示。它是八脚双列直插式组件，2 脚和 3 脚为反相和同相输入端，6 脚为输出端，7 脚和 4 脚为正、负电源端，1 脚和 5 脚为失调调零端。1 脚与 5 脚之间可接入一只几十千欧的电位器并将滑动触头接到负电源端，8 脚为空脚。

1. μA741 主要指标测试

（1）输入失调电压 U_{os}。对于理想运放组件，当输入信号为零时，其输出也为零。但是即使是最优质的集成组件，由于运放内部差动输入级参数的不完全对称，输出电压往往不为零。这种输入为零、输出不为零的现象称为集成运放的失调。

输入失调电压 U_{os}是指输入信号为零时，输出端出现的电压折算到同相输入端的数值。

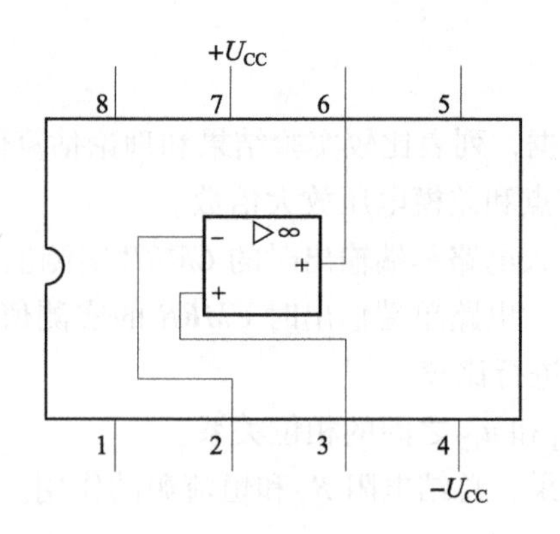

图 3－17　μA741 管脚图

失调电压测试电路如图 3－18 所示。闭合开关 S_1 及 S_2，使电阻 R_B 短接，测量此时的输出电压 U_{o1}，即为输出失调电压，则输入失调电压

$$U_{os}=\frac{R_1}{R_1+R_F}U_{o1}$$

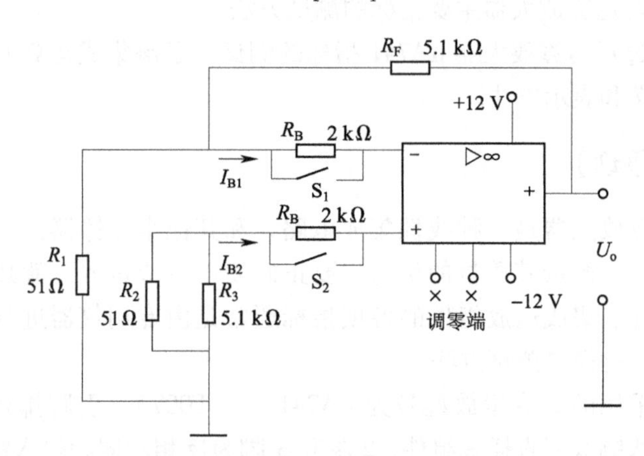

图 3－18　U_{os}、I_{os} 测试电路

实际测出的 U_{o1} 可能为正，也可能为负，一般在 1～5 mV 之间。对于高质量的运放，U_{os} 在 1 mV 以下。

测试中应注意：将运放调零端开路；要求电阻 R_1 和 R_2，R_3 和 R_F 的参数严格对称。

（2）输入失调电流 I_{os} 是指当输入信号为零时，运放的两个输入端的基极偏置电流之差，其计算方法是：

$$I_{os}=|I_{B1}-I_{B2}|$$

输入失调电流的大小反映了运放内部差动输入级两个晶体管 β 的失配度。

由于I_{B1}、I_{B2}本身的数值已很小（微安级），因此它们的差值通常不是直接测量的，测试电路如图 3－18 所示，测试分两步进行：

① 闭合开关S_1及S_2，在低输入电阻下，测出输出电压U_{o1}。如前所述，这是由输入失调电压U_{os}所引起的输出电压。

② 断开S_1及S_2，接入输入电阻R_B。由于R_B阻值较大，流经它们的输入电流的差异，将变成输入电压的差异。因此，也会影响输出电压的大小。可见测出两个电阻R_B接入时的输出电压U_{o2}，若从中扣除输入失调电压U_{os}的影响，则输入失调电流I_{os}为：

$$I_{os}=|I_{B1}-I_{B2}|=|U_{o2}-U_{o1}|\frac{R_1}{R_1+R_F}\frac{1}{R_B}$$

一般地，I_{os}为几十至几百纳安，高质量运放I_{os}低于 1 nA。

测试中应注意：将运放调零端开路；两输入端电阻R_B必须精确配对。

（3）开环差模放大倍数A_{ud}。集成运放在没有外部反馈时的直流差模放大倍数称为开环差模电压放大倍数，用A_{ud}表示。它定义为开环输出电压U_o与两个差分输入端之间所加信号电压U_{id}之比，即

$$A_{ud}=\frac{U_o}{U_{id}}$$

按定义A_{ud}应是信号频率为零时的直流放大倍数，但为了测试方便，通常采用低频正弦交流信号进行测量。由于集成运放的开环电压放大倍数很高，难以直接进行测量，故一般采用闭环测量方法。A_{ud}的测试方法很多，现采用交、直流同时闭环的测试方法，如图 3－19 所示。

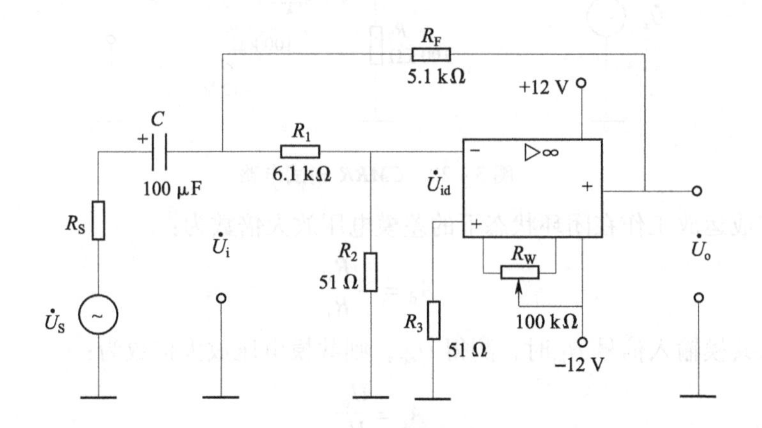

图 3－19　A_{ud}测试电路

被测运放一方面通过R_F、R_1、R_2完成直流闭环，以抑制输出电压漂移；另一方面通过R_F和R_S实现交流闭环，外加信号u_s经R_1、R_2分压，使u_{id}足够

小，以保证运放工作在线性区。同相输入端电阻 R_3 应与反相输入端电阻 R_2 相匹配，以减小输入偏置电流的影响，电容 C 为隔直电容。被测运放的开环电压放大倍数为：

$$A_{ud}=\frac{U_o}{U_{id}}=\left(1+\frac{R_1}{R_2}\right)\frac{U_o}{U_i}。$$

通常低增益运放 A_{ud} 为 60 ~ 70 dB，中增益运放约为 80 dB，高增益在 100 dB 以上，可达 120 ~ 140 dB。

测试中应注意：测试前电路应首先消振及调零；被测运放要工作在线性区；输入信号频率应较低，一般为 50 ~ 100 Hz，输出信号幅度应较小，且无明显失真。

（4）共模抑制比 *CMRR*。共模抑制比在应用中是一个很重要的参数，理想运放对输入的共模信号其输出为零。但在实际的集成运放中，其输出不可能没有共模信号的成分。输出端共模信号愈小，说明电路对称性愈好，也就是说运放对共模干扰信号的抑制能力愈强，即 *CMRR* 愈大。*CMRR* 的测试电路如图 3 – 20 所示。

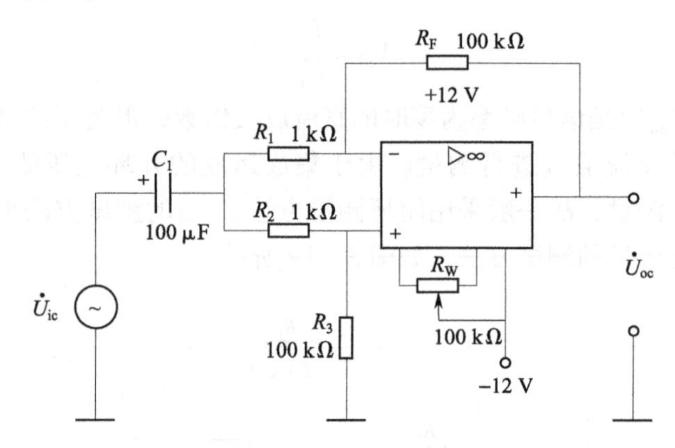

图 3 – 20 *CMRR* 测试电路

集成运放工作在闭环状态下的差模电压放大倍数为：

$$A_d=-\frac{R_F}{R_1}$$

当接入共模输入信号 U_{ic} 时，测得 U_{oc}，则共模电压放大倍数为：

$$A_c=\frac{U_{oc}}{U_{ic}}$$

通过计算得出共模抑制比

$$CMRR=\left|\frac{A_d}{A_c}\right|=\frac{R_F}{R_1}\frac{U_{ic}}{U_{oc}}$$

测试中应注意：消振与调零；R_1与R_2、R_3与R_F之间阻值应严格对称；输入信号U_{ic}幅度必须小于集成运放的最大共模输入电压范围U_{icm}。

（5）共模输入电压范围U_{icm}。集成运放所能承受的最大共模电压称为共模输入电压范围，超出这个范围，运放的*CMRR*会大大下降，输出波形产生失真，有些运放还会出现“自锁”现象以及永久性的损坏。U_{icm}的测试电路如图3－21所示。

被测运放接成电压跟随器形式，输出端接示波器，观察最大不失真输出波形，从而确定U_{icm}的值。

（6）输出电压最大动态范围U_{OPP}与电源电压、外接负载及信号源频率有关。测试电路如图3－22所示。

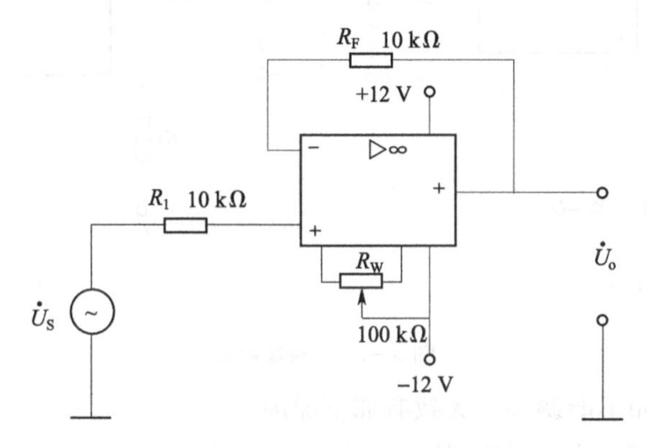

图3－21　U_{icm}测试电路

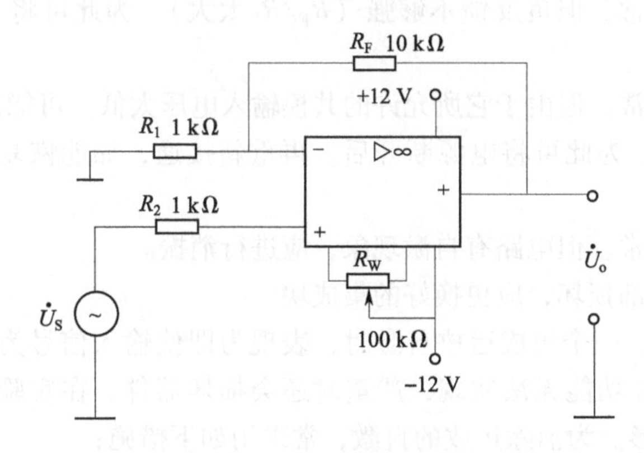

图3－22　U_{OPP}测试电路

改变u_s幅度，观察u_o削顶失真开始时刻，从而确定u_o的不失真范围，这就是运放在某一定电源电压下可能输出的电压峰－峰值U_{OPP}。

2. 集成运放在使用时应考虑的一些问题

（1）输入信号选用交流量、直流量均可，但在选取信号的频率和幅度时，应考虑运放的频响特性和输出幅度的限制。

（2）调零。为提高运算精度，在运算前，应首先对直流输出电位进行调零，即保证输入为零时，输出也为零。当运放有外接调零端子时，可按组件要求接入调零电位器 R_W。调零时，将输入端接地，调零端接入电位器 R_W，用直流电压表测量输出电压 U_o，细心调节 R_W，使 U_o 为零（即失调电压为零）。如运放没有调零端子，若要调零，可按图 3－23 所示电路进行调零。

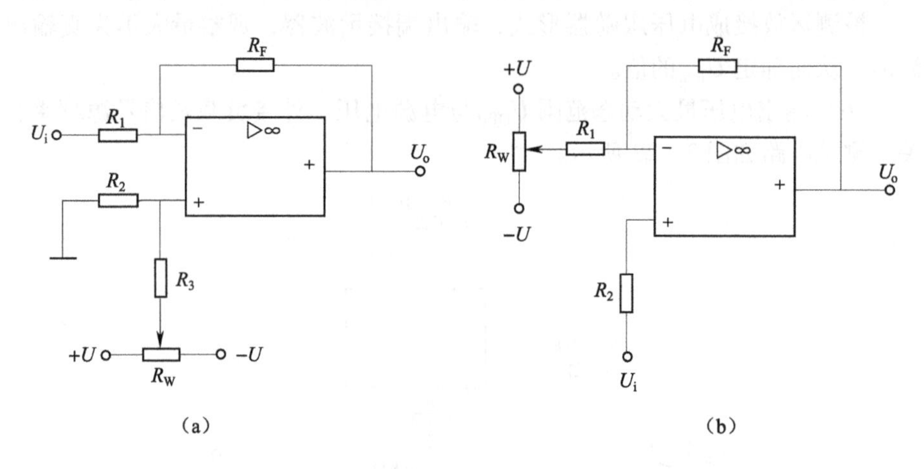

图 3－23 调零电路

一个运放如不能调零，大致有如下原因：

① 组件正常，接线有错误。

② 组件正常，但负反馈不够强（R_F/R_1 太大），为此可将 R_F 短路，观察是否能调零。

③ 组件正常，但由于它所允许的共模输入电压太低，可能出现自锁现象，因而不能调零。为此可将电源断开后，再重新接通，如能恢复正常，则属于这种情况。

④ 组件正常，但电路有自激现象，应进行消振。

⑤ 组件内部损坏，应更换好的集成块。

（3）消振。一个集成运放自激时，表现为即使输入信号为零，亦会有输出，使各种运算功能无法实现，严重时还会损坏器件。在实验中，可用示波器监视输出波形。为消除运放的自激，常采用如下措施：

① 若运放有相位补偿端子，可利用外接 *RC* 补偿电路，产品手册中有补偿电路及元件参数提供。

② 电路布线及元器件布局应尽量减少分布电容。

③ 在正、负电源进线与地之间接上几十微法的电解电容和 0.01～0.1 μF 的陶瓷电容相并联以减小电源引线的影响。

【实验设备】

（1）THM－3 型模拟电路实验箱；（2）交流毫伏表；
（3）直流电压表；（4）集成运算放大器 μA741 ×1；
（5）双踪示波器；（6）电阻器、电容器若干。

【实验内容】

实验前看清运放管脚排列及电源电压的极性及数值，切忌正、负电源接反。

（1）测量输入失调电压 U_{os}。

将 μA741 芯片插入 THM－3 实验箱上的8P 圆针插座中（芯片方向与圆针插座方向应一致）；按图 3－18 连接实验电路，闭合开关 S_1、S_2，用直流电压表测量输出端电压 U_{o1}，并计算 U_{os}，记入表 3－21 中。

（2）测量输入失调电流 I_{os}。

实验电路如图 3－18 所示，打开开关 S_1、S_2，用直流电压表测量 U_{o2}，并计算 I_{os}，记入表 3－21 中。

表 3－21 实验数据记录（一）

U_{os}/mV		I_{os}/nA		A_{ud}/dB		*CMRR*/dB	
实测值	典型值	实测值	典型值	实测值	典型值	实测值	典型值
	2～10		50～100		100～106		80～86

（3）测量开环差模电压放大倍数 A_{ud}。

按图 3－19 连接实验电路，调节实验箱上的函数信号发生器，输出频率为 100 Hz、幅度大小为 30～50 mV 的正弦信号，输入置运放输入端，用示波器监视输出波形。用交流毫伏表测量 U_o和 U_i，并计算 A_{ud}，记入表 3－21 中。

（4）测量共模抑制比 *CMRR*。

按图 3－20 连接实验电路，调节函数信号发生器，使其输出 f＝100 Hz、u_{ic}＝1～2 V 的正弦信号，输入置运放输入端，用示波器监视输出波形。测量 U_{oc}和 U_{ic}，计算 A_c及 *CMRR*，记入表 3－21 中。

（5）测量共模输入电压范围 U_{icm}及输出电压最大动态范围 U_{OPP}，自拟实验步骤及方法。

【思考题】

（1）查阅 μA741 典型指标数据及管脚功能。

（2）测量输入失调参数时，为什么运放反相及同相输入端的电阻要精选以保证严格对称？

（3）测量输入失调参数时，为什么要将运放调零端开路，而在进行其他测试时，则要求对输出电压进行调零？

（4）测试信号的频率选取的原则是什么？

【实验报告】

（1）将所测得的数据与典型值进行比较。

（2）对实验结果及实验中碰到的问题进行分析、讨论。

七、集成运算放大器的基本应用

【实验目的】

（1）研究由集成运算放大器组成的比例、加法、减法和积分等基本运算电路的功能。

（2）了解运算放大器在实际应用时应考虑的一些问题。

【实验原理】

集成运算放大器是一种具有高电压放大倍数的直接耦合多级放大电路。当外部接入不同的线性或非线性元器件组成输入和负反馈电路时，可以灵活地实现各种特定的函数关系。在线性应用方面，可组成比例、加法、减法、积分、微分、对数等模拟运算电路。

1．理想运算放大器特性

在大多数情况下，将运放视为理想运放，就是将运放的各项技术指标理想化，满足下列条件的运算放大器称为理想运放。

开环电压增益 $A_{ud}=\infty$，输入阻抗 $R_i=\infty$，输出阻抗 $R_o=0$，带宽 $f_{BW}=\infty$，失调与漂移均为零等。

2．理想运放在线性应用时的两个重要特性

（1）输出电压 U_o 与输入电压之间满足关系式：

$$U_o=A_{ud}(U_+-U_-)$$

由于 $A_{ud}=\infty$，而 U_o 为有限值。因此，$U_+-U_-\approx 0$，即 $U_+\approx U_-$，称为“虚短”。

（2）由于 $R_i=\infty$，故流进运放两个输入端的电流可视为零，即 $I_{IB}=0$，称为“虚断”。这说明运放对其前级吸取电流极小。

3．基本运算电路

（1）反相比例运算电路。反相比例运算电路如图 3－24 所示，对于理想运放，该电路的输出电压与输入电压之间的关系为：

$$U_o = -\frac{R_F}{R_1}U_i$$

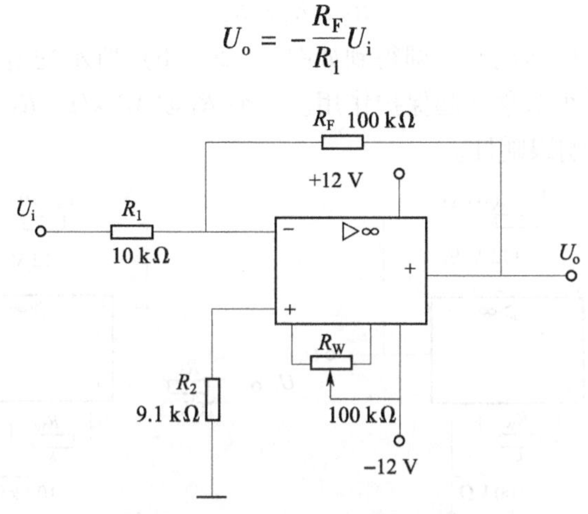

图 3－24　反相比例运算电路

为了减小输入级偏置电流引起的运算误差，在同相输入端应接入平衡电阻 $R_2 = R_1 /\!/ R_F$。

（2）反相加法运算电路。反相加法运算电路如图 3－25 所示，输出电压与输入电压之间的关系为：

$$U_o = -\left(\frac{R_F}{R_1}U_{i1} + \frac{R_F}{R_2}U_{i2}\right)$$

$$R_3 = R_1 /\!/ R_2 /\!/ R_F$$

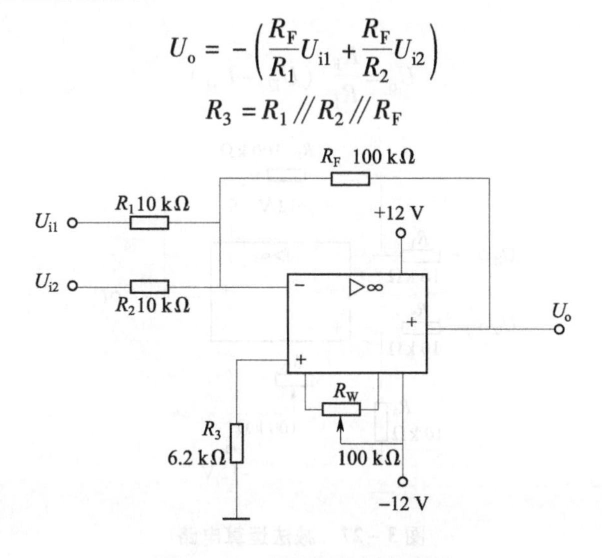

图 3－25　反相加法运算电路

（3）同相比例运算电路。图 3－26（a）是同相比例运算电路，它的输出电压与输入电压之间的关系为

$$U_o = \left(1 + \frac{R_F}{R_1}\right) U_i$$

$$R_2 = R_1 /\!/ R_F$$

当 $R_1 \to \infty$，$U_o = U_i$ 时，即得到如图 3－26（b）所示的电压跟随器。图中 $R_2 = R_F$，用以减小漂移和起保护作用。一般 R_F 取 10 kΩ，R_F 太小起不到保护作用，太大则影响跟随性。

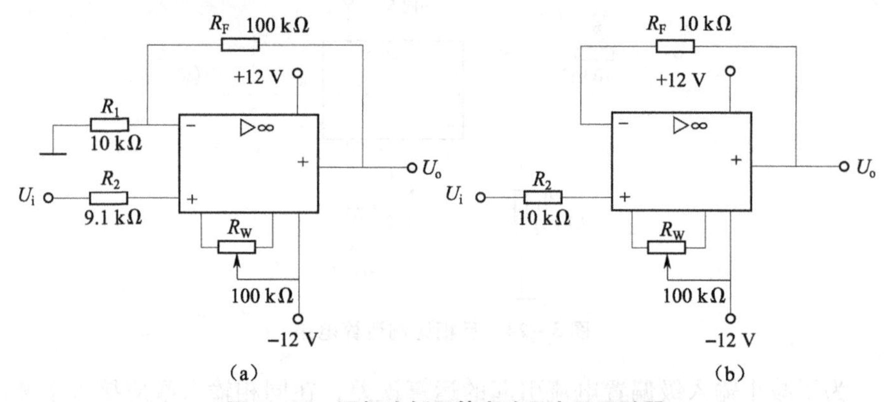

图 3－26　同相比例运算电路及电压跟随器

（a）同相比例运算电路；（b）电压跟随器

（4）对于图 3－27 所示的减法运算电路，当 $R_1 = R_2$、$R_3 = R_F$ 时，有如下关系式：

$$U_o = \frac{R_F}{R_1}（U_{i2} - U_{i1}）$$

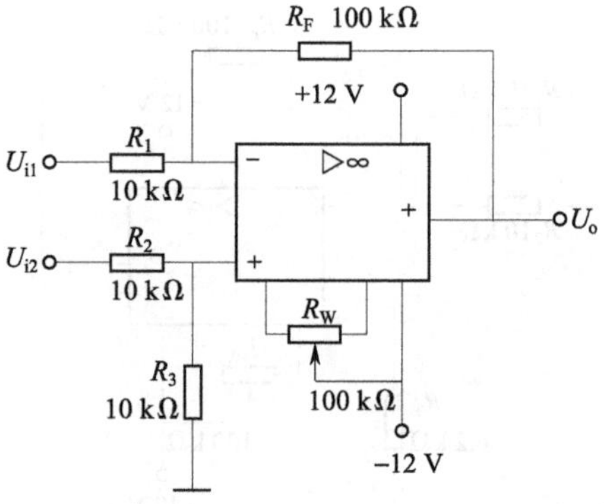

图 3－27　减法运算电路

（5）积分运算电路如图3－28所示。在理想化条件下，输出电压u_o为：

$$u_o(t) = -\frac{1}{R_1C}\int_0^t u_i \mathrm{d}t + u_C(0)。$$

式中，$u_C(0)$ 是$t=0$时刻电容C两端的电压值，即初始值。

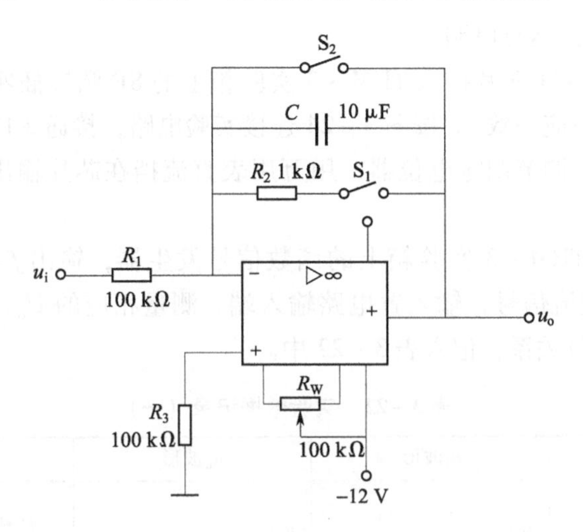

图3－28　积分运算电路

如果$u_i(t)$ 是幅值为E的阶跃电压，并设$u_C(0)=0$，则

$$u_o(t) = -\frac{1}{R_1C}\int_0^t E\mathrm{d}t = -\frac{E}{R_1C}t$$

输出电压$u_o(t)$ 随时间增长而线性下降。显然R_1C的数值越大，达到给定的u_o值所需的时间就越长。积分输出电压所能达到的最大值受集成运放最大输出范围的限制。

在进行积分运算之前，首先应对运放调零。为了便于调节，将图中S_1闭合，即通过电阻R_2的负反馈作用帮助实现调零。但在完成调零后，应将S_1打开，以免因R_2的接入造成积分误差。S_2的设置一方面为积分电容放电提供通路，同时可实现积分电容初始电压$u_C(0)=0$；另一方面，可控制积分起始点，即在加入信号u_i后，只要S_2一打开，电容就将被恒流充电，电路也就开始进行积分运算。

【实验设备】

（1）THM－3型模拟电路实验箱；　　（2）交流毫伏表；

（3）直流电压表；　　（4）集成运算放大器μA741×1；

（5）电阻器、电容器若干。

【实验内容】

实验前要看清运放组件各管脚的位置，切忌正、负电源极性接反和输出端短路，否则将会损坏集成块。

1. 反相比例运算电路

（1）将 μA741 芯片插入 THM－3 实验箱上的 8P 圆针插座中（芯片方向与圆针插座方向应一致）。按图 3－24 连接实验电路，接通 ±12 V 电源，将输入端对地短路，调节调零电位器，用万用表直流挡在芯片输出端进行调零和消振。

（2）调节 THM－3 实验箱上的函数信号发生器，输出 $f=100$ Hz、$u_i=0.5$ V 的正弦交流信号，输入置电路输入端，测量相应的 U_o，并用示波器观察 u_o和 u_i的相位关系，记入表 3－22 中。

表 3－22 实验数据记录（一）

U_i/V	U_o/V	u_i波形	u_o波形	A_u	
		u_i O t	u_o O t	实测值	计算值

2. 同相比例运算电路

（1）按图 3－26（a）连接实验电路。实验步骤同内容 1，将结果记入表3－23 中。

（2）将图 3－26（a）中的 R_1断开，得到图 3－26（b）的电路，重复实验内容 1。

表 3－23 实验数据记录（二）

U_i/V	U_o/V	u_i波形	u_o波形	A_u	
		u_i O t	u_o O t	实测值	计算值

3. 反相加法运算电路

（1）按图 3－25 连接实验电路，进行调零和消振。

（2）输入信号采用直流信号。实验时要注意选择合适的直流信号幅度以确保集成运放工作在线性区。用直流电压表测量输入电压 U_{i1}、U_{i2}及输出电压 U_o，记入表 3-24 中。

表 3-24　实验数据记录（三）

U_{i1}/V					
U_{i2}/V					
U_o/V					

4. 减法运算电路

（1）按图 3-27 连接实验电路，进行调零和消振。

（2）采用直流输入信号，实验步骤同内容 3，将数据记入表 3-25 中。

表 3-25　实验数据记录（四）

U_{i1}/V					
U_{i2}/V					
U_o/V					

5. 积分运算电路

（1）实验电路如图 3-28 所示，打开 S_2，闭合 S_1，对运放输出进行调零。

（2）调零完成后，再打开 S_1，闭合 S_2，使 $u_C(0)=0$。

（3）预先调好直流输入电压 $U_i=0.5$ V，接入实验电路，再打开 S_2，然后用直流电压表测量输出电压 U_o，每隔 5 秒读一次 U_o，记入表 3-26 中，直到 U_o不继续明显增大为止。

表 3-26　实验数据记录（五）

t/s	0	5	10	15	20	25	30	…
U_o/V								

【思考题】

（1）复习集成运放线性应用部分的内容，并根据实验电路参数计算各电路输出电压的理论值。

（2）在反相加法器中，如 U_{i1}和 U_{i2}均采用直流信号，并选定 $U_{i2}=-1$ V，当考虑到运算放大器的最大输出幅度（±12 V）时，$|U_{i1}|$的大小不应超过多少伏?

（3）在积分电路中，如 $R_1=100$ kΩ，$C=4.7$ μF，求时间常数。假设

$U_i=0.5$ V，要使输出电压 U_o达到 5 V，需多长时间（设 $u_C(0)=0$）？

（4）为了不损坏集成块，实验中应注意什么问题？

【实验报告】

（1）整理实验数据，画出波形图（注意波形间的相位关系）。

（2）将理论计算结果和实测数据相比较，分析产生误差的原因。

（3）分析讨论实验中出现的现象和问题。

八、*RC* 正弦波振荡器

【实验目的】

（1）进一步学习 *RC* 正弦波振荡器的组成及其振荡条件。

（2）学会测量、调试振荡器。

【实验原理】

从结构上看，正弦波振荡器是没有输入信号的，是带有选频网络的正反馈放大器。若用电阻、电容元件组成选频网络，就称为 *RC* 振荡器，一般用来产生 1 Hz～1 MHz 的低频信号。

1．*RC* 移相振荡器

电路型式如图 3－29 所示，选择 $R \gg R_i$。

振荡频率为：

$$f_0=\frac{1}{2\pi\sqrt{6}RC}$$

起振条件：放大器 A 的电压放大倍数 $|\dot{A}|>29$。

电路特点：简便，但选频作用差、振幅不稳、频率调节不便。一般用于频率固定且稳定性要求不高的场合。

频率范围为：几赫至数十千赫。

2．*RC* 串并联网络（文氏桥）振荡器

电路型式如图 3－30 所示。

振荡频率为：

$$f_0=\frac{1}{2\pi RC}$$

起振条件：$|\dot{A}|>3$。

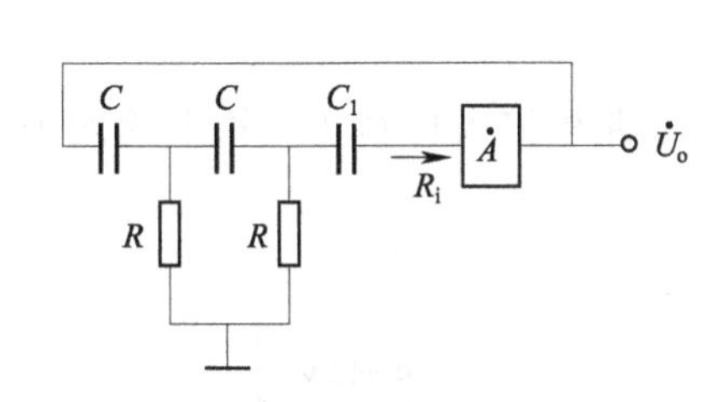

图 3－29　*RC* 移相振荡器原理图

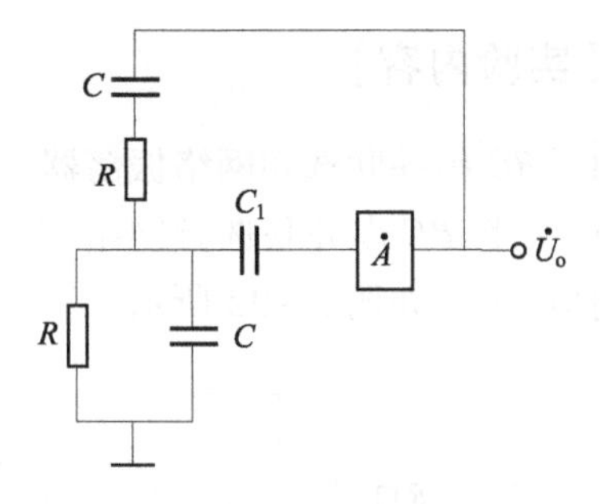

图 3－30　*RC* 串并联网络振荡器原理图

电路特点：可方便地连续改变振荡频率，便于加负反馈稳幅，容易得到良好的振荡波形。

3. 双 T 选频网络振荡器

电路型式如图 3－31 所示。

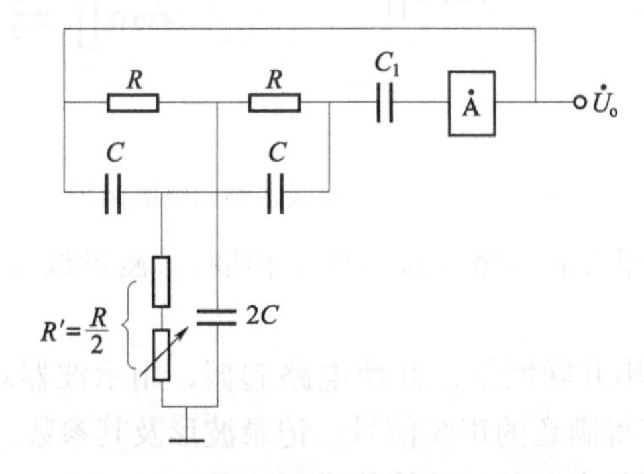

图 3－31　双 T 选频网络振荡器原理图

振荡频率为：

$$f_0=\frac{1}{5RC}$$

起振条件：$R'<\frac{R}{2}$且$|\dot{A}\dot{F}|>1$。

电路特点：选频特性好，调频困难，适于产生单一频率的振荡。

注：本实验采用两级共射极分立元件放大器组成 *RC* 正弦波振荡器。

【实验设备】

（1）T 自制电路实验箱；　（2）双踪示波器；

（3）直流电压表；　（4）*RC* 串并联选频网络振荡器固定线路板；

（5）3GD12 ×2 或 9013 ×2、电阻、电容、电位器若干。

【实验内容】

1. *RC* 串并联选频网络振荡器

(1) 将 *RC* 串并联选频网络振荡器固定线路板接入自制实验箱上的四个绿色插座中，如图 3－32 所示。

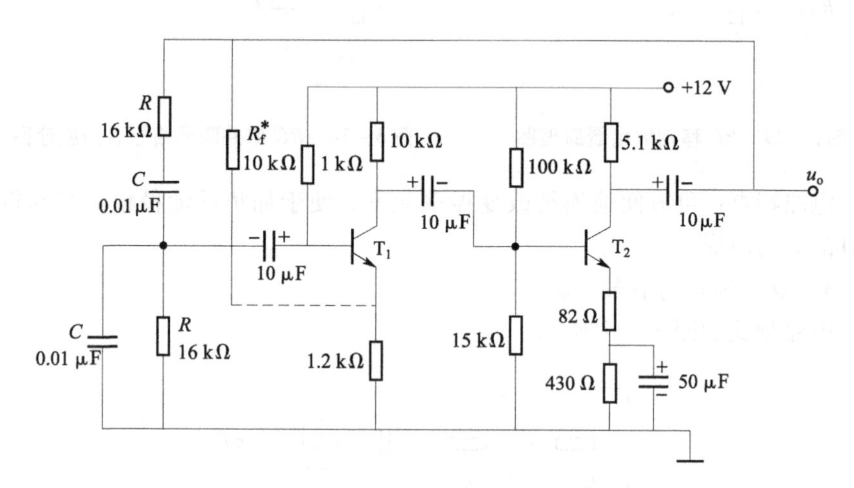

图 3－32　*RC* 串并联选频网络振荡器

(2) 断开 *RC* 串并联网络（虚线处不相接），测量放大器静态工作点及电压放大倍数。

(3) 接通 *RC* 串并联网络，并使电路起振，用示波器观测输出电压 u_o 的波形。调节 R_f，获得满意的正弦信号，记录波形及其参数。

(4) 测量振荡频率，并与计算值进行比较。

(5) 改变 *R* 或 *C* 的值，观察振荡频率变化情况。

(6) *RC* 串并联网络幅频特性的观察。

将 *RC* 串并联网络与放大器断开，调节函数信号发生器，使之输出 3 V 的正弦波形。输入置于 *RC* 串并联网络，保持输入信号的幅度不变（约 3 V），频率由低到高变化，*RC* 串并联网络输出幅值将随之变化，当信号源达某一频率时，*RC* 串并联网络的输出将达最大值（1 V 左右）。输入、输出同相位，此时信号源频率为：

$$f = f_0 = \frac{1}{2\pi RC}$$

2. 双 T 选频网络振荡器

(1) 取下 *RC* 串并联选频网络振荡器固定线路板，按图 3－33 准备好实验所需器件，并按图 3－33 连接实验电路。

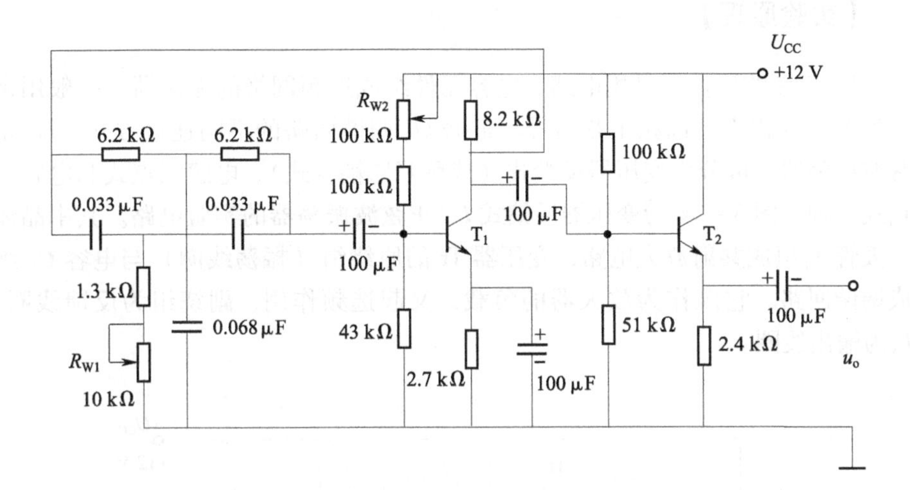

图 3－33　双 T 网络 *RC* 正弦波振荡器

（2）断开双 T 网络，调试 T_1 管静态工作点，使 U_{C1} 为 6～7 V。

（3）接入双 T 网络，用示波器观察输出波形。若不起振，调节 R_{W1}，使电路起振。

（4）测量电路振荡频率，并与计算值进行比较。

【思考题】

（1）复习有关三种类型 *RC* 振荡器的结构与工作原理。

（2）计算三种实验电路的振荡频率。

（3）如何用示波器来测量振荡电路的振荡频率。

【实验报告】

（1）由给定电路参数计算振荡频率，并与实测值进行比较，分析误差产生的原因。

（2）总结三类 *RC* 振荡器的特点。

九、*LC* 正弦波振荡器

【实验目的】

（1）掌握变压器反馈式 *LC* 正弦波振荡器的调整和测试方法。

（2）研究电路参数对 *LC* 振荡器起振条件及输出波形的影响。

【实验原理】

LC 正弦波振荡器是用电感、电容元件组成选频网络的振荡器，一般用来产生 1 MHz 以上的高频正弦信号。根据 *LC* 调谐回路的不同连接方式，*LC* 正弦波振荡器又可分为变压器反馈式（或称互感耦合式）、电感三点式和电容三点式三种。图 3－34 为变压器反馈式 *LC* 正弦波振荡器的实验电路。其中晶体三极管 T_1 组成共射放大电路，变压器 Tr 的原绕组（振荡线圈）与电容 C_1 组成调谐回路。它既作为放大器的负载，又起选频作用，副绕组为反馈线圈，L_3 为输出线圈。

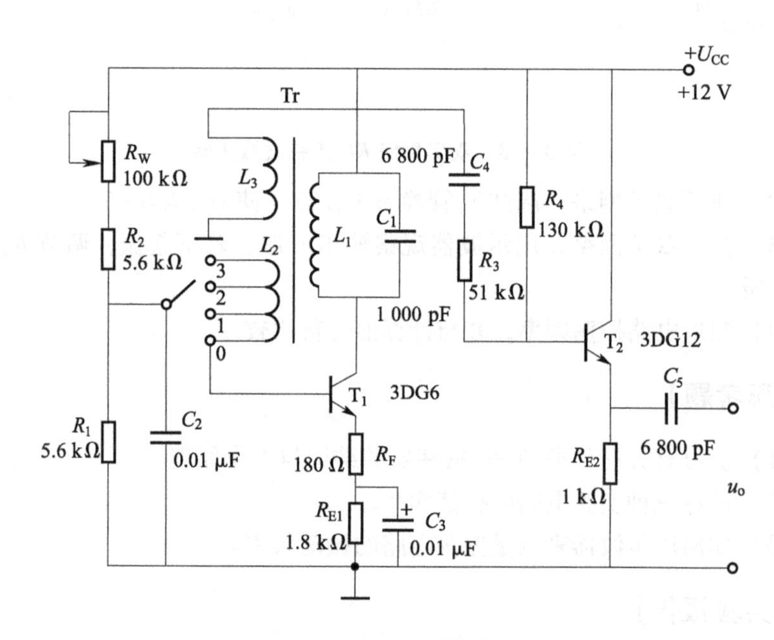

图 3－34 *LC* 正弦波振荡器实验电路

该电路是靠变压器原、副绕组同名端的正确连接，来满足自激振荡的相位条件，即满足正反馈条件。在实际调试中可以通过把振荡线圈或反馈线圈的首、末端对调，来改变反馈的极性。而振幅条件的满足，一是靠合理选择电路参数，使放大器建立合适的静态工作点；其次是改变线圈 L_2 的匝数，或它与 L_1 之间的耦合程度，以得到足够强的反馈量。稳幅作用是利用晶体管的非线性来实现的。由于 *LC* 并联谐振回路具有良好的选频作用，因此输出的电压波形一般失真不大。

振荡器的振荡频率由谐振回路的电感和电容决定，计算式为：

$$f_0=\frac{1}{2\pi\ \sqrt{LC}}$$

式中，L 为并联谐振回路的等效电感。振荡器的输出端可以增加一级射极跟随器，用以提高电路的带负载能力。

【实验设备】

（1）自制模拟电路实验箱；　　　　　　　　（2）双踪示波器；

（3）交流毫伏表；　　　　　　　　　　　　（4）直流电压表；

（5）晶体三极管 3DG6 ×1（9011 ×1）与 3DG12 ×1（9013 ×1）、电阻器与电容器若干。

【实验内容】

按图 3 - 34 连接实验电路。电位器 R_W 置于最大值位置，振荡电路的输出端接示波器。

1．静态工作点的调整

（1）接通 U_{CC} = +12 V 的电源，调节电位器 R_W，使输出端得到不失真的正弦波形。如不起振，可改变 L_2 的首末端位置，使之起振。测量两管的静态工作点及正弦波的有效值 U_o，记入表 3 - 27 中。

（2）把 R_W 调小，观察输出波形的变化。测量有关数据，记入表 3 - 27 中。

（3）调大 R_W 的值，使振荡波形刚刚消失，测量有关数据，记入表 3 - 27 中。

表 3 - 27　实验数据记录（一）

<table>
<tr><th></th><th></th><th>U_B/V</th><th>U_E/V</th><th>U_C/V</th><th>I_C/mA</th><th>U_o/V</th><th>u_o波形</th></tr>
<tr><td rowspan="2">R_W居中</td><td>T_1</td><td></td><td></td><td></td><td></td><td rowspan="2"></td><td rowspan="2">u_o O t</td></tr>
<tr><td>T_2</td><td></td><td></td><td></td><td></td></tr>
<tr><td rowspan="2">R_W小</td><td>T_1</td><td></td><td></td><td></td><td></td><td rowspan="2"></td><td rowspan="2">u_o O t</td></tr>
<tr><td>T_2</td><td></td><td></td><td></td><td></td></tr>
</table>

续表

		U_B/V	U_E/V	U_C/V	I_C/mA	U_o/V	u_o波形
R_W大	T_1						u_o O t
	T_2						

根据以上三组数据，分析静态工作点对电路起振、输出波形幅度和失真的影响。

2. 观察反馈量大小对输出波形的影响

测量时置反馈线圈 L_2 于位置“0”（无反馈）、位置“1”（反馈量不足）、位置“2”（反馈量合适）、位置“3”（反馈量过强）时相应的输出电压波形，记入表 3－28 中。

表 3－28 实验数据记录（二）

L_2位置	“0”	“1”	“2”	“3”
u_o波形	u_o O t	u_o O t	u_o O t	u_o O t

3. 验证相位条件

改变线圈 L_2 的首、末端位置，观察停振现象；恢复 L_2 的正反馈接法，改变 L_1 的首末端位置，观察停振现象。

4. 测量振荡频率

调节 R_W 使电路正常起振，同时用示波器和频率计测量以下两种情况下的振荡频率 f_0，记入表 3－29 中。

表 3－29 实验数据记录（三）

C/pF	1 000	100
f/kHz		

5. 观察谐振回路 Q 值对电路工作的影响

在谐振回路两端并入 R＝5.1 kΩ 的电阻，观察 R 并入前后振荡波形的变化情况。

【思考题】

（1）复习教材中有关 *LC* 振荡器的内容。

（2）*LC* 振荡器是怎样进行稳幅的？在不影响起振的条件下，晶体管的集电极电流是大一些好，还是小一些好？

（3）为什么可以用测量停振和起振两种情况下晶体管的 U_{BE} 变化，来判断振荡器是否起振？

【实验报告】

（1）整理实验数据，并分析讨论：

① *LC* 正弦波振荡器的相位条件和幅值条件。

② 电路参数对 *LC* 振荡器起振条件及输出波形的影响。

（2）讨论实验中发现的问题及解决办法。

十、集成函数信号发生器芯片的应用与调试

【实验目的】

（1）了解单片集成函数信号发生器芯片的电路及调试方法。

（2）进一步掌握波形参数的测试方法。

【实验原理】

1. XR－2206 芯片

XR－2206 芯片是单片集成函数信号发生器芯片。用它可产生正弦波、三角波和方波。XR－2206 的内部线路框图如图 3－35 所示，它由压控振荡器 VCO、电流开关、缓冲放大器 A 和三角波（正弦波）形成电路四部分组成。三种输出信号的频率由压控振荡器的振荡频率决定，而压控振荡器的振荡频率 f 则由接于 5 脚、6 脚之间的电容 C 与接在 7 脚的电阻 R 决定，即 $f=1/(RC)$。f 的范围为 0.1 Hz～1 MHz（正弦波），一般用 C 确定频段，再调节 R 的值来选择该频段内的频率值。

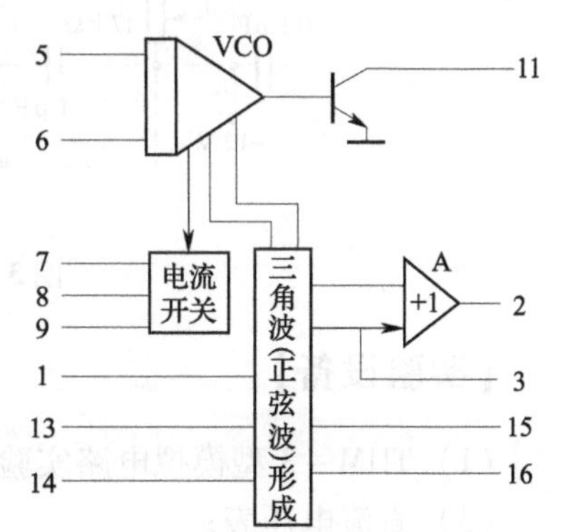

图 3－35　XR－2206 的内部线路框图

2. XR－2206 芯片各引脚的功能

1 脚：调整信号输入幅度，通常接地

或负电源。

2 脚：正弦波和三角波输出端。常态时输出正弦波，若将 13 脚悬空，则输出三角波。

3 脚：调节输出波形的幅值。

4 脚：正电源 U_+ （+12 V）。

5 脚、6 脚：接振荡电容 C。

7 脚 ~9 脚：7、8 两脚均可接振荡电阻 R，由 9 脚的电平高低及电流开关来决定哪个起作用。本实验只用 7 脚，8、9 两脚不用（应悬空）。

10 脚：内部参比电压。

11 脚：输出方波，必须外接上拉电阻。

12 脚：接地或负电源 U_- （−12 V）。

13 脚、14 脚：调节正弦波的波形失真。需输出三角波时，13 脚应悬空。

15 脚、16 脚：调节直流电平。

3. 实验电路

实验电路如图 3－36 所示。

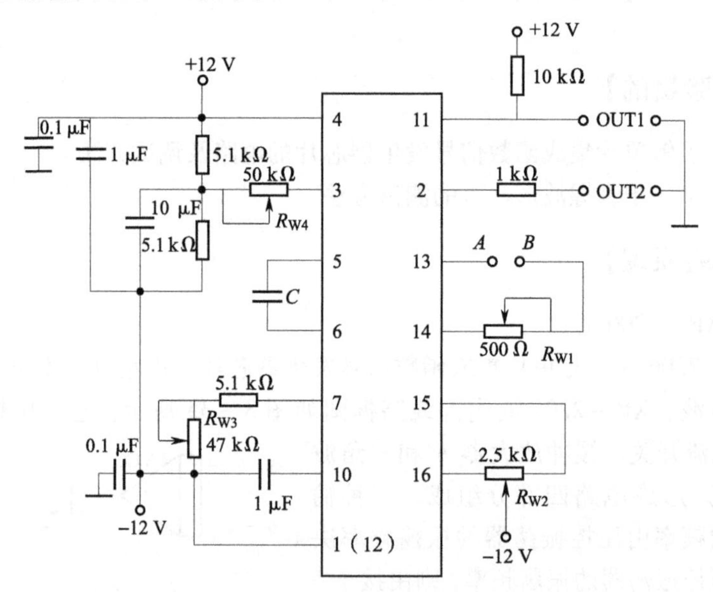

图 3－36 实验电路

【实验设备】

（1）THM－3 型模拟电路实验箱；（2）双踪示波器；

（3）直流电压表；（4）XR－2206 芯片；

（5）电位器、电阻器、电容器等。

【实验内容】

（1）将 XR－2206 芯片插入 THM－3 实验箱的 14P 圆针插座中，按图 3－36 接线，C 取 0.1 μF，短接 A、B 两点，R_{W1} ~ R_{W4} 均调至中间值附近。

（2）接通电源后，用示波器观察 OUT2 处的波形。

（3）依次调节 R_{W1} ~ R_{W4}（每次只调节一个），观察并记录输出波形随该电位器的调节方向而变化的规律，然后将该电位器调至输出波形最佳处（R_{W3} 和 R_{W4} 可调至中间值附近）。

（4）断开 A、B 间的连线，观察 OUT2 的波形，参照第（3）步观察 R_{W1} ~ R_{W4} 的作用。

（5）用示波器观察 OUT1 处的波形，应为方波。分别调节 R_{W3} 和 R_{W4}，其频率和幅值应随之改变。

（6）C 另取一值（如 0.047 μF 或 0.47 μF 等），重复步骤（1）~（5）。

【思考题】

如果要求输出波形的频率范围为 10 Hz ~ 100 kHz 分段连续可调，按图 3－36 线路，则 C 应分别选取哪些值？

【实验报告】

根据实验过程中观察和记录的现象，总结 XR－2206 芯片函数信号发生器电路的调试方法。

十一、低频功率放大器

【实验目的】

（1）进一步理解 OTL 功率放大器的工作原理。

（2）学会 OTL 电路的调试及主要性能指标的测试方法。

【实验原理】

图 3－37 所示为 OTL 低频功率放大器。其中由晶体三极管 T_1 组成推动级（也称前置放大级），T_2、T_3 是一对参数对称的 NPN 和 PNP 型晶体三极管，它们组成互补推挽 OTL 功放电路。由于每一个三极管都接成射极输出器形式，因此具有输出电阻低、负载能力强等优点，适合于作功率输出级。T_1 管工作

于甲类状态，它的集电极电流 I_{C1} 由电位器 R_{W1} 进行调节。I_{C1} 的一部分流经电位器 R_{W2} 及二极管 D，给 T_2、T_3 提供偏压。调节 R_{W2}，可以使 T_2、T_3 得到合适的静态电流而工作于甲类或乙类状态，以克服交越失真。静态时要求输出端中点 A 的电位 $U_A=\frac{1}{2}U_{CC}$，可以通过调节 R_{W1} 来实现。由于 R_{W1} 的一端接在 A 点，因此在电路中引入交、直流电压并联负反馈，既稳定放大器的静态工作点，同时也改善了非线性失真。

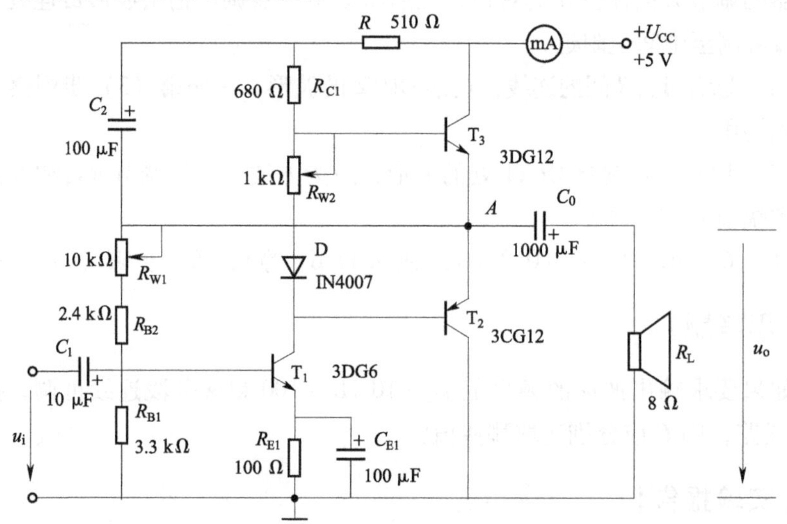

图 3-37 OTL 功率放大器实验电路

输入的正弦交流信号 u_i，经 T_1 放大、倒相后同时作用于 T_2、T_3 的基极。u_i 的负半周使 T_2 管导通（T_3 管截止），有电流通过负载 R_L，同时向电容 C_0 充电。在 u_i 的正半周，T_3 导通（T_2 截止），则已充好电的电容器 C_0 起着电源的作用，通过负载 R_L 放电，这样在 R_L 上就得到完整的正弦波。

C_2 和 R 构成自举电路，用于提高输出电压正半周的幅度，以得到大的动态范围。

OTL 电路的主要性能指标：

（1）最大不失真输出功率 P_{om}。

理想情况下，$P_{om}=\frac{1}{8}\frac{U_{CC}^2}{R_L}$，在实验中可通过测量 R_L 两端的电压有效值，来求得实际的 P_{om}。

（2）效率 η。

$$\eta=\frac{P_{om}}{P_E}\times 100\%$$

P_E为直流电源供给的平均功率。

理想情况下，$\eta_{max}=78.5\%$。在实验中，可测量电源供给的平均电流I_{dC}，从而求得$P_E=U_{CC}\cdot I_{dC}$，负载上的交流功率已用上述方法求出，因而也就可以计算实际效率了。

（3）频率响应。

（4）输入灵敏度。输入灵敏度是指输出最大不失真功率时，输入信号U_i之值。

【实验设备】

（1）自制模拟电路实验箱；　　（2）交流毫伏表；

（3）直流毫安表；　　（4）直流电压表；

（5）双踪示波器；　　（6）低频OTL功率放大器固定线路板。

【实验内容】

在整个测试过程中，电路不应有自激现象。

1. 静态工作点的测试

将低频OTL功率放大器固定线路板插入THM－3实验箱的四个绿色插座中，将输入信号旋钮旋至零（$u_i=0$），电源进线中串入直流毫安表，电位器R_{W2}置于最小值，R_{W1}置于中间位置。接通+5 V的电源，观察毫安表指示，同时用手触摸输出管，若电流过大或输出管温升显著，应立即断开电源并检查原因（如R_{W2}开路、电路自激或输出管性能不好等）。如无异常现象，可开始调试。

（1）调节输出端中点电位U_A，调节电位器R_{W1}，用直流电压表测量A点电位，使$U_A=\frac{1}{2}U_{CC}$。

（2）调整输出极静态电流及测试各级静态工作点，调节R_{W2}，使T_2、T_3管的$I_{C2}=I_{C3}=5\sim10$ mA。从减小交越失真角度而言，应适当加大输出级静态电流，但该电流过大，会使效率降低，所以一般以5～10 mA为宜。由于毫安表是串在电源进线中，因此测得的是整个放大器的电流；但一般T_1的集电极电流I_{C1}较小，从而可以把测得的总电流近似当作末级的静态电流。如要准确得到末级静态电流，则可从总电流中减去I_{C1}之值。

调整输出级静态电流的另一方法是动态调试法。先使$R_{W2}=0$，在输入端接入$f=1$ kHz的正弦信号u_i，逐渐加大输入信号的幅值。此时，输出波形应出现较严重的交越失真（注意：没有饱和和截止失真），然后缓慢增大R_{W2}。当交越失真刚好消失时，停止调节R_{W2}，恢复$u_i=0$，此时直流毫安表读数即为输出级静态电流，一般数值也应在5～10 mA，如过大，则要检查电路。

输出极电流调好以后，测量各级静态工作点，并将数据记入表 3－30 中。

表 3－30　实验数据记录（一）

项目	T_1	T_2	T_3
U_B/V			
U_C/V			
U_E/V			

注意：① 在调整 R_{W2}时，要注意旋转方向，不要调得过大，更不能开路，以免损坏输出管。② 输出管静态电流调好后，如无特殊情况，不得随意旋动 R_{W2}的位置。

2．最大输出功率 P_{om}和效率 η 的测试

（1）测量 P_{om}。调节实验箱上的函数信号发生器，将 $f=1$ kHz 的正弦信号置于电路输入端 u_i，在电路输出端用示波器观察输出电压 u_o波形。逐渐增大 u_i，使输出电压达到最大不失真输出，用交流毫伏表测出负载 R_L上的电压 U_{om}，则

$$P_{om}=\frac{U_{om}^2}{R_L}。$$

（2）测量 η。当输出电压为最大不失真输出时，读出直流毫安表中的电流值，此电流即为直流电源供给的平均电流 I_{dC}（有一定误差），由此可近似求得 $P_E=U_{CC}I_{dC}$，再根据上面测得的 P_{om}，即可求出 $\eta=\frac{P_{om}}{P_E}$。

3．输入灵敏度测试

根据输入灵敏度的定义，只要测出输出功率 $P_o=P_{om}$时的输入电压值 U_i即可。

4．频率响应的测试

在测试时，为保证电路的安全，应在较低电压下进行，通常取输入信号为输入灵敏度的 50%。在整个测试过程中，应保持 U_i为恒定值，且输出波形不得失真。将数据记入表 3－31 中。

表 3－31　实验数据记录（二）

				f_L		f_0		f_H			
f/Hz						1 000					
U_o/V											
A_u											

5．研究自举电路的作用

（1）测量自举电路 $P_o=P_{omax}$时的电压增益 $A_u=\frac{U_{om}}{U_i}$。

（2）将 C_2 开路，R 短路（无自举），再测量 $P_o = P_{omax}$ 时的 A_u。

用示波器观察（1）、（2）两种情况下的输出电压波形，并将以上两项测量结果进行比较，分析研究自举电路的作用。

6. 噪声电压的测试

测量时将输入端短路（$u_i = 0$），观察输出噪声波形，并用交流毫伏表测量输出电压（噪声电压 U_N），本电路中若 $U_N < 15$ mV，即满足要求。

7. 试听

输入信号改为录音机输出，输出端接试听音箱及示波器。开机试听，并观察语言和音乐信号的输出波形。

【思考题】

（1）复习有关 OTL 工作原理部分的内容。

（2）为什么引入自举电路能够扩大输出电压的动态范围？

（3）交越失真产生的原因是什么？怎样克服交越失真？

（4）电路中电位器 R_{W2} 如果开路或短路，对电路工作有何影响？

（5）为了不损坏输出管，调试中应注意什么问题？

（6）如电路有自激现象，应如何消除？

【实验报告】

（1）整理实验数据，计算静态工作点、最大不失真输出功率 P_{om}、效率 η 等，并与理论值进行比较。画频率响应曲线。

（2）分析自举电路的作用。

（3）讨论实验中发生的问题及解决办法。

十二、直流稳压电源

【实验目的】

（1）研究单相桥式整流、电容滤波电路的特性。

（2）掌握串联型晶体管稳压电源主要技术指标的测试方法。

【实验原理】

电子设备一般都需要直流电源供电。这些直流电除了少数直接利用干电池和直流发电机外，大多数是采用把交流电（市电）转变为直流电的直流稳压电源。直流稳压电源由电源变压器、整流、滤波和稳压电路四部分组成，其原理框图如图 3－38 所示。

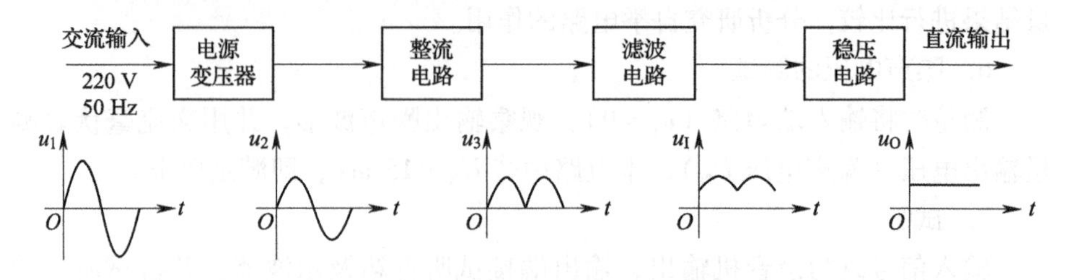

图 3－38　直流稳压电源框图

电网供给的交流电压 u_1（220 V，50 Hz）经电源变压器降压后，得到符合电路需要的交流电压 u_2，然后由整流电路变换成方向不变、大小随时间变化的脉动电压 u_3，再用滤波器滤去其交流分量，就可得到比较平直的直流电压 u_I。但这样的直流输出电压，还会随交流电网电压的波动或负载的变动而变化。在对直流供电要求较高的场合，还需要使用稳压电路，以保证输出直流电压更加稳定。

图 3－39 是由分立元件组成的串联型稳压电源的电路图。其整流部分为单相桥式整流、电容滤波电路。稳压部分为串联型稳压电路，它由调整元件（晶体管 T_1），比较放大器 T_2、R_7，取样电路 R_1、R_2、R_W，基准电压 D_W、R_3和过流保护电路 T_3管及电阻 R_4、R_5、R_6等组成。整个稳压电路是一个具有电压串联负反馈的闭环系统，其稳压过程为：当电网电压波动或负载变动引起输出直流电压发生变化时，取样电路取出输出电压的一部分送入比较放大器，并与基准电压进行比较，产生的误差信号经 T_2放大后送至调整管 T_1的基极，使调整管改变其管压降，以补偿输出电压的变化，从而达到稳定输出电压的目的。

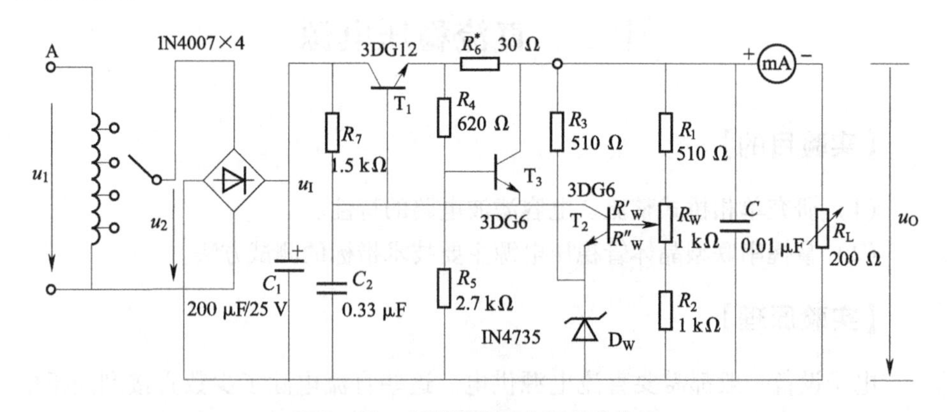

图 3－39　串联型稳压电源实验电路

由于在稳压电路中，调整管与负载串联，因此流过它的电流与负载电流一样大。当输出电流过大或发生短路时，调整管会因电流过大或电压过高而损坏，所以需要对调整管加以保护。在图 3－39 电路中，晶体管 T_3、R_4、R_5、R_6组成减流型保护电路。此电路设计在 $I_{oP}=1.2I_o$时开始起保护作用，此时输出电流减小，输出电压降低。故障排除后电路应能自动恢复正常工作。在调试时，若保护提前作用，应减少 R_6值；若保护作用滞后，则应增大 R_6之值。

稳压电源的主要性能指标：

（1）输出电压 $U_O=\frac{R_1+R_W+R_2}{R_2+R_W''}(U_Z+U_{BE2})$，调节 R_W可以改变输出电压 U_O。

（2）最大负载电流 I_{om}。

（3）输出电阻 R_o。

输出电阻 R_o定义为：当输入电压 U_I（指稳压电路输入电压）保持不变，由于负载变化而引起的输出电压变化量与输出电流变化量之比，即：

$$R_o=\frac{\Delta U_O}{\Delta I_O}\bigg|_{U_I\text{为常数}}$$

（4）稳压系数 S（电压调整率）。

稳压系数定义为：当负载保持不变，输出电压相对变化量与输入电压相对变化量之比，即：

$$S=\frac{\Delta U_O/U_O}{\Delta U_I/U_I}\bigg|_{R_L\text{为常数}}$$

由于工程上常把电网电压波动 ±10% 作为极限条件，因此也有将此时输出电压的相对变化 $\Delta U_O/U_O$作为衡量指标，称为电压调整率。

（5）纹波电压。

输出纹波电压是指在额定负载条件下，输出电压中所含交流分量的有效值（或峰值）。

【实验设备】

（1）可调工频电源；（2）双踪示波器；

（3）交流毫伏表；（4）直流电压表；

（5）直流毫安表；（6）电位器；

（7）晶体三极管 3DG6 ×2（9011 ×2），3DG12 ×1（9013 ×1）；

（8）IQC－4B 整流桥；（9）稳压管 1N4735 ×1；

（10）电阻器、电容器若干。

【实验内容】

1. 整流滤波电路测试

按图 3 - 40 连接实验电路，取可调工频电源电压为 17 V，作为整流电路输入电压 u_2。

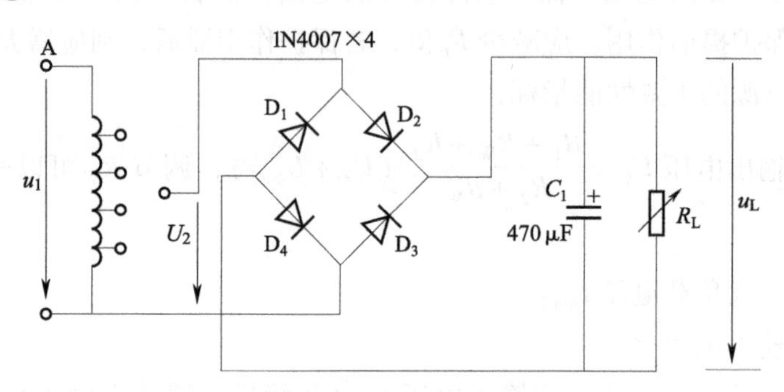

图 3 - 40 整流滤波电路

（1）取 $R_L = 240\ \Omega$，不加滤波电容，测量直流输出电压 U_L 及纹波电压 $\tilde{U}_L$，并用示波器观察 u_2 和 u_L 波形，记入表 3 - 32 中。

（2）取 $R_L = 240\ \Omega$，$C = 470\ \mu F$，重复内容（1）的步骤，记入表 3 - 32 中。

（3）取 $R_L = 120\ \Omega$，$C = 470\ \mu F$，重复内容（1）的步骤，记入表 3 - 32 中。

表 3 - 32 实验数据记录（一）

电路形式		U_L/V	$\tilde{U}_L$/V	u_L 波形
$R_L = 240\ \Omega$	~			u_L O t
$R_L = 240\ \Omega$ $C = 470\ \mu F$	~			u_L O t
$R_L = 120\ \Omega$ $C = 470\ \mu F$	~			u_L O t

注意：（1）每次改接电路时，必须切断工频电源。

（2）在观察输出电压 u_L波形的过程中，“Y 轴灵敏度”旋钮位置调好以后，不要再变动，否则将无法比较各波形的脉动情况。

2. 串联型稳压电源性能测试

切断工频电源，在图 3－40 基础上按图 3－39 连接实验电路。

（1）初测。稳压器输出端负载开路，断开保护电路，接通 17 V 电源，测量整流电路输入电压 U_2，滤波电路输出电压 U_I（稳压器输入电压）及输出电压 U_O。调节电位器 R_W，观察 U_O的大小和变化情况。如果 U_O能跟随 R_W线性变化，这说明稳压电路各反馈环路工作基本正常；否则，说明稳压电路有故障。因为稳压器是一个深负反馈的闭环系统，只要环路中任一个环节出现故障（某管截止或饱和），稳压器就会失去自动调节作用。此时可分别检查基准电压 U_Z，输入电压 U_I，输出电压 U_O，以及比较放大器和调整管各电极的电位（主要是 U_{BE}和 U_{CE}），分析它们的工作状态是否都处在线性区，从而找出不能正常工作的原因。排除故障以后就可以进行下一步测试。

（2）测量输出电压可调范围。接入负载 R_L（可取 1K 多圈电位器）并调节 R_L，使输出电流 $I_O\approx100$ mA。再调节电位器 R_W，测量输出电压可调范围 $U_{Omin}\sim U_{Omax}$。使 R_W动点在中间位置附近时 $U_O=12$ V。若不满足要求，可适当调整 R_1、R_2之值。

（3）测量各级静态工作点。调节输出电压 $U_O=12$ V，输出电流 $I_O=100$ mA，测量各级静态工作点，记入表 3－33 中。

表 3－33　实验数据记录（二）

项目	T_1	T_2	T_3
U_B/V			
U_C/V			
U_E/V			

（4）测量稳压系数 S。取 $I_O=100$ mA，按表 3－34 改变整流电路输入电压 U_2（模拟电网电压波动），分别测出相应的稳压器输入电压 U_I及输出直流电压 U_O，记入表 3－34 中。

表 3－34　实验数据记录（三）

测试值			计算值
U_2/V	U_I/V	U_O/V	S
14			$S_{12}=$
16		12	
18			$S_{23}=$

（5）测量输出电阻 R_o，取 $U_2=16$ V，改变滑线变阻器位置，使 I_0 为空载、50 mA 和 100 mA，测量相应的 U_0 值，记入表 3－35 中。

表 3－35　实验数据记录（四）

测试值		计算值
I_0/mA	U_0/V	R_o/Ω
空载		$R_{o12}=$
50	12	
100		$R_{o23}=$

（6）测量输出纹波电压，取 $U_2=17$ V，$U_0=12$ V，$I_0=100$ mA，测量输出纹波电压 U_0，记录之。

（7）调整过流保护电路。

① 断开工频电源，接上保护回路，再接通工频电源，调节 R_W 及 R_L 使 $U_0=12$ V，$I_0=100$ mA，此时保护电路应不起作用。测出 T_3 管各极电位值。

② 逐渐减小 R_L，使 I_0 增加到 120 mA，观察 U_0 是否下降，并测出起保护作用时 T_3 管各极的电位值。若保护作用过早或滞后，可改变 R_6 之值进行调整。

③ 用导线瞬时短接一下输出端，测量 U_0 值，然后去掉导线，检查电路是否能自动恢复正常工作。

【思考题】

（1）复习教材中有关分立元件稳压电源部分内容，并根据实验电路参数估算 U_0 的可调范围及 $U_0=12$ V 时 T_1、T_2 管的静态工作点（假设调整管的饱和压降 $U_{CES1}\approx 1$ V）。

（2）说明图 3－39 中 U_2、U_I、U_0 及 $\tilde{U}_0$ 的物理意义，并从实验仪器中选择合适的测量仪表。

（3）在桥式整流电路实验中，能否用双踪示波器同时观察 u_2 和 u_L 的波形？为什么？

（4）在桥式整流电路中，如果某个二极管发生开路、短路或反接三种情况时，将会出现什么问题？

（5）为了使稳压电源的输出电压 $U_0=12$ V，则其输入电压的最小值 U_{Imin} 应等于多少？交流输入电压 U_{2min} 又怎样确定？

（6）当稳压电源输出不正常，或输出电压 U_0 不随取样电位器 R_W 而变化时，应如何进行检查找出故障所在？

（7）分析保护电路的工作原理。

（8）怎样提高稳压电源的性能指标？

【实验报告】

（1）对表3－32所测结果进行全面分析，总结桥式整流、电容滤波电路的特点。

（2）根据表3－34和表3－35所测数据，计算稳压电路的稳压系数S和输出电阻R_o，并进行分析。

（3）分析讨论实验中出现的故障及其排除方法。

十三、晶闸管可控整流电路

【实验目的】

（1）学习单结晶体管和晶闸管的简易测试方法。

（2）熟悉单结晶体管触发电路（阻容移相桥触发电路）的工作原理及调试方法。

（3）熟悉用单结晶体管触发电路控制晶闸管调压电路的方法。

【实验原理】

可控整流电路的作用是把交流电变换为电压值可以调节的直流电。图3－41所示为单相半控桥式整流实验电路。主电路由负载R_L（灯泡）和晶闸管T_1组成，触发电路为单结晶体管T_2及一些阻容元件构成的阻容移相桥触发电路。改变晶闸管T_1的导通角，便可调节主电路的可控输出整流电压（或电流）的数值，这点可由灯泡负载的亮度变化看出。晶闸管导通角的大小决定于触发脉冲的频率f，由公式

$$f=\frac{1}{RC}\ln\left(\frac{1}{1-\eta}\right)$$

可知，当单结晶体管的分压比η（一般在0.5～0.8之间）及电容C值固定时，则频率f大小由R决定。因此，通过调节电位器R_W，便可以改变触发脉冲频率，主电路的输出电压也随之改变，从而达到可控调压的目的。

用万用电表的电阻挡（或用数字万用表二极管挡）可以对单结晶体管和晶闸管进行简易测试。

图3－42为单结晶体管BT33管脚排列、结构图及电路符号。好的单结晶体管PN结正向电阻R_{EB1}、R_{EB2}均较小，且R_{EB1}稍大于R_{EB2}，PN结的反向电阻R_{BE1}、R_{BE2}均应很大，根据所测阻值，即可判断出各管脚及管子的质量优劣。

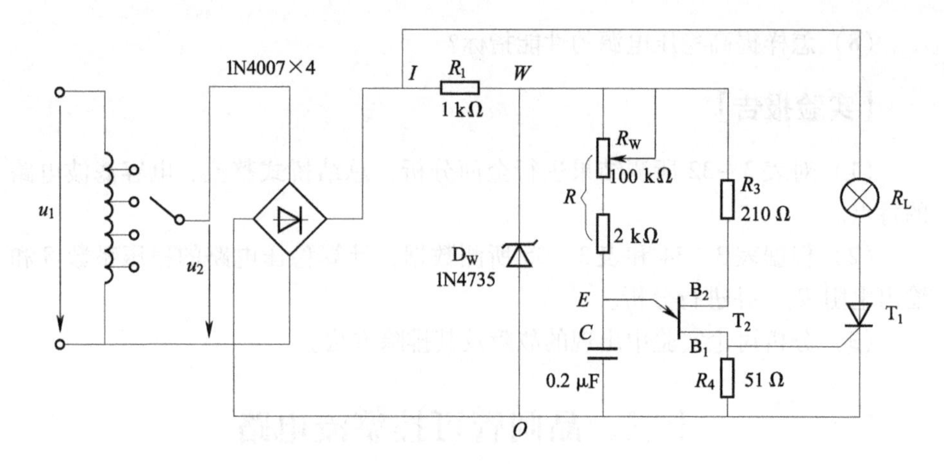

图 3-41　单相半控桥式整流实验电路

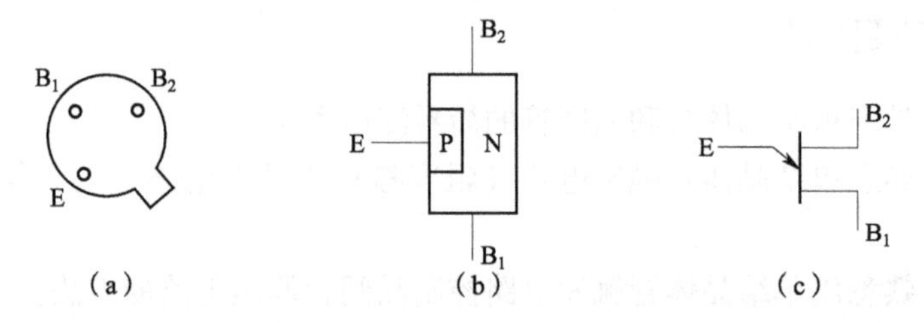

图 3-42　单结晶体管 BT33 管脚排列、结构图及电路符号

图 3-43 为晶闸管 3CT3A 的管脚排列、结构图及电路符号。晶闸管阳极(A) - 阴极(K)及阳极(A) - 门极(G)之间的正、反向电阻 R_{AK}、R_{KA}、R_{AG}、R_{GA} 均应很大，而 G - K 之间为一个 PN 结，PN 结正向电阻应较小，反向电阻应很大。

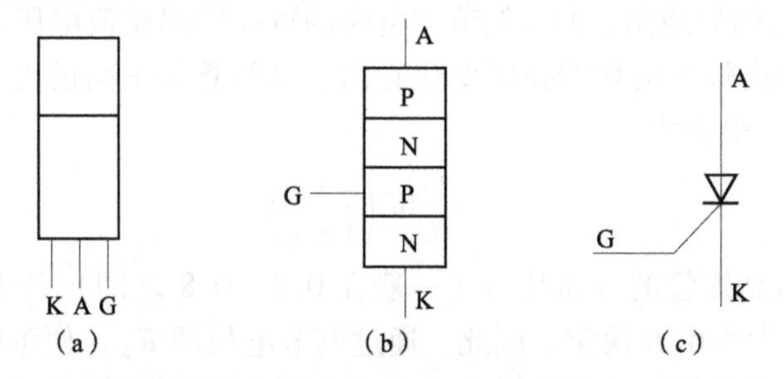

图 3-43　晶闸管管脚排列、结构图及电路符号

【实验设备】

(1) 自制模拟电路实验箱；　(2) 万用电表；

(3) 双踪示波器；　(4) 交流毫伏表；

(5) 直流电压表。

【实验内容】

1. 单结晶体管的简易测试

用万用电表“$R\times10\ \Omega$”挡分别测量EB_1、EB_2之间的正、反向电阻，并记入表3－36。

表3－36 实验数据记录（一）

R_{EB1}/Ω	R_{EB2}/Ω	$R_{BE1}/k\Omega$	$R_{BE2}/k\Omega$	结论

2. 晶闸管的简易测试

用万用电表“$R\times1\ k\Omega$”挡分别测量A－K、A－G间的正、反向电阻；用“$R\times10\ \Omega$”挡测量G－K间正、反向电阻，并记入表3－37中。

表3－37 实验数据记录（二）

$R_{AK}/k\Omega$	$R_{KA}/k\Omega$	$R_{AG}/k\Omega$	$R_{GA}/k\Omega$	$R_{GK}/k\Omega$	$R_{KG}/k\Omega$	结论

3. 晶闸管导通、关断条件测试

断开±12 V、±5 V直流电源，按图3－44连接实验电路。

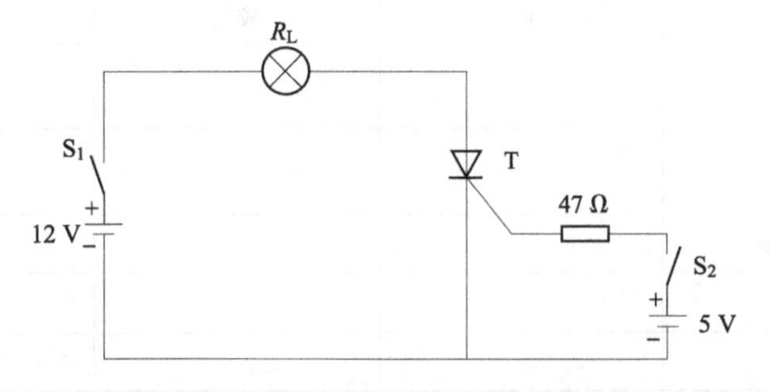

图3－44 晶闸管导通、关断条件测试

（1）晶闸管阳极加12 V正向电压，使门极开路且加＋5 V正向电压的情况下，观察管子是否导通（导通时灯泡亮，关断时灯泡熄灭）。管子导通后，使门极去掉＋5 V门极电压且反接门极电压的情况下，观察管子是否继续导通。

（2）晶闸管导通后，去掉＋12 V阳极电压且反接阳极电压（接－12 V）的情况下，观察管子是否关断。记录之。

4. 晶闸管可控整流电路

按图3－41连接实验电路，取交流工频电源14 V电压作为整流电路输入

电压 u_2，电位器 R_W 置中间位置。

（1）单结晶体管触发电路：

① 断开主电路（把灯泡取下），接通工频电源，测量 U_2 值。用示波器依次观察并记录交流电压 u_2、整流输出电压 u_I（$I-O$）、削波电压 u_W（$W-O$）、锯齿波电压 u_E（$E-O$）、触发输出电压 u_{B1}（B_1-O）。记录波形时，注意各波形间的对应关系，并标出电压幅度及时间，记入表 3－38 中。

② 改变移相电位器 R_W 阻值，观察 u_E 及 u_{B1} 波形的变化及 u_{B1} 的移相范围，记入表3－38 中。

表 3－38 实验数据记录（三）

u_2	u_I	u_W	u_E	u_{B1}	移相范围

（2）可控整流电路：断开工频电源，接入负载灯泡 R_L，再接通工频电源，调节电位器 R_W，使电灯由暗到中等亮，再到最亮，用示波器观察晶闸管两端电压 u_{T1}、负载两端电压 u_L，并测量负载直流电压 U_L 及工频电源电压 U_2 有效值，记入表 3－39 中。

表 3－39 实验数据记录（四）

项目	暗	较亮	最亮
u_L 波形			
u_{T1} 波形			
导通角 θ			
U_L/V			
U_2/V			

【思考题】

（1）复习晶闸管可控整流部分内容

（2）可否用万用电表“$R\times 10\ \text{k}\Omega$”挡测试管子？为什么？

（3）为什么可控整流电路必须保证触发电路与主电路同步？本实验是如何实现同步的？

（4）可以采取哪些措施改变触发信号的幅度和移相范围？

（5）能否用双踪示波器同时观察 u_2 和 u_L 或 u_L 和 u_{T1} 波形？为什么？

【实验报告】

（1）总结晶闸管导通、关断的基本条件。

（2）画出实验中记录的波形（注意各波形间的对应关系），并进行讨论。

（3）对实验数据 U_L 与理论计算数据 $U_L=0.9U_2\frac{1+\cos\alpha}{2}$ 进行比较，并分析产生误差的原因。

（4）分析实验中出现的异常现象。

第四章　电子技术基础（数字部分）

一、TTL 集成逻辑门的逻辑功能与参数测试

【实验目的】

（1）掌握 TTL 集成与非门的逻辑功能和主要参数的测试方法。

（2）掌握 TTL 器件的使用规则。

（3）进一步熟悉数字电路实验装置的结构、基本功能和使用方法。

【实验原理】

本实验采用四输入双与非门 74LS20，即在一块集成块内含有两个互相独立的与非门，每个与非门有四个输入端。其逻辑框图、符号及引脚排列如图 4－1（a）、（b）、（c）所示。

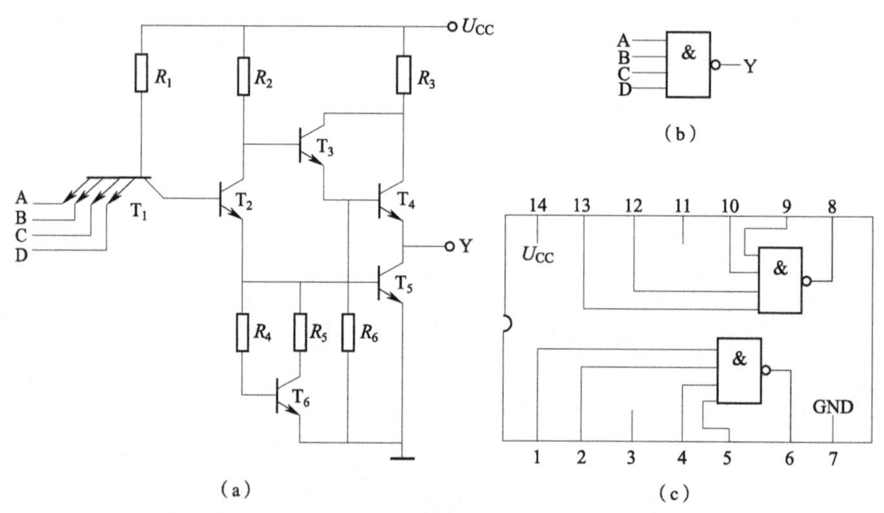

（a）　　（b）　　（c）

图 4－1　74LS20 逻辑框图、逻辑符号及引脚排列

1. 与非门的逻辑功能

与非门的逻辑功能是：当输入端中有一个或一个以上是低电平时，输出

端为高电平；只有当输入端全部为高电平时，输出端才是低电平（即有“0”得“1”，全“1”得“0”），其逻辑表达式为

$$Y = \overline{AB\cdots}$$

2. TTL与非门的主要参数

（1）低电平输出电源电流 I_{CCL} 和高电平输出电源电流 I_{CCH}。与非门处于不同的工作状态，电源提供的电流是不同的。I_{CCL} 是指所有输入端悬空，输出端空载时，电源提供器件的电流。I_{CCH} 是指输出端空载，每个门各有一个以上的输入端接地，其余输入端悬空，电源提供给器件的电流。通常 $I_{CCL} > I_{CCH}$，它们的大小标志着器件静态功耗的大小。器件的最大功耗为 $P_{CCL} = U_{CC}I_{CCL}$。手册中提供的电源电流和功耗值是指整个器件总的电源电流和总的功耗。I_{CCL} 和 I_{CCH} 测试电路如图4-2（a）、（b）所示。

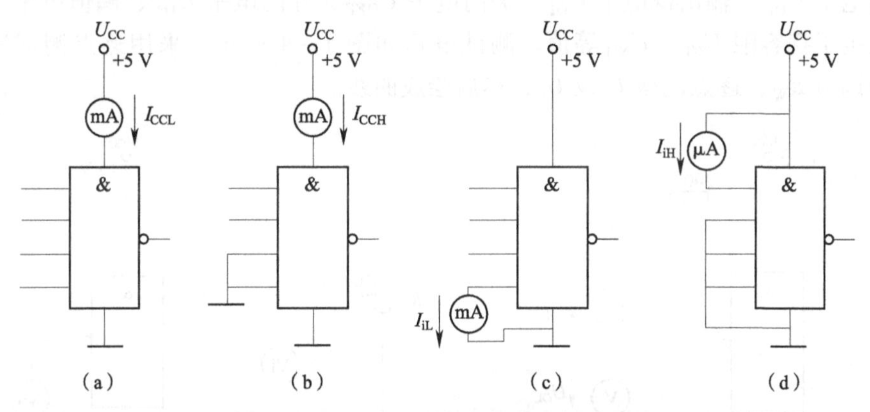

图4-2　TTL与非门静态参数测试电路图

注意：TTL电路对电源电压要求较严，电源电压 U_{CC} 只允许在 +5（1 ± 10%）V的范围内工作，超过5.5 V将损坏器件；低于4.5 V器件的逻辑功能将不正常。

（2）低电平输入电流 I_{iL} 和高电平输入电流 I_{iH}。I_{iL} 是指被测输入端接地，其余输入端悬空，输出端空载时，由被测输入端流出的电流值。在多级门电路中，I_{iL} 相当于前级门输出低电平时，后级向前级门灌入的电流，因此它关系到前级门的灌电流负载能力，即直接影响前级门电路带负载的个数，因此希望 I_{iL} 小些。

I_{iH} 是指被测输入端接高电平，其余输入端接地，输出端空载时，流入被测输入端的电流值。在多级门电路中，它相当于前级门输出高电平时，前级门的拉电流负载，其大小关系到前级门的拉电流负载能力，希望 I_{iH} 小些。由于 I_{iH} 较小，难以测量，一般免于测试。

I_{iL} 与 I_{iH} 的测试电路如图4-2（c）、（d）所示。

（3）扇出系数 N_0。扇出系数 N_0 是指门电路能驱动同类门的个数，它是衡量门电路负载能力的一个参数，TTL 与非门有两种不同性质的负载，即灌电流负载和拉电流负载，因此有两种扇出系数，即低电平扇出系数 N_{OL} 和高电平扇出系数 N_{OH}。通常 $I_{iH} < I_{iL}$，则 $N_{OH} > N_{OL}$，故常以 N_{OL} 作为门的扇出系数。

N_{OL} 的测试电路如图 4－3 所示，门的输入端全部悬空，输出端接灌电流负载 R_L，调节 R_L 使 I_{OL} 增大，U_{OL} 随之增高，当 U_{OL} 达到 U_{OLm}（手册中规定低电平规范值为 0～4 V）时的 I_{OL} 就是允许灌入的最大负载电流，则

$$N_{OL} = \frac{I_{OL}}{I_{iL}}，通常\ N_{OL} \geqslant 8$$

（4）电压传输特性。门的输出电压 u_o 随输入电压 u_i 而变化的曲线 $u_o = f(u_i)$ 称为门的电压传输特性，通过它可读得门电路的一些重要参数，如输出高电平 U_{OH}、输出低电平 U_{OL}、关门电平 U_{OFF}、开门电平 U_{ON}、阈值电平 U_T 及抗干扰容限 U_{NL}、U_{NH} 等值。测试电路如图 4－4 所示，采用逐点测试法，即调节 R_W，逐点测得 U_i 及 U_o，然后绘成曲线。

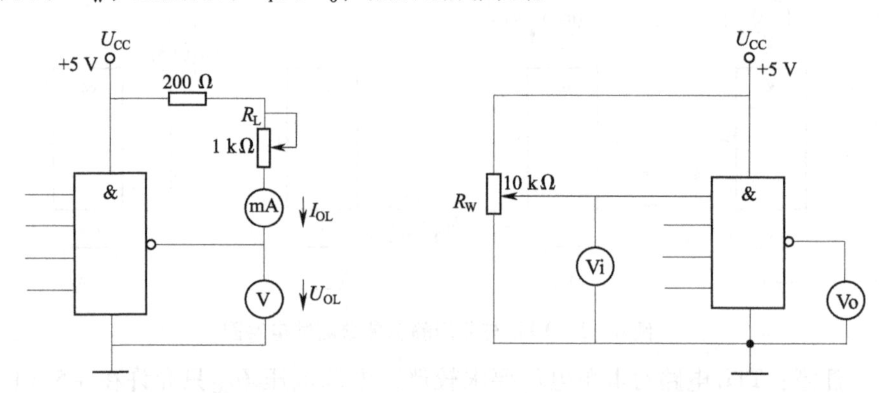

图 4－3　扇出系数试测电路　　**图 4－4　传输特性测试电路**

（5）平均传输延迟时间 t_{pd}。t_{pd} 是衡量门电路开关速度的参数，它是指输出波形边沿的 $0\sim5U_m$ 至输入波形对应边沿 $0\sim5U_m$ 点的时间间隔，如图 4－5 所示。

图 4－5 中的 t_{pdL} 为导通延迟时间，t_{pdH} 为截止延迟时间，平均传输延迟时间为：

$$t_{pd} = \frac{1}{2}\left(t_{pdL} + t_{pdH}\right)$$

t_{pd} 的测试电路如图 4－6 所示，由于 TTL 门电路的延迟时间较小，直接测量时对信号发生器和示波器的性能要求较高，故实验采用测量由奇数个与非门组成的环形振荡器的振荡周期 T 来求得。其工作原理是：假设电路在接通电源后某一瞬间，电路中的 A 点为逻辑“1”，经过三级门的延迟后，使 A 点

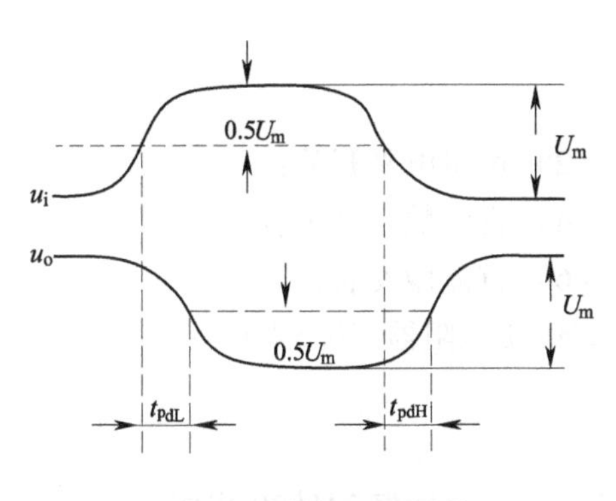

图 4－5　传输延迟特性

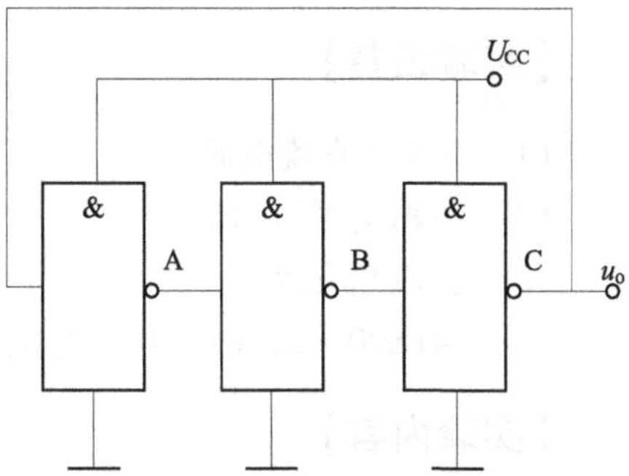

图 4－6　t_{pd}的测试电路

由原来的逻辑“1”变为逻辑“0”；再经过三级门的延迟后，A 点电平又重新回到逻辑“1”。电路中其他各点电平也跟随变化。说明使 A 点发生一个周期的振荡，必须经过 6 级门的延迟时间。因此平均传输延迟时间 $t_{pd}=\frac{T}{6}$，TTL 电路的 t_{pd}一般在 10～40 ns 之间。

74LS20 主要电参数规范如表 4－1 所示。

表 4－1　74LS20 主要电参数规范

参数名称和符号			规范值	单位	测试条件
直流参数	导通电源电流	I_{CCL}	<14	mA	U_{CC} =5 V，输入端悬空，输出端空载
	截止电源电流	I_{CCH}	<7	mA	U_{CC} =5 V，输入端接地，输出端空载
	低电平输入电流	I_{iL}	≤1～4	mA	U_{CC} =5 V，被测输入端接地，其他输入端悬空，输出端空载
	高电平输入电流	I_{iH}	<50	μA	U_{CC} =5 V，被测输入端 U_{in} =2.4 V，其他输入端接地，输出端空载
			<1	mA	U_{CC} =5 V，被测输入端 U_{in} =5 V，其他输入端接地，输出端空载
	输出高电平	U_{OH}	≥3～4	V	U_{CC} =5 V，被测输入端 U_{in} =0.3 V，其他输入端悬空，I_{OH} =400 μA
	输出低电平	U_{OL}	<0～3	V	U_{CC} =5 V，输入端 U_{in} =2.0 V，I_{OL} = 12.8 mA
	扇出系数	N_O	4～8	V	同 U_{OH} 和 U_{OL}
交流参数	平均传输延迟时间	t_{pd}	≤20	ns	U_{CC} =5 V，被测输入端输入信号：U_{in} =3.0 V，f=2 MHz

【实验设备】

(1) +5 V 直流电源；　　(2) 逻辑电平开关；
(3) 逻辑电平显示器；　　(4) 直流数字电压表；
(5) 直流毫安表；　　(6) 直流微安表；
(7) 74LS20 ×2，1K、10K 电位器，200 Ω 电阻器（0.5W）。

【实验内容】

在合适的位置选取一个 14P 插座，按定位标记插好 74LS20 集成块。

1. 验证 TTL 集成与非门 74LS20 的逻辑功能

按图 4-7 接线，门的 4 个输入端接逻辑开关输出插口，以提供“0”与“1”电平信号，开关向上，输出逻辑“1”，向下为逻辑“0”。门的输出端接由 LED 发光二极管组成的逻辑电平显示器（又称 0-1 指示器）的显示插口，LED 亮为逻辑“1”，不亮为逻辑“0”。按表 4-2 的真值表逐个测试集成块中两个与非门的逻辑功能。74LS20 有 4 个输入端，有 16 个最小项，在实际测试时，只要通过对输入 1111、0111、1011、1101、1110 五项进行检测就可判断其逻辑功能是否正常。

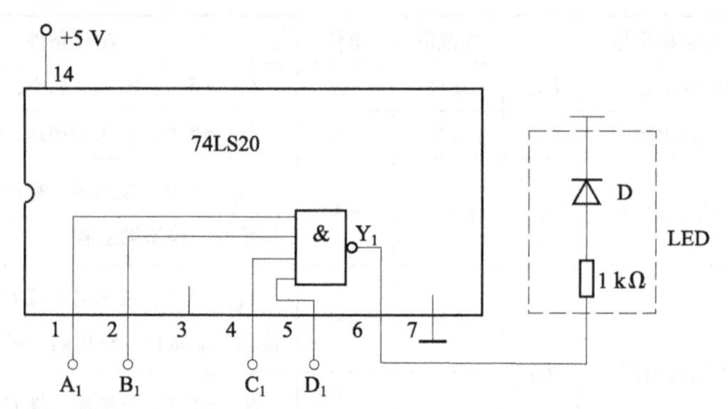

图 4-7 与非门逻辑功能测试电路

表 4-2 真值表（部分）

输入				输出	
A_n	B_n	C_n	D_n	Y_1	Y_2
1	1	1	1		
0	1	1	1		
1	0	1	1		
1	1	0	1		
1	1	1	0		

2. 74LS20 主要参数的测试

（1）分别按图4－2、图4－3、图4－7接线并进行测试，将测试结果记入表4－3中。

表4－3　实验数据记录（一）

I_{CCL} /mA	I_{CCH} /mA	I_{iL} /mA	I_{OL} /mA	$N_O=\frac{I_{OL}}{I_{iL}}$	$t_{pd}=T/6$ /ns

（2）接图4－4接线，调节电位器 R_W，使 u_i 从0 V向高电平变化，逐点测量 U_i 和 U_o 的对应值，记入表4－4中。

表4－4　实验数据记录（二）

U_i/V	0	0.2	0.4	0.6	0.8	1.0	1.5	2.0	2.5	3.0	3.5	4.0	…
U_O/V													

【实验报告】

（1）记录、整理实验结果，并对结果进行分析。

（2）画出实测的电压传输特性曲线，并从中读出各有关参数值。

【集成电路芯片简介】

数字电路实验中所用到的集成芯片都是双列直插式的，其引脚排列规则如图4－1所示。识别方法是：正对集成电路型号（如74LS20）或看标记（左边的缺口或小圆点标记），从左下角开始按逆时针方向以1，2，3，…依次排列到最后一脚（在左上角）。在标准形TTL集成电路中，电源端 U_{CC} 一般排在左上端，接地端GND一般排在右下端。如74LS20为14脚芯片，14脚为 U_{CC}，7脚为GND。若集成芯片引脚上的功能标号为NC，则表示该引脚为空脚，与内部电路不连接。

【TTL 集成电路使用规则】

（1）接插集成块时，要认清定位标记，不得插反。

（2）电源电压使用范围为 +4.5 ~ +5.5 V，实验中要求使用 U_{CC} = +5 V。电源极性绝对不允许接错。

（3）闲置输入端处理方法。

①悬空，相当于正逻辑“1”，对于一般小规模集成电路的数据输入端，实验时允许悬空处理。但易受外界干扰，导致电路的逻辑功能不正常。因此，对于接有长线的输入端，中规模以上的集成电路和使用集成电路较多的复杂电路，所有控制输入端必须按逻辑要求接入电路，不允许悬空。

②直接接电源电压 U_{CC}（也可以串入一只 1 ~ 10 kΩ 的固定电阻）或接至某一固定电压（ $+2.4 \leqslant U \leqslant 4.5$ V）的电源上，或与输入端为接地的多余与非门的输出端相接。

③若前级驱动能力允许，可以与使用的输入端并联。

（4）输入端通过电阻接地，电阻值的大小将直接影响电路所处的状态。当 $R \leqslant 680$ Ω 时，输入端相当于逻辑“0”；当 $R \geqslant 4.7$ kΩ 时，输入端相当于逻辑“1”。对于不同系列的器件，要求的阻值不同。

（5）输出端不允许并联使用（集电极开路门（OC）和三态输出门电路（3S）除外）。否则不仅会使电路逻辑功能混乱，并会导致器件损坏。

（6）输出端不允许直接接地或直接接 +5 V 电源，否则将损坏器件，有时为了使后级电路获得较高的输出电平，允许输出端通过电阻 R 接至 U_{CC}，一般取 R 为 3 ~ 5.1 kΩ。

二、CMOS 集成逻辑门的逻辑功能与参数测试

【实验目的】

（1）掌握 CMOS 集成门电路的逻辑功能和器件的使用规则。

（2）学会 CMOS 集成门电路主要参数的测试方法。

【实验原理】

1. CMOS 集成电路的特点

CMOS 集成电路是将 N 沟道 MOS 晶体管和 P 沟道 MOS 晶体管同时用于一个集成电路中，成为组合两种沟道 MOS 管性能的更优良的集成电路。CMOS 集成电路的主要优点是:

（1）功耗低，其静态工作电流在 10^{-9} A 数量级，是目前所有数字集成电路中最低的，而 TTL 器件的功耗则大得多。

（2）高输入阻抗，通常大于 10^{10} Ω，远高于 TTL 器件的输入阻抗。

（3）接近理想的传输特性，输出高电平可达电源电压的 99.9% 以上，低电平可达电源电压的 0.1% 以下，因此输出逻辑电平的摆幅很大，噪声容限

很高。

（4）电源电压范围广，可在 +3 ~ +18 V 范围内正常运行。

（5）由于有很高的输入阻抗，要求驱动电流很小，约 0.1 μA，输出电流在 +5 V 电源下约为 500 μA，远小于 TTL 电路，如以此电流来驱动同类门电路，其扇出系数将非常大。在一般低频率时，无须考虑扇出系数，但在高频时，后级门的输入电容将成为主要负载，使其扇出能力下降，所以在较高频率工作时，CMOS 电路的扇出系数一般取 10 ~ 20。

2. CMOS 门电路的逻辑功能

尽管 CMOS 与 TTL 电路内部结构不同，但它们的逻辑功能完全一样。本实验将测定与门 CC4081、或门 CC4071、与非门 CC4011、或非门 CC4001 的逻辑功能。各集成块的逻辑功能与真值表请参阅教材及有关资料。

3. CMOS 与非门的主要参数

CMOS 与非门主要参数的定义及测试方法与 TTL 电路相仿，从略。

4. CMOS 电路的使用规则

由于 CMOS 电路有很高的输入阻抗，这给使用者带来一定的麻烦，即外来的干扰信号很容易在一些悬空的输入端上感应出很高的电压，以至损坏器件。CMOS 电路的使用规则如下：

（1）U_{DD}接电源正极，U_{SS}接电源负极（通常接地“⊥”），不得接反。CC4000 系列的电源允许电压在 +3 ~ +18 V 范围内选择，实验中一般要求使用 +5 ~ +15 V。

（2）所有输入端一律不准悬空，闲置输入端的处理方法：

① 按照逻辑要求，直接接 U_{DD}（与非门）或 U_{SS}（或非门）。

② 在工作频率不高的电路中，允许输入端并联使用。

（3）输出端不允许直接与 U_{DD}或 U_{SS}连接，否则将导致器件损坏。

（4）在装接电路，改变电路连接或插、拔电路时，均应切断电源，严禁带电操作。

（5）焊接、测试和储存时的注意事项：

① 电路应存放在导电的容器内，有良好的静电屏蔽。

② 焊接时必须切断电源，电烙铁外壳必须良好接地，或拔下烙铁，靠其余热焊接。

③ 所有的测试仪器必须良好接地。

【实验设备】

（1） +5 V 直流电源；（2）双踪示波器；

(3) 连续脉冲源；　　　　　　(4) 逻辑电平开关；

(5) 逻辑电平显示器；　　　　(6) 直流数字电压表；

(7) 直流毫安表；　　　　　　(8) 直流微安表；

(9) CC4011、CC4001、CC4071、CC4081、电位器 100K、电阻 1K。

【实验内容】

1. CMOS 与非门 CC4011 参数测试（方法与 TTL 电路相同）

(1) 测试 CC4011 一个门的 I_{CCL}、I_{CCH}、I_{iL}、I_{iH}。

(2) 测试 CC4011 一个门的传输特性（一个输入端作信号输入，另一个输入端接逻辑高电平）。

(3) 将 CC4011 的三个门串接成振荡器，用示波器观测输入、输出波形，并计算出 t_{pd} 值。

2. 验证 CMOS 各门电路的逻辑功能并判断其好坏

验证与非门 CC4011、与门 CC4081、或门 CC4071 及或非门 CC4001 逻辑功能，其引脚见附录。

以 CC4011 为例，如图 4-8 所示。测试时，选好某一个 14P 插座，插入被测器件，其输入端 A、B 接逻辑开关的输出插口，其输出端 Y 接至逻辑电平显示器输入插口，拨动逻辑电平开关，逐个测试各门的逻辑功能，并记入表 4-5 中。

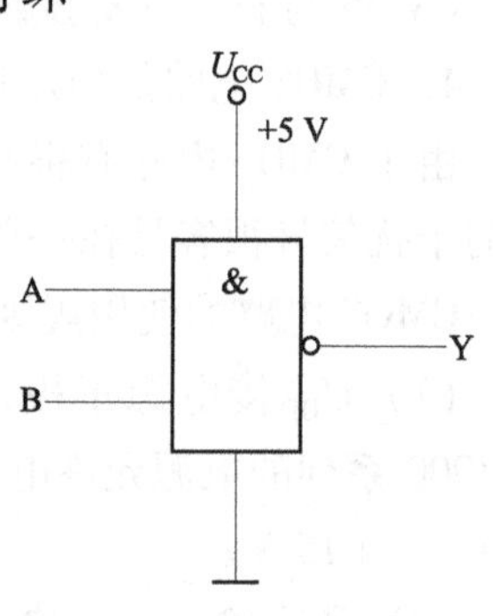

图 4-8　与非门逻辑功能测试

表 4-5　实验数据记录（三）

输入		输出			
A	B	Y_1	Y_2	Y_3	Y_4
0	0				
0	1				
1	0				
1	1				

3. 观察与非门、与门、或非门对脉冲的控制作用

选用与非门按图 4-9（a）、（b）接线，将一个输入端接连续脉冲源（频率为 20 kHz），用示波器观察两种电路的输出波形，记录之。

然后测定与门和或非门对连续脉冲的控制作用。

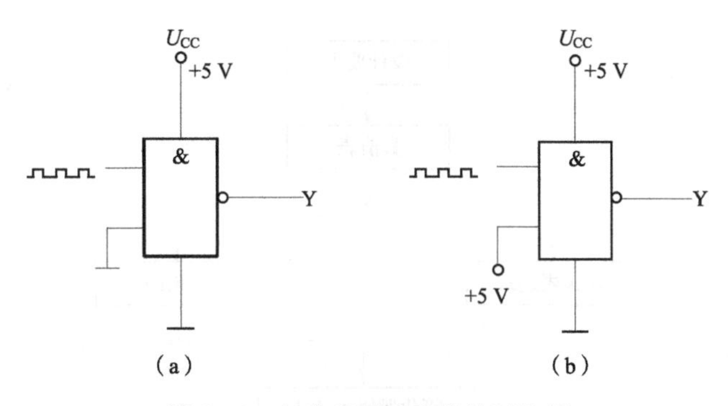

图 4－9　与非门对脉冲的控制作用

【思考题】

（1）复习 CMOS 门电路的工作原理。

（2）熟悉实验用各集成门引脚的功能。

（3）画出各实验内容的测试电路与数据记录表格。

（4）画好实验用各门电路的真值表表格。

（5）各 CMOS 门电路闲置输入端如何处理？

【实验报告】

（1）整理实验结果，用坐标纸画出传输特性曲线。

（2）根据实验结果，写出各门电路的逻辑表达式，并判断被测电路的功能好坏。

三、组合逻辑电路的设计与测试

【实验目的】

掌握组合逻辑电路的设计与测试方法。

【实验原理】

（1）使用中、小规模集成电路来设计组合电路是最常见的逻辑电路。设计组合电路的一般步骤如图 4－10 所示。

根据设计任务的要求建立输入、输出变量，并列出真值表。然后用逻辑代数或卡诺图化简法求出简化的逻辑表达式，并按实际选用逻辑门的类型修改逻辑表达式。根据简化后的逻辑表达式，画出逻辑图，用标准器件构成逻辑电路。最后，用实验来验证设计的正确性。

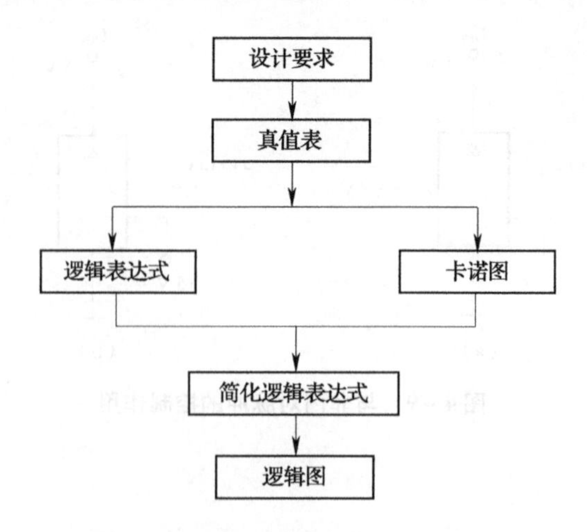

图 4-10　组合逻辑电路设计流程图

（2）组合逻辑电路设计举例。

用与非门设计一个表决电路。当四个输入端中有三个或四个为“1”时，输出端才为“1”。

根据题意列出真值表如表 4-6 所示，再填入卡诺图表 4-7 中。

表 4-6　真值表

D	0	0	0	0	0	0	0	0	1	1	1	1	1	1	1	1
A	0	0	0	0	1	1	1	1	0	0	0	0	1	1	1	1
B	0	0	1	1	0	0	1	1	0	0	1	1	0	0	1	1
C	0	1	0	1	0	1	0	1	0	1	0	1	0	1	0	1
Z	0	0	0	0	0	0	0	1	0	0	0	1	0	1	1	1

表 4-7　卡诺图表

BC \ DA	00	01	11	10
00				
01			1	
11		1	1	1
10			1	

由卡诺图得出逻辑表达式，并演化成“与非”的形式：

$$Z = ABC + BCD + ACD + ABD = \overline{\overline{ABC} \cdot \overline{BCD} \cdot \overline{ACD} \cdot \overline{ABD}}$$

根据逻辑表达式画出用“与非门”构成的逻辑电路如图 4-11 所示。

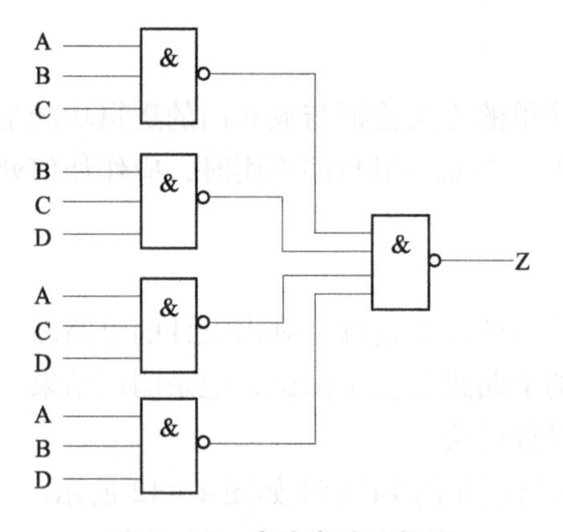

图4-11　表决电路逻辑图

用实验验证逻辑功能，在实验装置适当位置选定三个14P插座，按照集成块定位标记插好集成块CC4012。

按图4-11接线，输入端A、B、C、D接至逻辑开关输出插口，输出端Z接逻辑电平显示输入插口，按真值表（自拟）要求，逐次改变输入变量，测量相应的输出值，验证逻辑功能，与表4-6进行比较，验证所设计的逻辑电路是否符合要求。

【实验设备】

（1）+5 V直流电源；（2）逻辑电平开关；
（3）逻辑电平显示器；（4）直流数字电压表；
（5）CC4011×2（74LS00）、CC4012×3（74LS20）、CC4030（74LS86）CC4081（74LS08）、74LS54×2（CC4085）、CC4001（74LS02）。

【实验内容】

（1）设计用与非门及用异或门、与门组成的半加器电路。

要求按本文所述的设计步骤进行，直到测试电路逻辑功能符合设计要求为止。

（2）设计一个一位全加器，要求用异或门、与门、或门组成。

（3）设计一位全加器，要求用与或非门实现。

（4）设计一个对两个两位无符号的二进制数进行比较的电路；根据第一个数是否大于、等于、小于第二个数，使相应的三个输出端中的一个输出为“1”，要求用与门、与非门及或非门实现。

【思考题】

（1）根据实验任务要求设计组合电路，并根据所给的标准器件画出逻辑图。

（2）如何用最简单的方法验证与或非门的逻辑功能是否完好？

（3）与或非门中，当某一组与端不用时，应作如何处理？

【实验报告】

（1）列写实验任务的设计过程，画出设计的电路图。

（2）对所设计的电路进行实验测试，记录测试结果。

（3）组合电路设计体会。

注：四路 4 输入与或非门 74LS54 如图 4－12 所示。

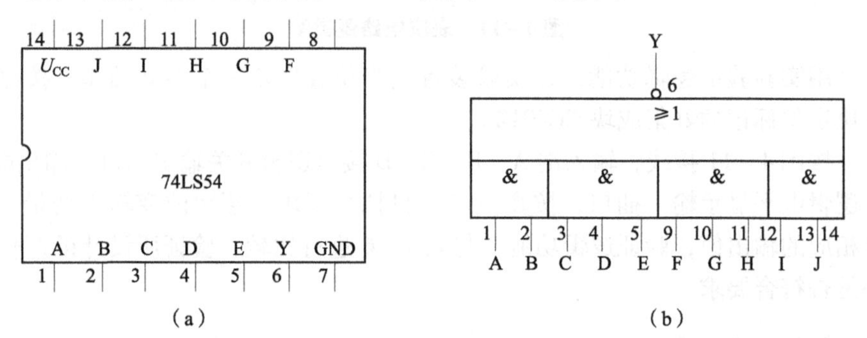

（a）　　　　（b）

图 4－12　74LS54 的引脚排列与逻辑图

（a）引脚排列；（b）逻辑图

其逻辑表达式为：

$$Y=\overline{AB+CDE+FGH+IJ}$$

四、译码器及其应用

【实验目的】

（1）掌握中规模集成译码器的逻辑功能和使用方法。

（2）熟悉数码管的使用。

【实验原理】

译码器是一个多输入、多输出的组合逻辑电路。它的作用是把给定的代码进行“翻译”，变成相应的状态，使输出通道中相应的一路有信号输出。译码器在数字系统中有广泛的用途，不仅用于代码的转换、终端的数字显示，还用于数据分配，存储器寻址和组合控制信号等。不同的功能可选用不同种类的译码器。

译码器可分为通用译码器和显示译码器两大类。前者又分为变量译码器和代码变换译码器。

1．变量译码器

变量译码器（又称二进制译码器），用以表示输入变量的状态，如2－4线、3－8线和4－16线译码器。若有n个输入变量，则有2^n个不同的组合状态，就有2^n个输出端供其使用。而每一个输出所代表的函数对应于n个输入变量的最小项。

以3－8线译码器74LS138为例进行分析，图4－13（a）、（b）分别为其逻辑图及引脚排列。其中，A_2、A_1、A_0为地址输入端，$\overline{Y_0}$ ~ $\overline{Y_7}$为译码输出端，S_1、$\overline{S_2}$、$\overline{S_3}$为使能端。

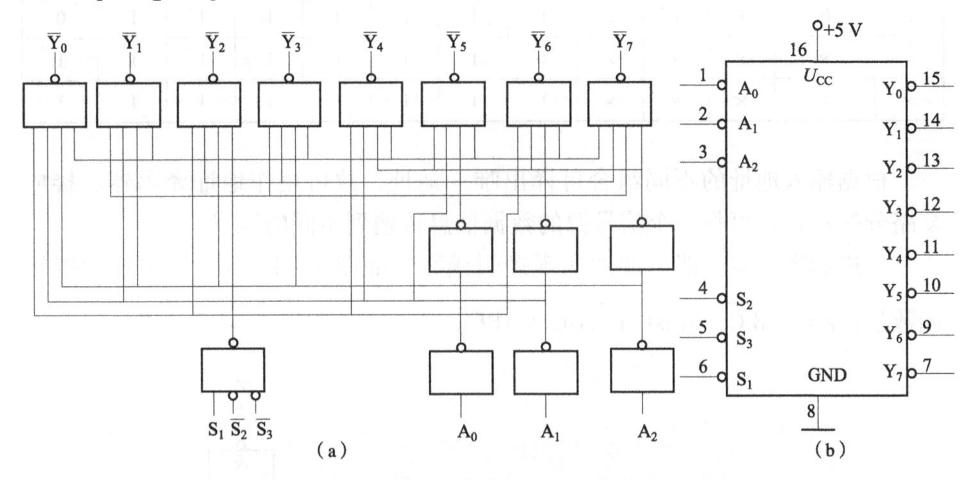

图4－13　3－8线译码器74LS138逻辑图及引脚排列

（a）逻辑图；（b）引脚排列

表4－8为74LS138功能表。

当$S_1=1$，$\overline{S_2}+\overline{S_3}=0$时，器件使能，地址码所指定的输出端有信号（为0）输出，其他所有输出端均无信号（全为1）输出。当$S_1=0$，$\overline{S_2}+\overline{S_3}=\times$时，或$S_1=\times$，$\overline{S_2}+\overline{S_3}=1$时，译码器被禁止，所有输出同时为1。

二进制译码器实际上也是负脉冲输出的脉冲分配器。若利用使能端中的一个输入端输入数据信息，器件就成为一个数据分配器（又称多路分配器），如图4－14所示。若在S_1输入端输入数据信息，$\overline{S_2}=\overline{S_3}=0$，地址码所对应的输出是$S_1$数据信息的反码；若从$\overline{S_2}$端输入数据信息，令$S_1=1$、$\overline{S_3}=0$，地址码所对应的输出就是$\overline{S_2}$端数据信息的原码。若数据信息是时钟脉冲，则数据分配器便成为时钟脉冲分配器。

表 4-8　74LS138 功能表

输入					输出							
S_1	$\overline{S_2}+\overline{S_3}$	A_2	A_1	A_0	$\overline{Y_0}$	$\overline{Y_1}$	$\overline{Y_2}$	$\overline{Y_3}$	$\overline{Y_4}$	$\overline{Y_5}$	$\overline{Y_6}$	$\overline{Y_7}$
1	0	0	0	0	0	1	1	1	1	1	1	1
1	0	0	0	1	1	0	1	1	1	1	1	1
1	0	0	1	0	1	1	0	1	1	1	1	1
1	0	0	1	1	1	1	1	0	1	1	1	1
1	0	1	0	0	1	1	1	1	0	1	1	1
1	0	1	0	1	1	1	1	1	1	0	1	1
1	0	1	1	0	1	1	1	1	1	1	0	1
1	0	1	1	1	1	1	1	1	1	1	1	0
0	×	×	×	×	1	1	1	1	1	1	1	1
×	1	×	×	×	1	1	1	1	1	1	1	1

根据输入地址的不同组合可译出唯一地址，故可用作地址译码器。接成多路分配器时，可将一个信号源的数据信息传输到不同的地点。

二进制译码器还能方便地实现逻辑函数，如图 4-15 所示，实现的逻辑函数是：$Z=\overline{A}\,\overline{B}\,\overline{C}+\overline{A}\,\overline{B}C+\overline{A}B\overline{C}+ABC$。

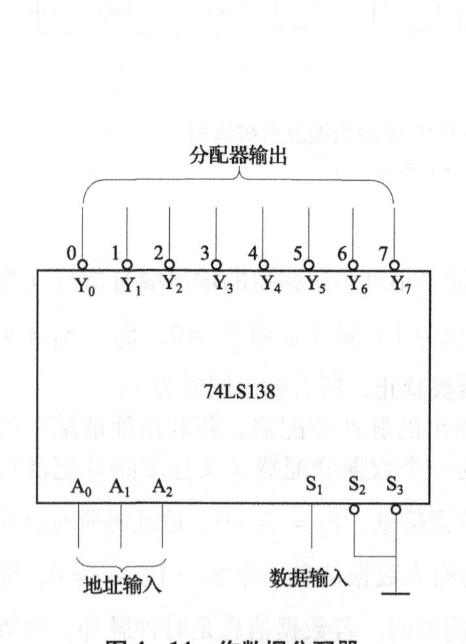

图 4-14　作数据分配器

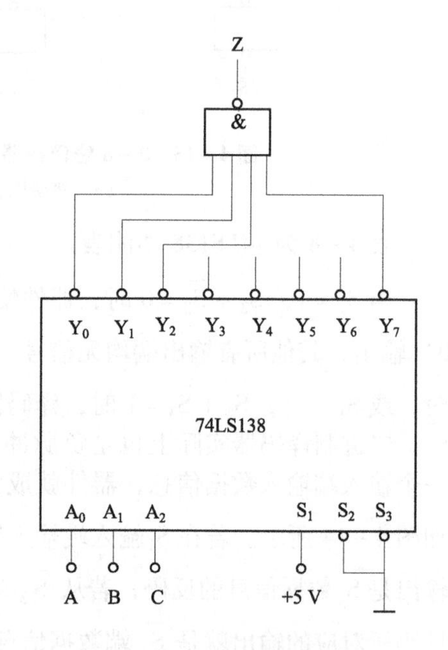

图 4-15　实现逻辑函数

利用使能端能方便地将两个 3－8 线译码器组合成一个 4－16 线译码器，如图 4－16 所示。

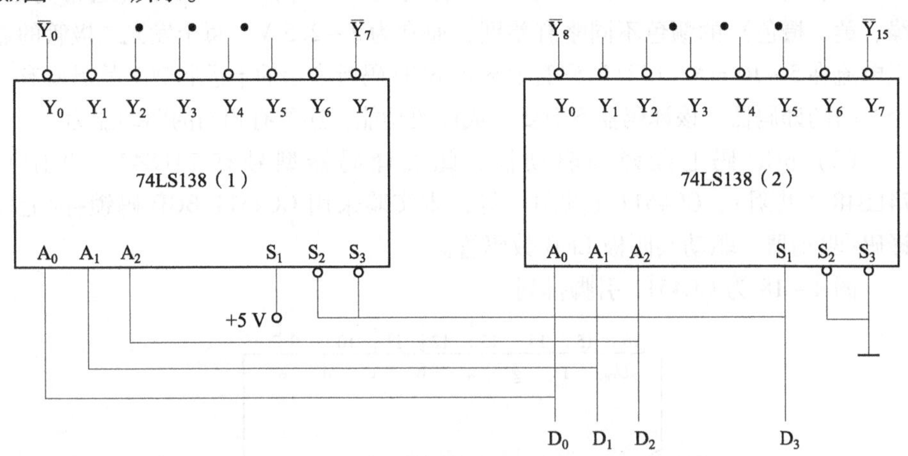

图 4－16　用两片 74LS138 组合成 4－16 线译码器

2．数码显示译码器

（1）七段发光二极管（LED）数码管。LED 数码管是目前最常用的数字显示器，图 4－17（a）、（b）为共阴管和共阳管的电路，图 4－17（c）为两种不同出线形式的引出脚功能图。

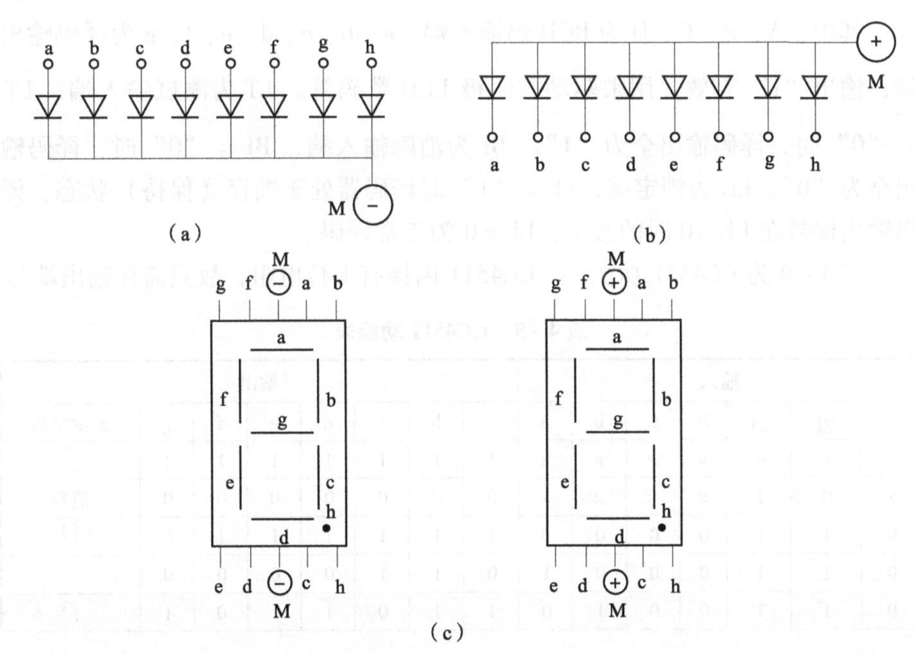

图 4－17　LED 数码管

（a）共阴连接（“1”电平驱动）；（b）共阳连接（“0”电平驱动）；（c）符号及引脚功能

一个LED数码管可用来显示一位0~9十进制数和一个小数点。小型数码管（0~5寸[①]和0~36寸）每段发光二极管的正向压降，随显示光（通常为红、绿、黄、橙色）的颜色不同略有差别，通常为2~2.5 V，每个发光二极管的点亮电流在5~10 mA。LED数码管要显示BCD码所表示的十进制数字就需要有一个专门的译码器，该译码器不但要完成译码功能，还要有相当的驱动能力。

（2）BCD码七段译码驱动器。此类译码器型号有74LS47（共阳）、74LS48（共阴）、CC4511（共阴）等，本实验采用CC4511 BCD码锁存/七段译码/驱动器。驱动共阴极LED数码管。

图4-18为CC4511引脚排列。

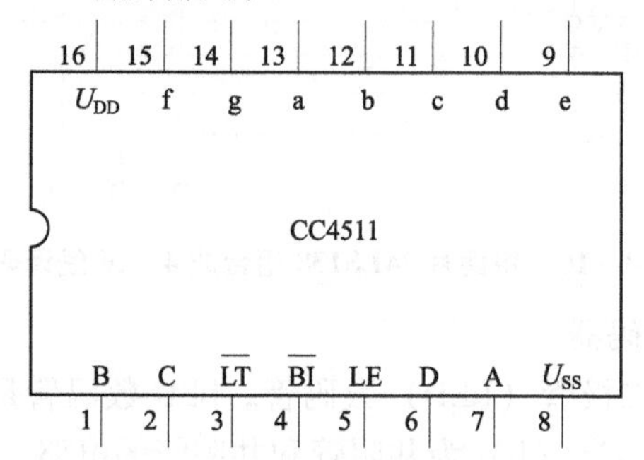

图4-18　CC4511引脚排列

其中，A、B、C、D为BCD码输入端。a、b、c、d、e、f、g为译码输出端，输出“1”有效，用来驱动共阴极LED数码管。$\overline{LT}$为测试输入端，$\overline{LT}$ =“0”时，译码输出全为“1”。$\overline{BI}$为消隐输入端，$\overline{BI}$ =“0”时，译码输出全为“0”。LE为锁定端，LE=“1”时译码器处于锁存（保持）状态，译码输出保持在LE=0时的数值，LE=0为正常译码。

表4-9为CC4511功能表。CC4511内接有上拉电阻，故只需在输出端与

表4-9　CC4511功能表

输入							输出							
LE	$\overline{BI}$	$\overline{LT}$	D	C	B	A	a	b	c	d	e	f	g	显示字形
×	×	0	×	×	×	×	1	1	1	1	1	1	1	8
×	0	1	×	×	×	×	0	0	0	0	0	0	0	消隐
0	1	1	0	0	0	0	1	1	1	1	1	1	0	0
0	1	1	0	0	0	1	0	1	1	0	0	0	0	1
0	1	1	0	0	1	0	1	1	0	1	1	0	1	2

① 1寸=3.33厘米。

续表

输入							输出							
LE	$\overline{BI}$	$\overline{LT}$	D	C	B	A	a	b	c	d	e	f	g	显示字形
0	1	1	0	0	1	1	1	1	1	1	0	0	1	3
0	1	1	0	1	0	0	0	1	1	0	0	1	1	4
0	1	1	0	1	0	1	1	0	1	1	0	1	1	5
0	1	1	0	1	1	0	0	0	1	1	1	1	1	6
0	1	1	0	1	1	1	1	1	1	0	0	0	0	7
0	1	1	1	0	0	0	1	1	1	1	1	1	1	8
0	1	1	1	0	0	1	1	1	1	0	0	1	1	9
0	1	1	1	0	1	0	0	0	0	0	0	0	0	消隐
0	1	1	1	0	1	1	0	0	0	0	0	0	0	消隐
0	1	1	1	1	0	0	0	0	0	0	0	0	0	消隐
0	1	1	1	1	0	1	0	0	0	0	0	0	0	消隐
0	1	1	1	1	1	0	0	0	0	0	0	0	0	消隐
0	1	1	1	1	1	1	0	0	0	0	0	0	0	消隐
1	1	1	×	×	×	×	锁存							锁存

数码管笔段之间串入限流电阻即可工作。译码器还有拒伪码功能，当输入码超过1001时，输出全为“0”，数码管熄灭。

在本数字电路实验装置上已完成了译码器CC4511和数码管BS202之间的连接。实验时，只要接通+5 V电源和将十进制数的BCD码接至译码器的相应输入端A、B、C、D即可显示0~9的数字。四位数码管可接收四组BCD码输入。CC4511与LED数码管的连接如图4-19所示。

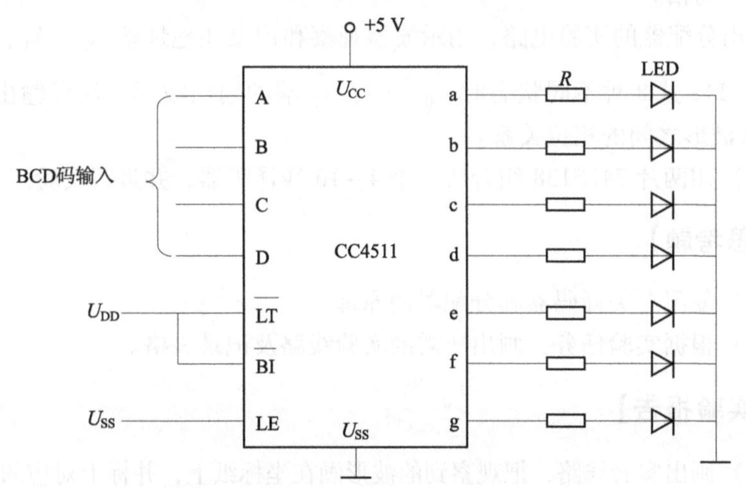

图4-19 CC4511驱动一位LED数码管

【实验设备】

(1) +5 V 直流电源；
(2) 双踪示波器；
(3) 连续脉冲源；
(4) 逻辑电平开关；
(5) 逻辑电平显示器；
(6) 拨码开关组；
(7) 译码显示器；
(8) 74LS138 ×2、CC4511。

【实验内容】

(1) 数据拨码开关的使用。将实验装置上的四组拨码开关的输出 A_i、B_i、C_i、D_i分别接至4组显示译码/驱动器 CC4511 的对应输入口，LE、$\overline{BI}$、$\overline{LT}$ 接至三个逻辑开关的输出插口，接上 +5 V 显示器的电源，然后按功能表 4－9 输入的要求按动四个数码的增减键（“+”与“-”键）和操作与 LE、$\overline{BI}$、$\overline{LT}$ 对应的三个逻辑开关，观测拨码盘上的四位数与 LED 数码管显示的对应数字是否一致，及译码显示是否正常。

(2) 74LS138 译码器逻辑功能测试。将译码器使能端 S_1、$\overline{S}_2$、$\overline{S}_3$ 及地址端 A_2、A_1、A_0 分别接至逻辑电平开关输出口，八个输出端 $\overline{Y}_7$、…、$\overline{Y}_0$ 依次连接在逻辑电平显示器的八个输入口上，拨动逻辑电平开关，按表 4－8 逐项测试 74LS138 的逻辑功能。

(3) 用 74LS138 构成时序脉冲分配器。参照图 4－14 和实验原理说明，时钟脉冲 CP 频率约为 10 kHz，要求分配器输出端 $\overline{Y}_0$、…、$\overline{Y}_7$ 的信号与 CP 输入信号同相。

画出分配器的实验电路，用示波器观察和记录在地址端 A_2、A_1、A_0分别取 000 ~ 111 这 8 种不同状态时 $\overline{Y}_0$、…、$\overline{Y}_7$ 端的输出波形，注意输出波形与 CP 输入波形之间的相位关系。

(4) 用两片 74LS138 组合成一个 4－16 线译码器，并进行实验。

【思考题】

(1) 复习有关译码器和分配器的原理。
(2) 根据实验任务，画出所需的实验线路及记录表格。

【实验报告】

(1) 画出实验线路，把观察到的波形画在坐标纸上，并标上对应的地址码。
(2) 对实验结果进行分析、讨论。

五、数据选择器及其应用

【实验目的】

（1）掌握中规模集成数据选择器的逻辑功能及使用方法。

（2）学习用数据选择器构成组合逻辑电路的方法。

【实验原理】

数据选择器又叫“多路开关”。数据选择器在地址码（或叫选择控制）电位的控制下，从几个数据输入中选择一个并将其送到一个公共的输出端。数据选择器的功能类似一个多掷开关，如图 4－20 所示，图中有四路数据 D_0 ～D_3，通过选择控制信号 A_1、A_0（地址码）从四路数据中选中某一路数据送至输出端 Q。

数据选择器为目前逻辑设计中应用十分广泛的逻辑部件，它有 2 选 1、4 选 1、8 选 1、16 选 1 等类别。

数据选择器的电路结构一般由与或门阵列组成，也有用传输门开关和门电路混合而成的。

1．8 选 1 数据选择器 74LS151

74LS151 为互补输出的 8 选 1 数据选择器，引脚排列如图 4－21 所示，功能如表 4－10 所示。

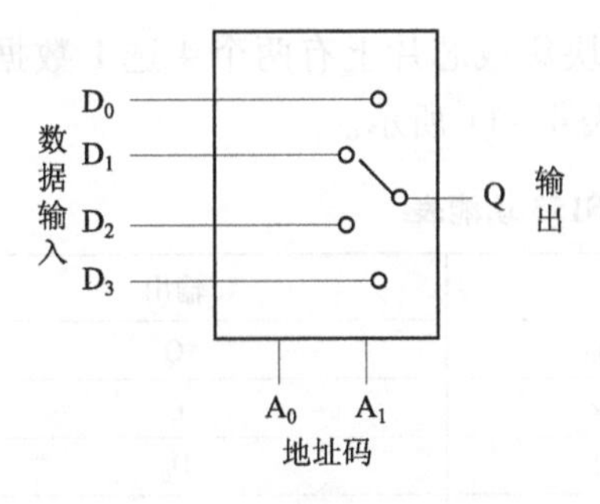

图 4－20　4 选 1 数据选择器示意图

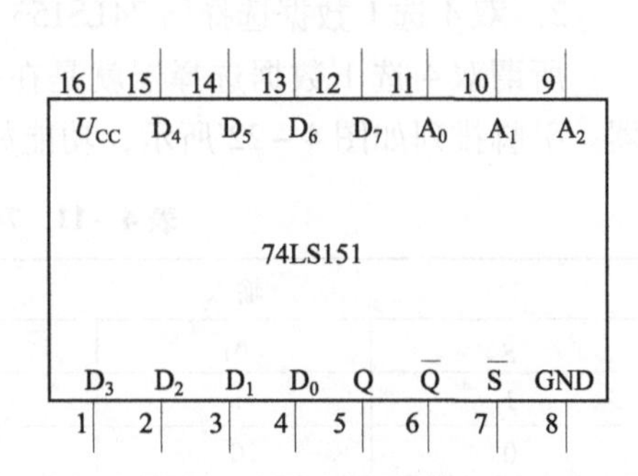

图 4－21　74LS151 引脚排列

表 4－10　74LS151 功能表

输入				输出	
$\overline{S}$	A_2	A_1	A_0	Q	$\overline{Q}$
1	×	×	×	0	1

续表

输入				输出	
$\overline{S}$	A_2	A_1	A_0	Q	$\overline{Q}$
0	0	0	0	D_0	$\overline{D_0}$
0	0	0	1	D_1	$\overline{D_1}$
0	0	1	0	D_2	$\overline{D_2}$
0	0	1	1	D_3	$\overline{D_3}$
0	1	0	0	D_4	$\overline{D_4}$
0	1	0	1	D_5	$\overline{D_5}$
0	1	1	0	D_6	$\overline{D_6}$
0	1	1	1	D_7	$\overline{D_7}$

选择控制端（地址端）为 $A_2 \sim A_0$，按二进制译码，从 8 个输入数据 $D_0 \sim D_7$中，选择一个需要的数据送到输出端 Q，$\overline{S}$ 为使能端，低电平有效。

（1）使能端 $\overline{S}=1$ 时，不论 $A_2 \sim A_0$状态如何，均无输出（$Q=0$，$\overline{Q}=1$），多路开关被禁止。

（2）使能端 $\overline{S}=0$ 时，多路开关正常工作，根据地址码 A_2、A_1、A_0的状态选择 $D_0 \sim D_7$中某一个通道的数据输送到输出端 Q。

如：$A_2A_1A_0=000$，则选择 D_0数据到输出端，即 $Q=D_0$。

如：$A_2A_1A_0=001$，则选择 D_1数据到输出端，即 $Q=D_1$，其余类推。

2. 双 4 选 1 数据选择器 74LS153

所谓双 4 选 1 数据选择器就是在一块集成芯片上有两个 4 选 1 数据选择器。引脚排列如图 4－22 所示，功能如表 4－11 所示。

表 4－11　74LS153 功能表

输入			输出
$\overline{S}$	A_1	A_0	Q
1	×	×	0
0	0	0	D_0
0	0	1	D_1
0	1	0	D_2
0	1	1	D_3

$1\overline{S}$、$2\overline{S}$ 为两个独立的使能端；A_1、A_0为公用的地址输入端；$1D_0 \sim 1D_3$和 $2D_0 \sim 2D_3$分别为两个 4 选 1 数据选择器的数据输入端；1Q、2Q 为两个输出端。

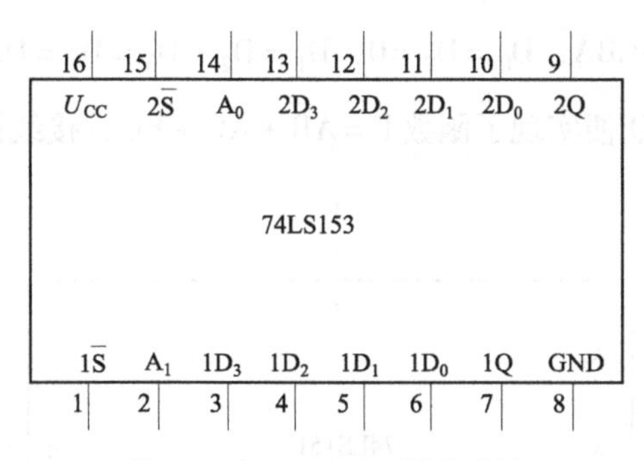

图 4－22　74LS153 引脚功能

（1）当使能端 $1\overline{S}$（$2\overline{S}$）$=1$ 时，多路开关被禁止，无输出，$Q=0$。

（2）当使能端 $1\overline{S}$（$2\overline{S}$）$=0$ 时，多路开关正常工作，根据地址码 A_1、A_0 的状态，将相应的数据 $D_0 \sim D_3$ 送到输出端 Q。

如果 $A_1A_0=00$，则选择 D_0 数据到输出端，即 $Q=D_0$。$A_1A_0=01$，则选择 D_1 数据到输出端，即 $Q=D_1$，其余类推。

数据选择器的用途很多，例如多通道传输、数码比较、并行码变串行码，以及实现逻辑函数等。

3. 数据选择器的应用——实现逻辑函数

例 1：用 8 选 1 数据选择器 74LS151 实现函数 $F=A\overline{B}+\overline{A}C+B\overline{C}$。

采用 8 选 1 数据选择器 74LS151 可实现任意三输入变量的组合逻辑函数。

作出函数 F 的功能表，如表 4－12 所示，将函数 F 功能表与 8 选 1 数据选择器的功能表相比较。可知：

（1）将输入变量 C、B、A 作为 8 选 1 数据选择器的地址码 A_2、A_1、A_0。

（2）使 8 选 1 数据选择器的各数据输入 $D_0 \sim D_7$ 分别与函数 F 的输出值一一相对应。

表 4－12　$F=A\overline{B}+\overline{A}C+B\overline{C}$ 的功能表

输入			输出
C	B	A	F
0	0	0	0
0	0	1	1
0	1	0	1
0	1	1	1
1	0	0	1
1	0	1	1
1	1	0	1
1	1	1	0

如果 $A_2A_1A_0=CBA$，$D_0=D_7=0$，$D_1=D_2=D_3=D_4=D_5=D_6=1$，则 8 选 1 数据选择器的输出 Q 便实现了函数 $F=A\overline{B}+\overline{A}C+B\overline{C}$，接线图如图 4－23 所示。

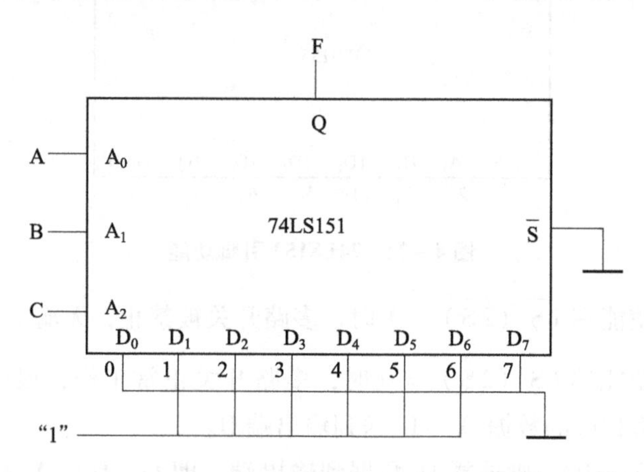

图 4－23 用 8 选 1 数据选择器实现 $F=A\overline{B}+\overline{A}C+B\overline{C}$

显然，采用具有 *n* 个地址端的数据选择实现 *n* 变量的逻辑函数时，应将函数的输入变量加到数据选择器的地址端（A），选择器的数据输入端（D）按次序以函数 F 输出值来赋值。

例 2：用 8 选 1 数据选择器 74LS151 实现函数 $F=A\overline{B}+\overline{A}B$。

（1）列出函数 F 的功能表如表 4－13 所示。

表 4－13 $F=A\overline{B}+\overline{A}B$ 的功能表

B	A	F
0	0	0
0	1	1
1	0	1
1	1	0

（2）将 A、B 加到地址端 A_1、A_0，而 A_2 接地，由表 4－13 可见，将 D_1、D_2 接“1”及 D_0、D_3 接地，其余数据输入端 $D_4\sim D_7$ 都接地，则 8 选 1 数据选择器的输出 Q，便实现了函数 $F=A\overline{B}+\overline{A}B$，接线图如图 4－24 所示。

显然，当函数输入变量数小于数据选择器的地址端（A）时，应将不用的地址端及不用的数据输入端（D）都接地。

例 3：用 4 选 1 数据选择器 74LS153 实现函数 $F=\overline{A}BC+A\overline{B}C+AB\overline{C}+ABC$，函数 F 的功能如表 4－14 所示。

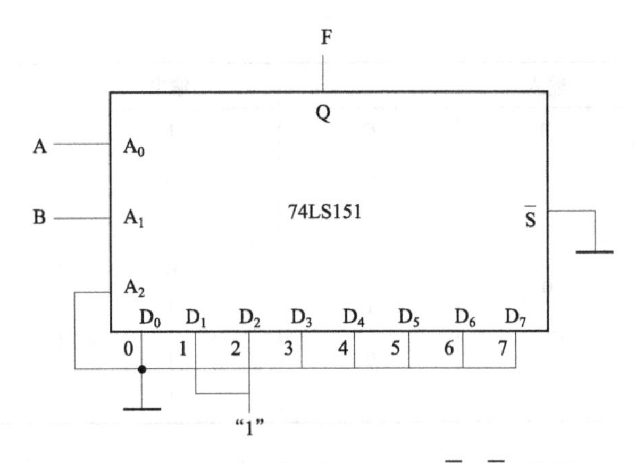

图4－24　8选1数据选择器实现 $F=A\overline{B}+\overline{A}B$ 的接线图

表4－14　$F=\overline{A}BC+A\overline{B}C+AB\overline{C}+ABC$ 的功能表

输入			输出
A	B	C	F
0	0	0	0
0	0	1	0
0	1	0	0
0	1	1	1
1	0	0	0
1	0	1	1
1	1	0	1
1	1	1	1

函数F有三个输入变量A、B、C，而数据选择器有两个地址端 A_1、A_0，少于函数输入变量个数，在设计时可任选A接 A_1，B接 A_0。将函数功能表改画成图4－25形式，可见当将输入变量A、B、C中A、B接选择器的地址端 A_1、A_0，由表4－15不难看出当 $D_0=0$，$D_1=D_2=C$，$D_3=1$ 时，则4选1数据选择器的输出，便实现了函数 $F=\overline{A}BC+A\overline{B}C+AB\overline{C}+ABC$ 的逻辑功能，接线图如图4－25所示。

表4－15　改换后的功能表

输入			输出	中选数据端
A	B	C	F	
0	0	0 1	0 0	$D_0=0$

续表

输入			输出	中选数据端
A	B	C	F	
0	1	0 1	0 1	$D_1 = C$
1	0	0 1	0 1	$D_2 = C$
1	1	0 1	1 1	$D_3 = 1$

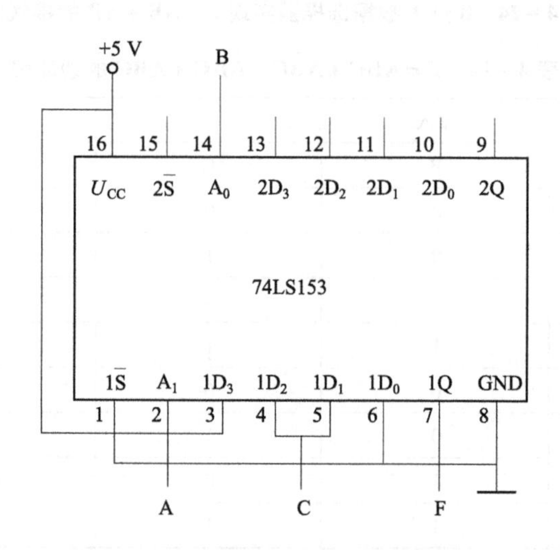

图 4-25　用 4 选 1 数据选择器

【实验设备】

（1）+5 V 直流电源；（2）逻辑电平开关；

（3）逻辑电平显示器；（4）74LS151（或 CC4512）、74LS153（或 CC4539）。

【实验内容】

1. 测试数据选择器 74LS151 的逻辑功能

接图 4-26 接线，地址端 $A_2 \sim A_0$、数据端 $D_0 \sim D_7$、使能端 $\overline{S}$ 接逻辑开关，输出端 Q 接逻辑电平显示器，按 74LS151 功能表逐项进行测试，记录测试结果。

2. 测试 74LS153 的逻辑功能

测试方法及步骤同上，记录之。

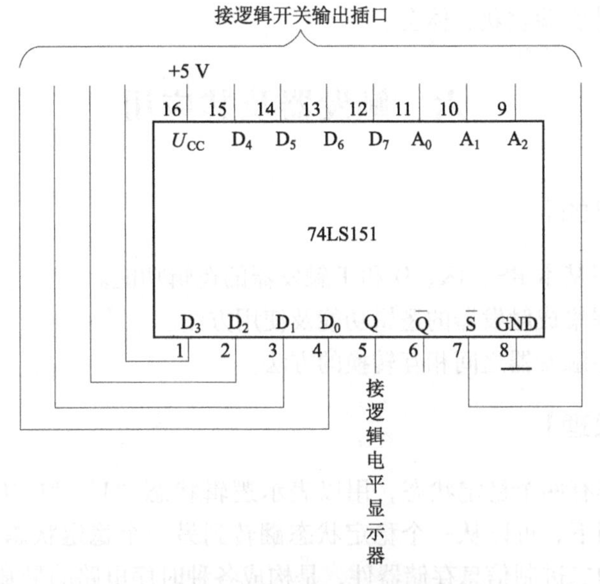

图 4－26　74LS151 逻辑功能测试

3．用 8 选 1 数据选择器 74LS151 设计三输入多数表决电路

（1）写出设计过程。

（2）画出接线图。

（3）验证逻辑功能。

4．用 8 选 1 数据选择器实现逻辑函数

（1）写出设计过程。

（2）画出接线图。

（3）验证逻辑功能。

5．用双 4 选 1 数据选择器 74LS153 实现全加器

（1）写出设计过程。

（2）画出接线图。

（3）验证逻辑功能。

【思考题】

（1）复习数据选择器的工作原理。

（2）用数据选择器对实验内容中各函数式进行预设计。

【实验报告】

（1）用数据选择器对实验内容进行设计，写出设计全过程，画出接线图，进行逻辑功能测试。

(2) 总结实验收获、体会。

六、触发器及其应用

【实验目的】

(1) 掌握基本 RS、JK、D 和 T 触发器的逻辑功能。
(2) 掌握集成触发器的逻辑功能及使用方法。
(3) 熟悉触发器之间相互转换的方法。

【实验原理】

触发器具有两个稳定状态，用以表示逻辑状态“1”和“0”，在一定的外界信号作用下，可以从一个稳定状态翻转到另一个稳定状态，它是一个具有记忆功能的二进制信息存储器件，是构成各种时序电路的最基本逻辑单元。

1. 基本 RS 触发器

图 4 – 27 为由两个与非门交叉耦合构成的基本 RS 触发器，它是无时钟控制低电平直接触发的触发器。基本 RS 触发器具有置“0”、置“1”和“保持”三种功能。通常称 $\overline{S}$ 为置“1”端，因为 $\overline{S}=0$ （$\overline{R}=1$）时触发器被置“1”；$\overline{R}$ 为置“0”端，因为 $\overline{R}=0$ （$\overline{S}=1$）时触发器被置“0”，当 $\overline{S}=\overline{R}=1$ 时状态保持；$\overline{S}=\overline{R}=0$ 时，触发器状态不定，应避免此种情况发生，表 4 – 16 为基本 RS 触发器的功能表。

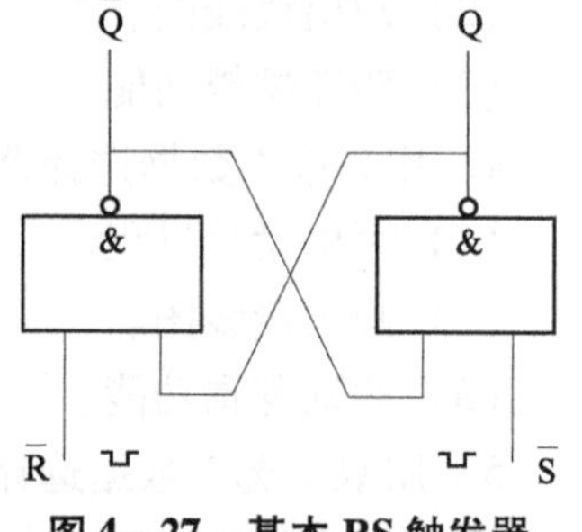

图 4 – 27 基本 RS 触发器

表 4 – 16 基本 RS 触发器的功能表

输入		输出	
$\overline{S}$	$\overline{R}$	Q^{n+1}	$\overline{Q}^{n+1}$
0	1	1	0
1	0	0	1
1	1	Q^n	$\overline{Q}^n$
0	0	φ	φ

基本 RS 触发器也可以用两个“或非门”组成，此时为高电平触发有效。

2. JK 触发器

在输入信号为双端的情况下，JK 触发器是功能完善、使用灵活和通用性较强的一种触发器。本实验采用 74LS112 双 JK 触发器，是下降边沿触发的边沿触发器。引脚功能及逻辑符号如图 4－28 所示。

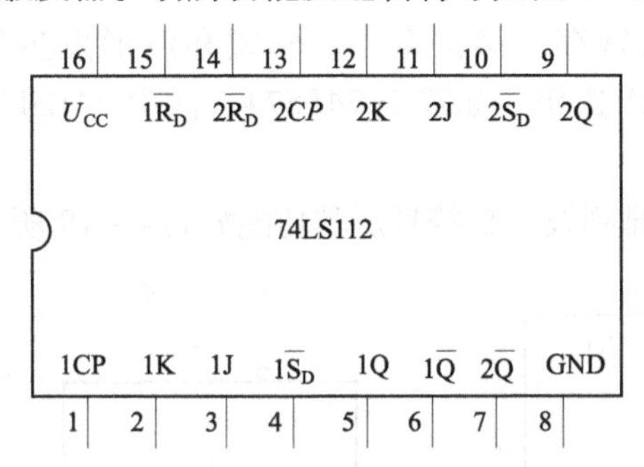

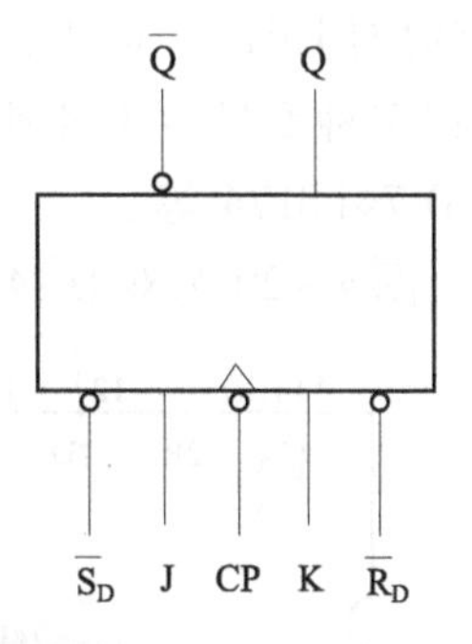

图 4－28　74LS112 双 JK 触发器引脚排列及逻辑符号

JK 触发器的状态方程为：

$$Q^{n+1} = J\overline{Q}^n + \overline{K}Q^n$$

J 和 K 是数据输入端，是触发器状态更新的依据，若 J、K 有两个或两个以上输入端时，组成“与”的关系。Q 与 $\overline{Q}$ 为两个互补输出端。通常把 Q＝0、$\overline{Q}$＝1 的状态定为触发器“0”状态；而把 Q＝1，$\overline{Q}$＝0 定为“1”状态。

下降沿触发 JK 触发器的功能如表 4－17 所示。

表 4－17　下降沿触发 JK 触发器的功能表

输入					输出	
$\overline{S}_D$	$\overline{R}_D$	CP	J	K	Q^{n+1}	$\overline{Q}^{n+1}$
0	1	×	×	×	1	0
1	0	×	×	×	0	1
0	0	×	×	×	ϕ	ϕ
1	1	↓	0	0	Q^n	$\overline{Q}^n$
1	1	↓	1	0	1	0
1	1	↓	0	1	0	1
1	1	↓	1	1	$\overline{Q}^n$	Q^n
1	1	↑	×	×	Q^n	$\overline{Q}^n$

其中，×为任意态，↓为高电平到低电平跳变，↑为低电平到高电平跳变，Q^n（$\overline{Q}^n$）为现态，Q^{n+1}（$\overline{Q}^{n+1}$）为次态，ϕ 为不定态。

JK 触发器常被用作缓冲存储器、移位寄存器和计数器。

3. D触发器

在输入信号为单端的情况下，D触发器用起来最为方便，其状态方程为$Q^{n+1}=D^n$，其输出状态的更新发生在CP脉冲的上升沿，故又称为上升沿触发的边沿触发器，触发器的状态只取决于时钟到来前D端的状态，D触发器的应用很广，可用作数字信号的寄存、移位寄存、分频和波形发生等，有很多种型号可供各种用途的需要而选用，如双D 74LS74、四D 74LS175、六D 74LS174等。

图4-29为双D 74LS74的引脚排列及逻辑符号。其功能如表4-18所示。

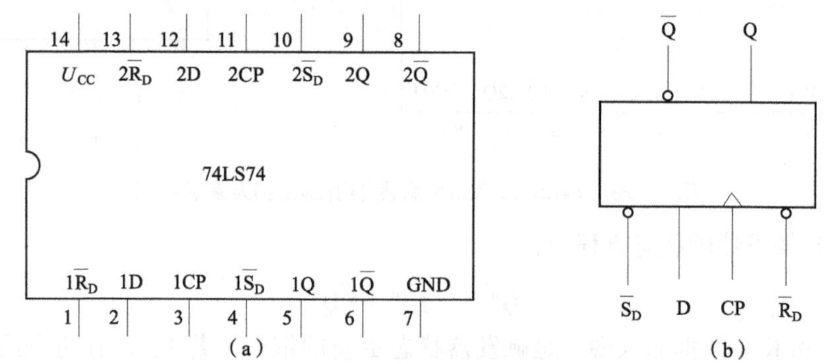

图4-29 74LS74引脚排列及逻辑符号

(a) 引脚排列；(b) 逻辑符号

表4-18 74LS74的功能表

输入				输出	
$\bar{S}_D$	$\bar{R}_D$	CP	D	Q^{n+1}	$\bar{Q}^{n+1}$
0	1	×	×	1	0
1	0	×	×	0	1
0	0	×	×	φ	φ
1	1	↑	1	1	0
1	1	↑	0	0	1
1	1	↓	×	Q^n	$\bar{Q}^n$

4. 触发器之间的相互转换

在集成触发器的产品中，每一种触发器都有自己固定的逻辑功能。但可以利用转换的方法获得具有其他功能的触发器。例如将JK触发器的J、K两端连在一起，并认它为T端，就得到所需的T触发器。如图4-30(a)所示，其状态方程为：

$$Q^{n+1}=T\bar{Q}^n+\bar{T}Q^n$$

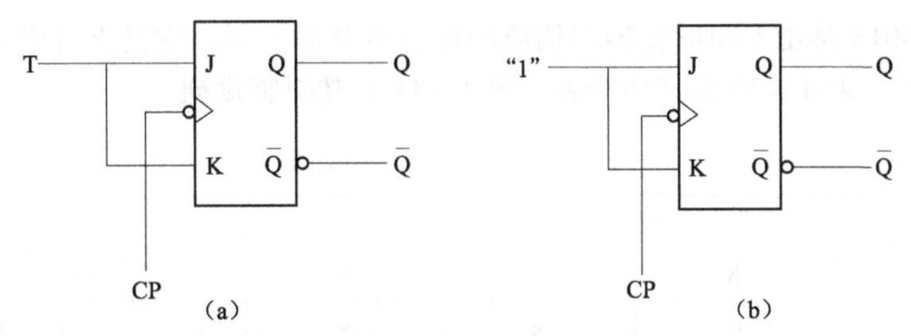

图 4－30　JK 触发器转换为 T、T′触发器

（a）T 触发器；（b）T′触发器

T 触发器的功能如表 4－19 所示。

表 4－19　T 触发器的功能表

输入				输出
$\overline{S}_D$	$\overline{R}_D$	CP	T	Q^{n+1}
0	1	×	×	1
1	0	×	×	0
1	1	↓	0	Q^n
1	1	↓	1	$\overline{Q}^n$

由功能表可见，当 T＝0 时，时钟脉冲作用后，其状态保持不变；当 T＝1 时，时钟脉冲作用后，触发器状态翻转。所以，若将 T 触发器的 T 端置“1”，如图 4－30（b）所示，即得 T′触发器。在 T′触发器的 CP 端每来一个 CP 脉冲信号，触发器的状态就翻转一次，故称之为反转触发器，广泛用于计数电路中。

同样，若将 D 触发器 $\overline{Q}$ 端与 D 端相连，便转换成 T′触发器。如图 4－31 所示。

JK 触发器也可转换为 D 触发器，如图 4－32 所示。

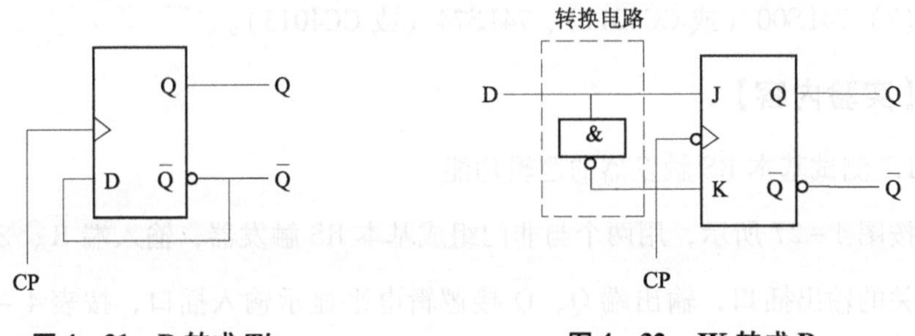

图 4－31　D 转成 T′　　　　**图 4－32　JK 转成 D**

5. CMOS 触发器

CC4013 是由 CMOS 传输门构成的边沿型 D 触发器，它是上升沿触发的双 D 触发器，表 4－20 为其功能表，图 4－33 为其引脚排列。

表 4－20　CC4013 功能表

输入				输出
S	R	CP	D	Q^{n+1}
1	0	×	×	1
0	1	×	×	0
1	1	×	×	φ
0	0	↑	1	1
0	0	↑	0	0
0	0	↓	×	Q^n

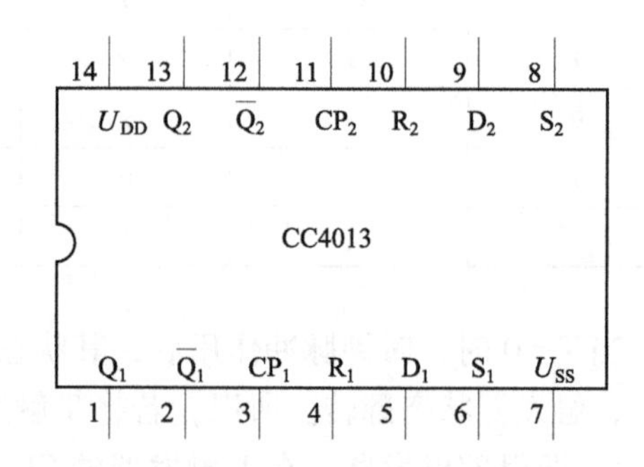

图 4－33　上升沿双 D 触发器的引脚排列

【实验设备】

（1） +5 V 直流电源；　　（2）双踪示波器；

（3）连续脉冲源；　　（4）单次脉冲源；

（5）逻辑电平开关；　　（6）逻辑电平显示器；

（7）74LS00（或 CC4011）、74LS74（或 CC4013）。

【实验内容】

1. 测试基本 RS 触发器的逻辑功能

按图 4－27 所示，用两个与非门组成基本 RS 触发器，输入端 $\overline{R}$、$\overline{S}$ 接逻辑开关的输出插口，输出端 Q、$\overline{Q}$ 接逻辑电平显示输入插口，按表 4－21 要求测试，记录之。

表 4-21　实验数据记录（一）

$\overline{R}$	$\overline{S}$	Q	$\overline{Q}$
1	1→0		
	0→1		
1→0	1		
0→1			
0	0		

2. 测试双 JK 触发器 74LS112 的逻辑功能

（1）测试 $\overline{R}_D$、$\overline{S}_D$ 的复位、置位功能，任取一只 JK 触发器，$\overline{R}_D$、$\overline{S}_D$、J、K 端接逻辑开关输出插口，CP 端接单次脉冲源，Q、$\overline{Q}$ 端接至逻辑电平显示输入插口。要求改变 $\overline{R}_D$、$\overline{S}_D$（J、K、CP 处于任意状态），并在 $\overline{R}_D=0$（$\overline{S}_D=1$）或 $\overline{S}_D=0$（$\overline{R}_D=1$）作用期间任意改变 J、K 及 CP 的状态，观察 Q、$\overline{Q}$ 状态。自拟表格并记录之。

（2）测试 JK 触发器的逻辑功能，按表 4-22 的要求改变 J、K、CP 端状态，观察 Q、$\overline{Q}$ 状态变化，观察触发器状态更新是否发生在 CP 脉冲的下降沿（即 CP 由 1→0），记录之。

（3）将 JK 触发器的 J、K 端连在一起，构成 T 触发器。在 CP 端输入 1 Hz 连续脉冲，观察 Q 端的变化。在 CP 端输入 1 kHz 连续脉冲，用双踪示波器观察 CP、Q、$\overline{Q}$ 端波形，注意相位关系，描绘之。

表 4-22　实验数据记录（二）

J	K	CP	Q^{n+1}	
			$Q^n=0$	$Q^n=1$
0	0	0→1		
		1→0		
0	1	0→1		
		1→0		
1	0	0→1		
		1→0		
1	1	0→1		
		1→0		

3. 测试双 D 触发器 74LS74 的逻辑功能

（1）测试 $\overline{R}_D$、$\overline{S}_D$ 的复位、置位功能，测试方法同 JK 触发器，自拟表格记录。

（2）测试 D 触发器的逻辑功能，按表 4－23 的要求进行测试，并观察触发器状态更新是否发生在 CP 脉冲的上升沿（即由 0→1），记录之。

表 4－23 实验数据记录（三）

D	CP	Q^{n+1}	
		$Q^n=0$	$Q^n=1$
0	0→1		
	1→0		
1	0→1		
	1→0		

【思考题】

（1）复习有关触发器的内容。

（2）列出各触发器的功能测试表格。

【实验报告】

（1）列表整理各类触发器的逻辑功能。

（2）总结观察到的波形，说明触发器的触发方式。

（3）体会触发器的应用。

（4）利用普通的机械开关组成的数据开关所产生的信号是否可作为触发器的时钟脉冲信号？为什么？是否可以用作触发器的其他输入端的信号？为什么？

七、计数器及其应用

【实验目的】

（1）学习用集成触发器构成计数器的方法。

（2）掌握中规模集成计数器的使用及功能测试方法。

（3）运用集成计数器构成 1/N 分频器。

【实验原理】

计数器是一个用以实现计数功能的时序部件，它不仅可用来计脉冲数，还常用作数字系统的定时、分频和执行数字运算以及其他特定的逻辑功能。

计数器种类很多。按构成计数器中的各触发器是否使用一个时钟脉冲源来分，有同步计数器和异步计数器。根据计数制的不同，分为二进制计数器、十进制计数器和任意进制计数器。根据计数的增减趋势，又分为加法、减法和可逆计数器。还有可预置数和可编程序功能计数器等。目前，无论是 TTL 还是 CMOS 集成电路，都有品种较齐全的中规模集成计数器。使用者只要借助于器件手册提供的功能表和工作波形图以及引出端的排列，就能正确地运用这些器件。

1. 用 D 触发器构成异步二进制加/减计数器

图 4 – 34 是用四只 D 触发器构成的四位二进制异步加法计数器，它的连接特点是将每只 D 触发器接成 T′触发器，再由低位触发器的 $\overline{Q}$ 端和高一位的 CP 端相连接。

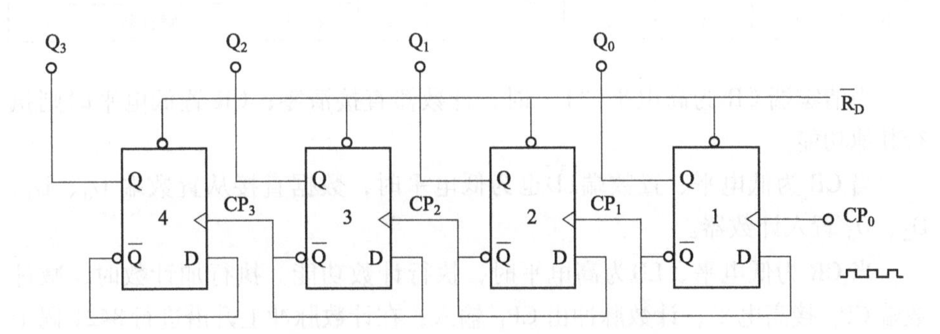

图 4 – 34　四位二进制异步加法计数器

若将图 4 – 34 稍加改动，即将低位触发器的 Q 端与高一位的 CP 端相连接，即构成了一个 4 位二进制减法计数器。

2. 中规模十进制计数器

CC40192 是同步十进制可逆计数器，具有双时钟输入，并具有清零和置数等功能，其引脚排列及逻辑符号如图 4 – 35 所示。

其中，$\overline{LD}$为置数端，CP_U 为加计数端，CP_D 为减计数端，$\overline{CO}$为非同步进位输出端，$\overline{BO}$为非同步借位输出端，D_0、D_1、D_2、D_3 为计数器输入端，Q_0、Q_1、Q_2、Q_3 为数据输出端，CR 为清零端。

CC40192（同 74LS192，二者可互换使用）的功能如表 4 – 24 所示。

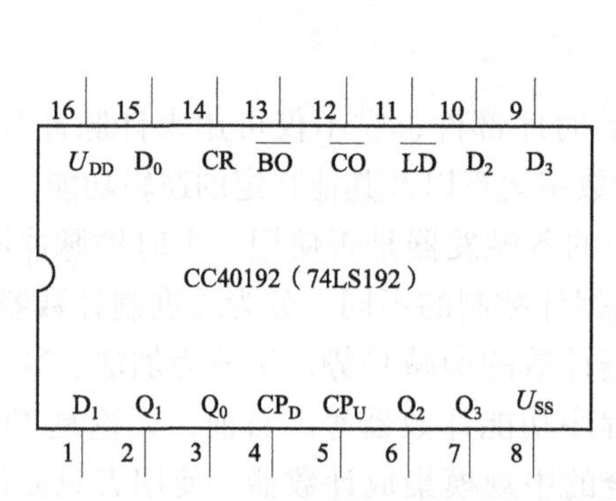

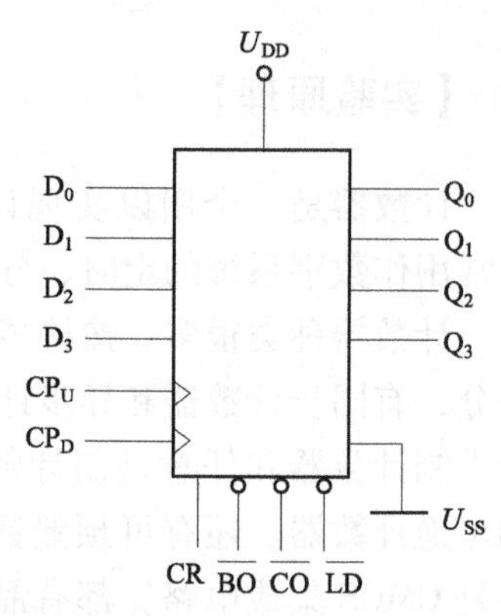

图 4-35 CC40192 引脚排列及逻辑符号

表 4-24 CC40192 功能表

输入								输出			
CR	$\overline{LD}$	CP_U	CP_D	D_3	D_2	D_1	D_0	Q_3	Q_2	Q_1	Q_0
1	×	×	×	×	×	×	×	0	0	0	0
0	0	×	×	d	c	b	a	d	c	b	a
0	1	↑	1	×	×	×	×	加计数			
0	1	1	↑	×	×	×	×	减计数			

当清零端 CR 为高电平“1”时，计数器直接清零；CR 置低电平时则执行其他功能。

当 CR 为低电平、置数端$\overline{LD}$也为低电平时，数据直接从置数端 D_0、D_1、D_2、D_3 置入计数器。

当 CR 为低电平、$\overline{LD}$为高电平时，执行计数功能。执行加计数时，减计数端 CP_D 接高电平，计数脉冲由 CP_U 输入；在计数脉冲上升沿进行 8421 码十进制加法计数。执行减计数时，加计数端 CP_U 接高电平，计数脉冲由减计数端 CP_D 输入。表 4-25 为 8421 码十进制加、减计数器的状态转换表。

表 4-25 8421 码十进制加、减计数器的状态转换表

加计数 →

输入脉冲数		0	1	2	3	4	5	6	7	8	9
输出	Q_3	0	0	0	0	0	0	0	0	1	1
	Q_2	0	0	0	0	1	1	1	1	0	0
	Q_1	0	0	1	1	0	0	1	1	0	0
	Q_0	0	1	0	1	0	1	0	1	0	1

← 减计数

3．计数器的级联使用

一个十进制计数器只能表示0～9十个数，为了扩大计数器范围，常用多个十进制计数器级联使用。

同步计数器往往设有进位（或借位）输出端，故可选用其进位（或借位）输出信号驱动下一级计数器。

图4－36是由CC40192利用进位输出$\overline{CO}$控制高一位的CP_U端构成的加数级联图。

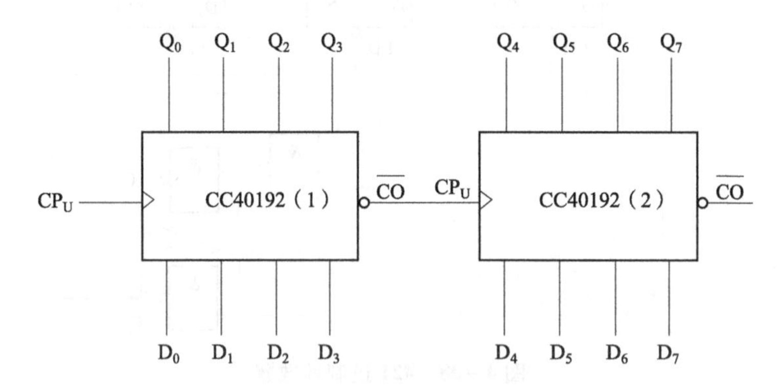

图4－36　CC40192级联电路

4．实现任意进制计数

（1）用复位法获得任意进制计数器。假定已有N进制计数器，而需要得到一个M进制计数器时，只要$M<N$，用复位法使计数器计数到M时置“0”，即获得M进制计数器。如图4－37所示为一个由CC40192十进制计数器接成的6进制计数器。

（2）利用预置功能获M进制计数器。图4－38为用三个CC40192组成的421进制计数器。

外加的由与非门构成的锁存器可以克服器件计数速度的离散性，保证在反馈置“0”信号作用下计数器可靠置“0”。

图4－39是一个特殊12进制的计数器电路方案。在数字钟里，对时位的计数序列是12进制的，且无0数。如图4－39所示，当计数到13时，通过与非门产生一个复位信号，使CC40192（2）［时十位］直接置成0000，而CC40192（1），即时的个位直接置成0001，从而实现了1～12计数。

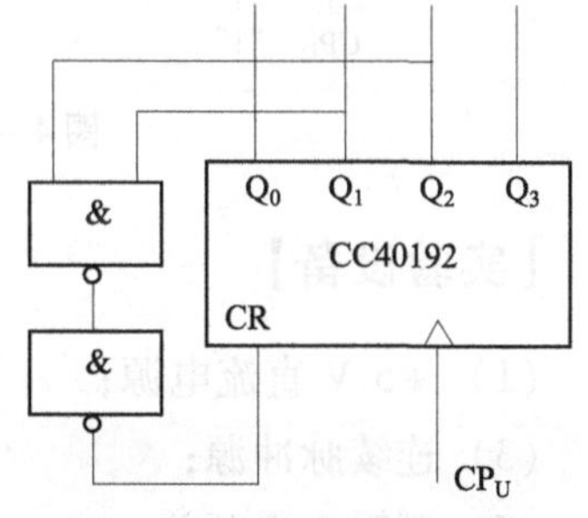

图4－37　6进制计数器

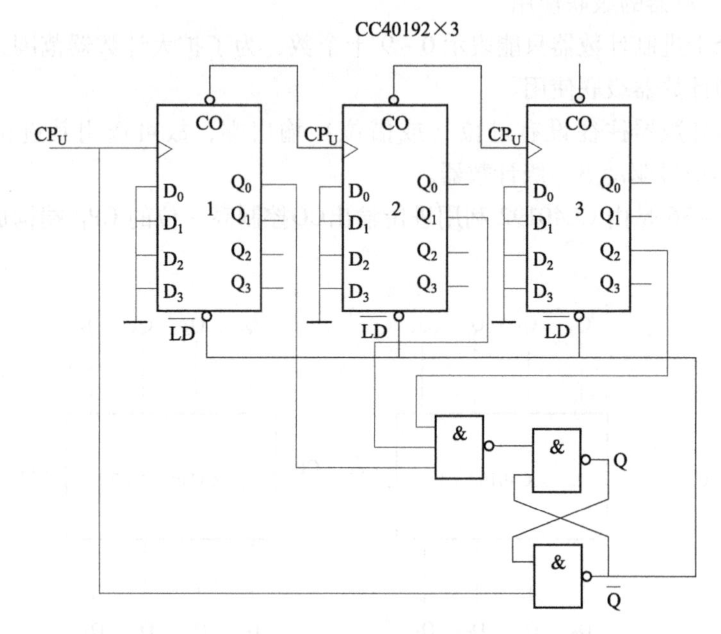

图 4-38 421 进制计数器

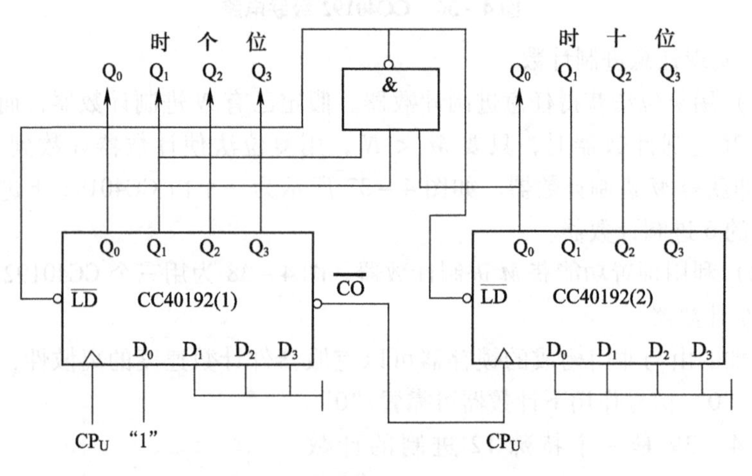

图 4-39 特殊 12 进制计数器

【实验设备】

(1) +5 V 直流电源; (2) 双踪示波器;
(3) 连续脉冲源; (4) 单次脉冲源;
(5) 逻辑电平开关; (6) 逻辑电平显示器;
(7) 译码显示器;

（8） CC4013 × 2 （74LS74）、CC40192 × 3 （74LS192）、CC4011（74LS00）、CC4012（74LS20）。

【实验内容】

（1）用 CC4013 或 74LS74D 触发器构成 4 位二进制异步加法计数器。

① 按图 4－34 接线，$\overline{R}_D$ 接至逻辑开关输出插口，将低位 CP_0 端接单次脉冲源，输出端 Q_3、Q_2、Q_3、Q_0 接逻辑电平显示输入插口，各 $\overline{S}_D$ 接高电平“1”。

② 清零后，逐个送入单次脉冲，观察并列表记录 $Q_3 \sim Q_0$ 的状态。

③ 将单次脉冲改为 1 Hz 的连续脉冲，观察 $Q_3 \sim Q_0$ 的状态。

④ 将 1 Hz 的连续脉冲改为 1 kHz，用双踪示波器观察 CP、Q_3、Q_2、Q_1、Q_0 端波形，描绘之。

⑤ 将图 4－34 电路中的低位触发器的 Q 端与高一位的 CP 端相连接，构成减法计数器，进行实验，观察并列表记录 $Q_3 \sim Q_0$ 的状态。

（2）测试 CC40192 或 74LS192 同步十进制可逆计数器的逻辑功能。

计数脉冲由单次脉冲源提供，清零端 CR、置数端$\overline{LD}$、数据输入端 D_3、D_2、D_1、D_0 分别接逻辑开关，输出端 Q_3、Q_2、Q_1、Q_0 接实验设备的一个译码显示输入相应插口 A、B、C、D；$\overline{CO}$和$\overline{BO}$接逻辑电平显示插口。按表 4－24 逐项测试并判断该集成块的功能是否正常。

① 清零。令 CR＝1，其他输入为任意态，这时 $Q_3Q_2Q_1Q_0$＝0000，译码数字显示为 0。清零功能完成后，置 CR＝0。

② 置数。令 CR＝0，CP_U、CP_D 任意，数据输入端输入任意一组二进制数，令$\overline{LD}$＝0，观察计数译码显示输出、预置功能是否完成，此后置$\overline{LD}$＝1。

③ 加计数。令 CR＝0，$\overline{LD}$＝CP_D＝1，CP_U 接单次脉冲源。清零后送入 10 个单次脉冲，观察译码数字显示是否按 8421 码十进制状态转换表进行；输出状态变化是否发生在 CP_U 的上升沿。

④ 减计数。令 CR＝0，$\overline{LD}$＝CP_U＝1，CP_D 接单次脉冲源，进行实验。

（3）用两片 CC40192 组成两位十进制加法计数器，输入 1 Hz 连续计数脉冲，进行由 00～99 累加计数，记录之。

（4）将两位十进制加法计数器改为两位十进制减法计数器，实现由 99～00 递减计数，记录之。

（5）按图 4－37 电路进行实验，记录之。

（6）按图 4－38 或图 4－39 进行实验，记录之。

（7）设计一个数字钟移位 60 进制计数器并进行实验。

【思考题】

（1）复习有关计数器部分的内容。

（2）绘出各实验内容的详细线路图。

（3）拟出各实验内容所需的测试记录表格。

（4）查手册，给出并熟悉实验所用各集成块的引脚排列图。

【实验报告】

（1）画出实验线路图，记录、整理实验现象及实验所得的有关波形，并对实验结果进行分析。

（2）总结使用集成计数器的体会。

八、移位寄存器及其应用

【实验目的】

（1）掌握中规模4位双向移位寄存器逻辑功能及使用方法。

（2）熟悉移位寄存器的应用——实现数据的串行、并行转换和构成环形计数器。

【实验原理】

（1）移位寄存器是一个具有移位功能的寄存器，是指寄存器中所存的代码能够在移位脉冲的作用下依次左移或右移。既能左移又能右移的称为双向移位寄存器，只需要改变左、右移的控制信号便可实现双向移位要求。根据移位寄存器存取信息的方式不同分为：串入串出、串入并出、并入串出、并入并出四种形式。

本实验选用的4位双向通用移位寄存器，型号为CC40194或74LS194，两者功能相同，可互换使用，其逻辑符号及引脚排列如图4－40所示。其中，D_0、D_1、D_2、D_3为并行输入端，Q_0、Q_1、Q_2、Q_3为并行输出端，S_R为右移串行输入端，S_L为左移串行输入端，S_1、S_0为操作模式控制端，$\overline{CR}$为直接无条件清零端，CP为时钟脉冲输入端。

CC40194有5种不同操作模式，即并行送数寄存、右移（方向由$Q_0 \to Q_3$）、左移（方向由$Q_3 \to Q_0$）、保持及清零。

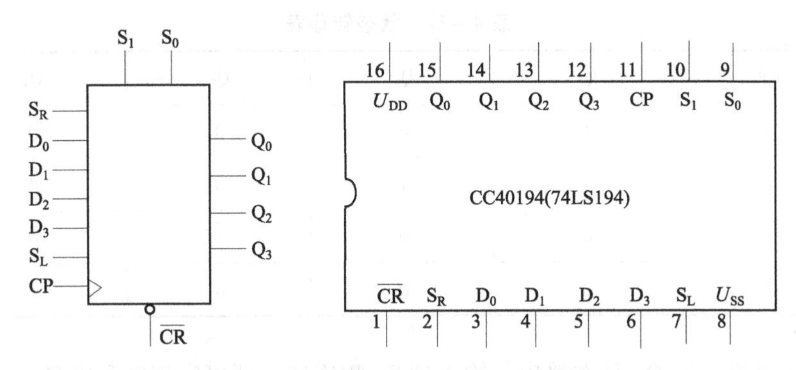

图 4-40　CC40194 的逻辑符号及引脚功能

S_1、S_0 和$\overline{CR}$端的控制作用如表 4-26 所示。

表 4-26　CC40194 功能表

功能	输入										输出			
	CP	$\overline{CR}$	S_1	S_0	S_R	S_L	D_O	D_1	D_2	D_3	Q_0	Q_1	Q_2	Q_3
清零	×	0	×	×	×	×	×	×	×	×	0	0	0	0
送数	↑	1	1	1	×	×	a	b	c	d	a	b	c	d
右移	↑	1	0	1	DSR	×	×	×	×	×	DSR	Q_0	Q_1	Q_2
左移	↑	1	1	0	×	DSL	×	×	×	×	Q_1	Q_2	Q_3	DSL
保持	↑	1	0	0	×	×	×	×	×	×	Q_0^n	Q_1^n	Q_2^n	Q_3^n
保持	↓	1	×	×	×	×	×	×	×	×	Q_0^n	Q_1^n	Q_2^n	Q_3^n

（2）移位寄存器应用很广，可构成移位寄存器型计数器、顺序脉冲发生器、串行累加器。可用作数据转换，即把串行数据转换为并行数据，或把并行数据转换为串行数据等。本实验主要研究移位寄存器用作环形计数器和数据的串、并行转换。

① 环形计数器，把移位寄存器的输出反馈到它的串行输入端，就可以进行循环移位，如图 4-41 所示，把输出端 Q_3 和右移串行输入端 S_R 相连接，设初始状态 $Q_0Q_1Q_2Q_3$ = 1000，则在时钟脉冲作用下 $Q_0Q_1Q_2Q_3$ 将依次变为 0100→0010→0001→1000→……，如表 4-27 所示，可见它是一个具有四个有效状态的计数器，这种类型的计数器通常称为环形计数器。图 4-41 电路可以由各个输出端输出在时间上有先后顺序的脉冲，因此也可作为顺序脉冲发生器。

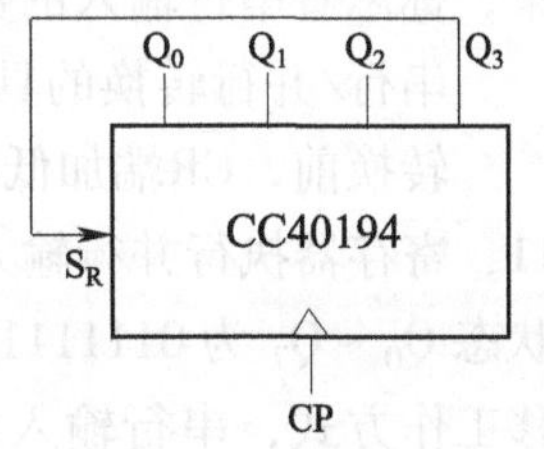

图 4-41　环形计数器

表 4-27 状态转移表

CP	Q_0	Q_1	Q_2	Q_3
0	1	0	0	0
1	0	1	0	0
2	0	0	1	0
3	0	0	0	1

如果将输出 Q_0 与左移串行输入端 S_L 相连接，即可实现左移循环移位。

② 实现数据串、并行转换：

a. 串行/并行转换器，串行/并行转换是指串行输入的数码，经转换电路之后变换成并行输出。图 4-42 是用两片 CC40194（74LS194）四位双向移位寄存器组成的七位串行/并行数据转换电路。

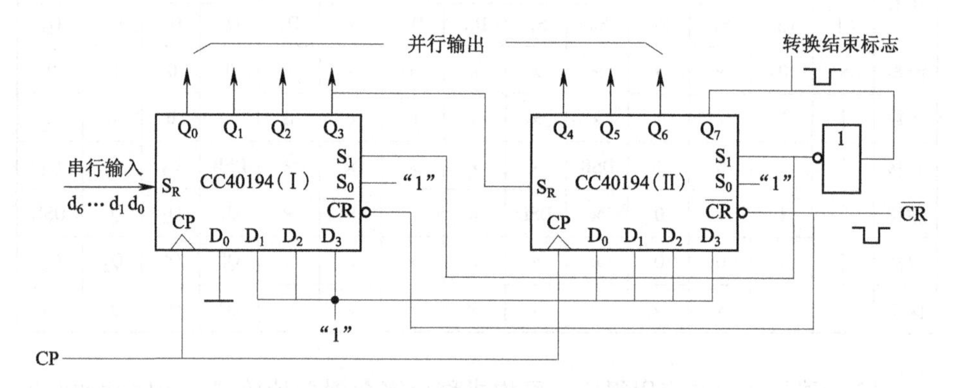

图 4-42 七位串行/并行转换器

电路中 S_0 端接高电平"1"，S_1 受 Q_7 控制，两片寄存器连接成串行输入右移工作模式。Q_7 是转换结束标志。当 $Q_7=1$ 时，S_1 为 0，使之成为 $S_1S_0=01$ 的串入右移工作方式；当 $Q_7=0$ 时，$S_1=1$，有 $S_1S_0=10$，则串行送数结束，标志着串行输入的数据已转换成并行输出了。

串行/并行转换的具体过程如下：

转换前，$\overline{CR}$端加低电平，使Ⅰ、Ⅱ两片寄存器的内容清零，此时 $S_1S_0=11$，寄存器执行并行输入工作方式。当第一个 CP 脉冲到来后，寄存器的输出状态 $Q_0 \sim Q_7$ 为 01111111，与此同时 S_1S_0 变为 01，转换电路变为执行串入右移工作方式，串行输入数据由Ⅰ片的 S_R 端加入。随着 CP 脉冲的依次加入，输出状态的变化可列成表 4-28。

表 4－28 输出状态表

CP	Q_0	Q_1	Q_2	Q_3	Q_4	Q_5	Q_6	Q_7	说明
0	0	0	0	0	0	0	0	0	清零
1	0	1	1	1	1	1	1	1	送数
2	D_0	0	1	1	1	1	1	1	右移操作七次
3	D_1	D_0	0	1	1	1	1	1	
4	D_2	D_1	D_0	0	1	1	1	1	
5	D_3	D_2	D_1	D_0	0	1	1	1	
6	D_4	D_3	D_2	D_1	D_0	0	1	1	
7	D_5	D_4	D_3	D_2	D_1	D_0	0	1	
8	D_6	D_5	D_4	D_3	D_2	D_1	D_0	0	
9	0	1	1	1	1	1	1	1	送数

由表 4－28 可见，右移操作七次之后，Q_7 变为 0，S_1S_0 又变为 11，说明串行输入结束。这时，串行输入的数码已经转换成了并行输出了。

当再来一个 CP 脉冲时，电路又重新执行一次并行输入，为第二组串行数码转换做好了准备。

b. 并行/串行转换器，并行/串行转换器是指并行输入的数码经转换电路之后，换成串行输出。

图 4－43 是用两片 CC40194（74LS194）组成的七位并行/串行转换电路，它比图 4－42 多了两个与非门 G_1 和 G_2，电路工作方式同样为右移。

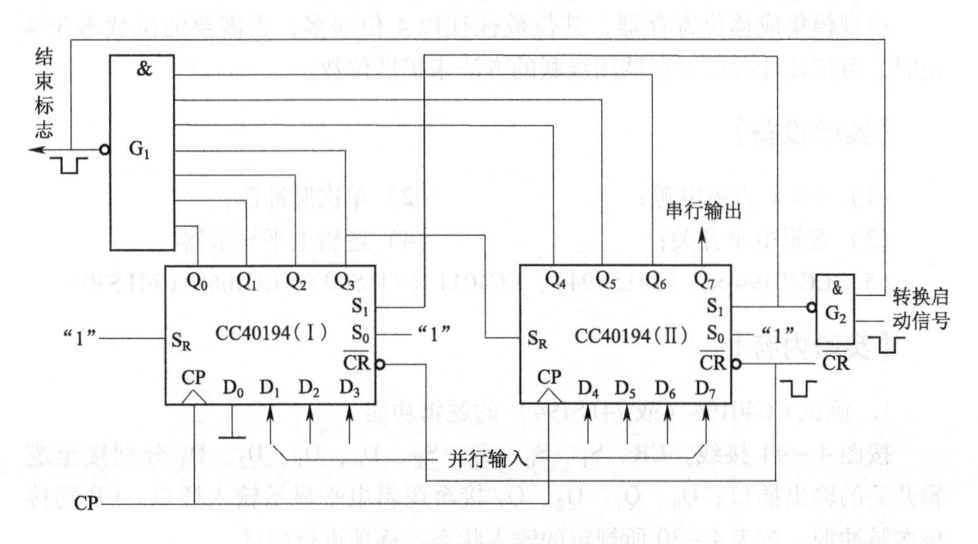

图 4－43 七位并行/串行转换器

寄存器清“0”后，加一个转换启动信号（负脉冲或低电平）。此时，由于方式控制 S_1S_0 为 11，转换电路执行并行输入操作。当第一个 CP 脉冲到来后，$Q_0Q_1Q_2Q_3Q_4Q_5Q_6Q_7$ 的状态为 $0D_1D_2D_3D_4D_5D_6D_7$，并行输入数码存入寄存器。从而使得 G_1 输出为 1，G_2 输出为 0。结果，S_1S_2 变为 01，转换电路随着 CP 脉冲的加入，开始执行右移串行输出，随着 CP 脉冲的依次加入，输出状态依次右移，待右移操作七次后，$Q_0 \sim Q_6$ 的状态都为高电平 1，与非门 G_1 输出为低电平，G_2 门输出为高电平，S_1S_2 又变为 11，表示并行/串行转换结束，且为第二次并行输入创造了条件。转换过程如表 4－29 所示。

表 4－29　并行/串行转换表

CP	Q_0	Q_1	Q_2	Q_3	Q_4	Q_5	Q_6	Q_7	串行输出						
0	0	0	0	0	0	0	0	0							
1	0	D_1	D_2	D_3	D_4	D_5	D_6	D_7							
2	1	0	D_1	D_2	D_3	D_4	D_5	D_6	D_7						
3	1	1	0	D_1	D_2	D_3	D_4	D_5	D_6	D_7					
4	1	1	1	0	D_1	D_2	D_3	D_4	D_5	D_6	D_7				
5	1	1	1	1	0	D_1	D_2	D_3	D_4	D_5	D_6	D_7			
6	1	1	1	1	1	0	D_1	D_2	D_3	D_4	D_5	D_6	D_7		
7	1	1	1	1	1	1	0	D_1	D_2	D_3	D_4	D_5	D_6	D_7	
8	1	1	1	1	1	1	1	0	D_1	D_2	D_3	D_4	D_5	D_6	D_7
9	0	D_1	D_2	D_3	D_4	D_5	D_6	D_7							

中规模集成移位寄存器，其位数往往以 4 位居多，当需要的位数多于 4 位时，可把几片移位寄存器用级联的方法来扩展位数。

【实验设备】

（1）+5 V 直流电源；　　（2）单次脉冲源；

（3）逻辑电平开关；　　（4）逻辑电平显示器；

（5）CC40194×2（74LS194）、CC4011（74LS00）、CC4068（74LS30）。

【实验内容】

1．测试 CC40194（或 74LS194）的逻辑功能

按图 4－44 接线，$\overline{CR}$、S_1、S_0、S_L、S_R、D_0、D_1、D_2、D_3 分别接至逻辑开关的输出插口；Q_0、Q_1、Q_2、Q_3 接至逻辑电平显示输入插口。CP 端接单次脉冲源。按表 4－30 所规定的输入状态，逐项进行测试。

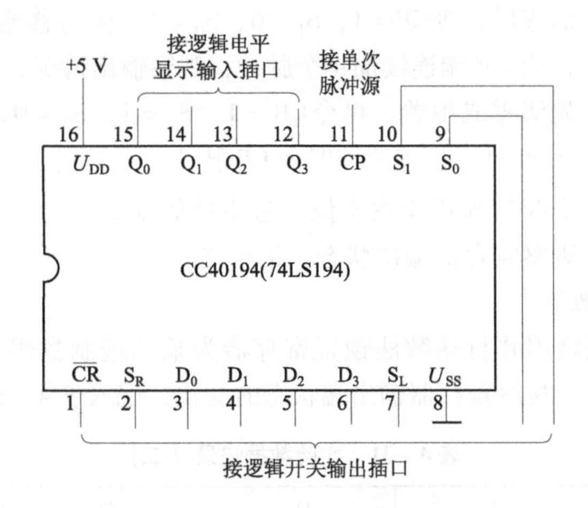

图 4-44　CC40194 逻辑功能测试

表 4-30　实验数据记录（一）

清零	模式		时钟	串行		输入	输出	功能总结
$\overline{CR}$	S_1	S_0	CP	S_L	S_R	$D_0D_1D_2D_3$	$Q_0Q_1Q_2Q_3$	
0	×	×	×	×	×	××××		
1	1	1	↑	×	×	abcd		
1	0	1	↑	×	0	××××		
1	0	1	↑	×	1	××××		
1	0	1	↑	×	0	××××		
1	0	1	↑	×	0	××××		
1	1	0	↑	1	×	××××		
1	1	0	↑	1	×	××××		
1	1	0	↑	1	×	××××		
1	1	0	↑	1	×	××××		
1	0	0	↑	×	×	××××		

（1）清零：令$\overline{CR}=0$，其他输入均为任意态，这时寄存器输出 Q_0、Q_1、Q_2、Q_3 应均为0。清零后，置$\overline{CR}=1$。

（2）送数：令$\overline{CR}=S_1=S_0=1$，送入任意4位二进制数，如 $D_0D_1D_2D_3=$ abcd，加CP脉冲，观察CP=0、CP由0→1、CP由1→0三种情况下寄存器输出状态的变化，观察寄存器输出状态变化是否发生在CP脉冲的上升沿。

（3）右移：清零后，令$\overline{CR}=1$，$S_1=0$，$S_0=1$，由右移输入端S_R送入二进制数码如0100，由CP端连续加4个脉冲，观察输出情况，记录之。

（4）左移：先清零或预置，再令$\overline{CR}=1$，$S_1=1$，$S_0=0$，由左移输入端S_L送入二进制数码如1111，连续加四个CP脉冲，观察输出端情况，记录之。

（5）保持：寄存器预置任意4位二进制数码abcd，令$\overline{CR}=1$，$S_1=S_0=0$，加CP脉冲，观察寄存器输出状态，记录之。

2. 环形计数器

自拟实验线路用并行送数法预置寄存器为某二进制数码（如0100），然后进行右移循环，观察寄存器输出端状态的变化，记入表4－31中。

表4－31　实验数据记录（二）

CP	Q_0	Q_1	Q_2	Q_3
0	0	1	0	0
1				
2				
3				
4				

3. 实现数据的串、并行转换

（1）串行输入、并行输出。按图4－42接线，进行右移串入、并出实验，串入数码自定；改接线路用左移方式实现并行输出。自拟表格，记录之。

（2）并行输入、串行输出。按图4－43接线，进行右移并入、串出实验，并入数码自定。再改接线路用左移方式实现串行输出。自拟表格，记录之。

【思考题】

（1）复习有关寄存器及串行、并行转换器的有关内容。

（2）查阅CC40194、CC4011及CC4068逻辑线路。熟悉其逻辑功能及引脚排列。

（3）在对CC40194进行送数后，若要使输出端改成另外的数码，是否一定要使寄存器清零？

（4）使寄存器清零，除采用$\overline{CR}$输入低电平外，可否采用右移或左移的方法？可否使用并行送数法？若可行，如何进行操作？

（5）若进行循环左移，图4－43接线应如何改接？

（6）画出用两片CC40194构成的七位左移串行/并行转换器线路。

（7）画出用两片CC40194构成的七位左移并行/串行转换器线路。

【实验报告】

（1）分析表 4－30 的实验结果，总结移位寄存器 CC40194 的逻辑功能并写入表格功能总结一栏中。

（2）根据实验内容 2 的结果，画出 4 位环形计数器的状态转换图及波形图。

（3）分析串/并、并/串转换器所得结果的正确性。

九、脉冲分配器及其应用

【实验目的】

（1）熟悉集成时序脉冲分配器的使用方法及其应用。

（2）学习步进电动机的环形脉冲分配器的组成方法。

【实验原理】

（1）脉冲分配器的作用是产生多路顺序脉冲信号，它可以由计数器和译码器组成，也可以由环形计数器构成，图 4－45 中 CP 端上的系列脉冲经 N 位二进制计数器和相应的译码器，可以转变为 2^N 路顺序输出脉冲。

（2）集成时序脉冲分配器 CC4017。CC4017 是按 BCD 计数/时序译码器组成的分配器，其逻辑符号及引脚功能如图 4－46 所示，功能如表 4－32 所示。

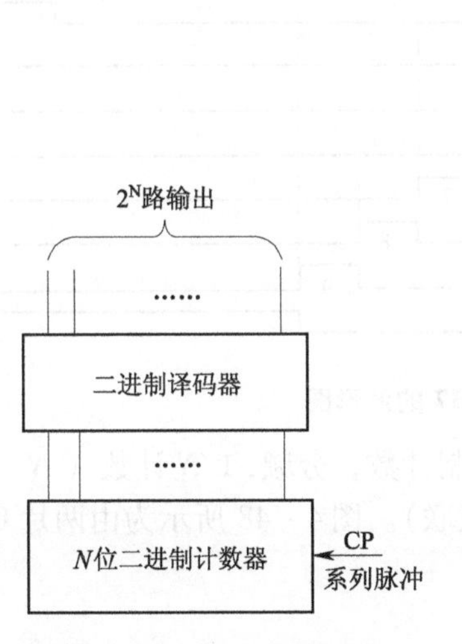

图 4－45　脉冲分配器的组成

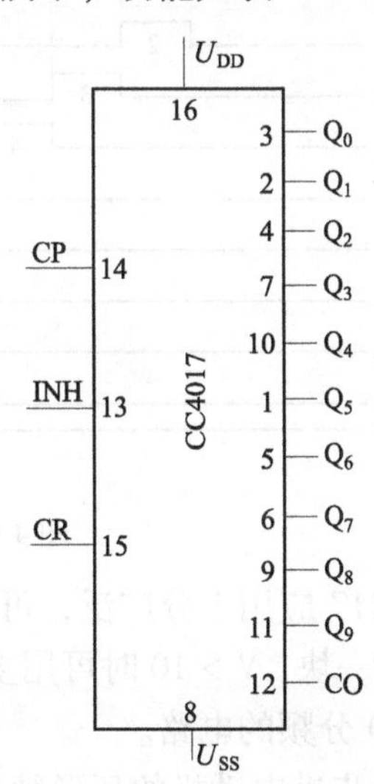

图 4－46　CC4017 的逻辑符号

表 4－32　CC4017 功能表

输入			输出	
CP	INH	CR	$Q_0 \sim Q_9$	CO
×	×	1	Q_0	计数脉冲为 $Q_0 \sim Q_4$ 时：CO = 1； 计数脉冲为 $Q_5 \sim Q_9$ 时：CO = 0
↑	0	0	计数	
1	↓	0		
0	×	0	保持	
×	1	0		
↓	×	0		
×	↑	0		

其中，CO 为进位脉冲输出端，CP 为时钟输入端，CR 为清除端，INH 为禁止端，$Q_0 \sim Q_9$ 为计数脉冲输出端。

CC4017 的输出波形如图 4－47 所示。

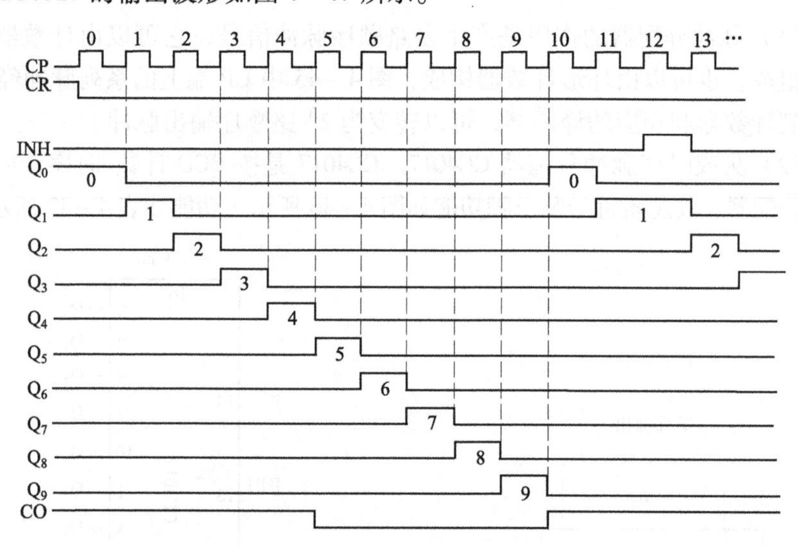

图 4－47　CC4017 的波形图

CC4017 应用十分广泛，可用于十进制计数，分频，$1/N$ 计数（$N=2 \sim 10$ 时只需用一块，$N>10$ 时可用多块器件级联）。图 4－48 所示为由两片 CC4017 组成的 60 分频的电路。

（3）步进电动机的环形脉冲分配器。

图 4－49 所示为某一三相步进电动机的驱动电路示意图。

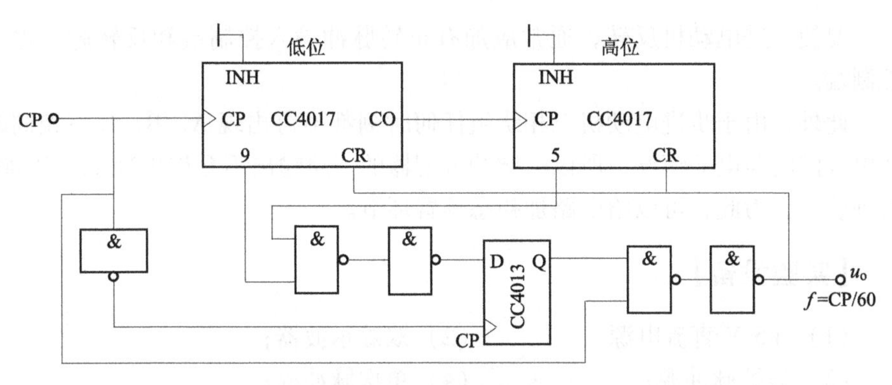

图 4－48　60 分频电路

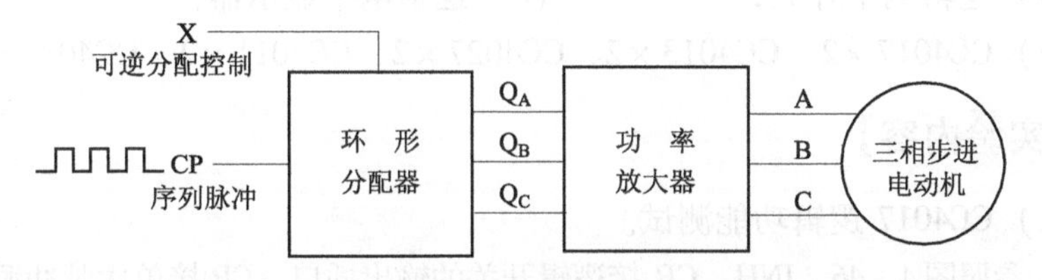

图 4－49　三相步进电动机的驱动电路示意图

A、B、C 分别表示步进电动机的三相绕组。步进电动机按三相六拍方式运行，即要求步进电动机正转时，控制端 X＝1，使电机三相绕组的通电顺序为：

$$A \longrightarrow AB \longrightarrow B \longrightarrow BC \longrightarrow C \longrightarrow CA$$

要求步进电动机反转时，令控制端 X＝0，三相绕组的通电顺序改为：

$$A \longrightarrow AC \longrightarrow C \longrightarrow CB \longrightarrow B \longrightarrow BA$$

图 4－50 所示为由三个 JK 触发器构成的按六拍通电方式的脉冲环形分配器，供参考。

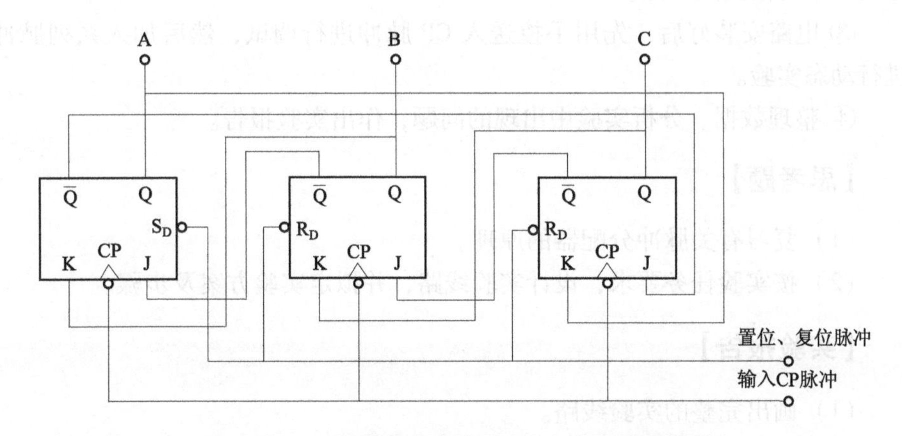

图 4－50　六拍通电方式的脉冲环行分配器逻辑图

要使步进电动机反转，通常应加有正转脉冲输入控制端和反转脉冲输入控制端。

此外，由于步进电动机三相绕组任何时刻都不得出现 A、B、C 三相同时通电或同时断电的情况，所以，脉冲分配器的三路输出不允许出现 111 和 000 两种状态，为此，可以给电路加初态预置环节。

【实验设备】

（1） +5 V 直流电源；　　（2）双踪示波器；
（3）连续脉冲源；　　（4）单次脉冲源；
（4）逻辑电平开关；　　（6）逻辑电平显示器；
（7）CC4017 ×2、CC4013 ×2、CC4027 ×2、CC4011 ×2、CC4085 ×2。

【实验内容】

（1）CC4017 逻辑功能测试。

① 参照图4 -46，INH、CR 接逻辑开关的输出插口。CP 接单次脉冲源，Q_0 ~ Q_9 十个输出端接至逻辑电平显示输入插口，按功能表要求操作各逻辑开关。清零后，连续送出 10 个脉冲信号，观察十个发光二极管的显示状态，并列表记录。

② CP 改接为 1 Hz 连续脉冲，观察记录输出状态。

（2）按图 4 -48 线路接线，自拟实验方案验证 60 分频电路的正确性。

（3）参照图 4 -50 的线路，设计一个用环形分配器构成的驱动三相步进电动机可逆运行的三相六拍环形分配器线路。要求：

① 环形分配器由 CC4013 双 D 触发器、CC4085 与或非门组成。

② 由于电动机三相绕组在任何时刻都不应出现同时通电同时断电的情况，在设计中要做到这一点。

③ 电路安装好后，先用手控送入 CP 脉冲进行调试，然后加入系列脉冲进行动态实验。

④ 整理数据、分析实验中出现的问题，作出实验报告。

【思考题】

（1）复习有关脉冲分配器的原理。

（2）按实验任务要求，设计实验线路，并拟定实验方案及步骤。

【实验报告】

（1）画出完整的实验线路。

（2）总结分析实验结果。

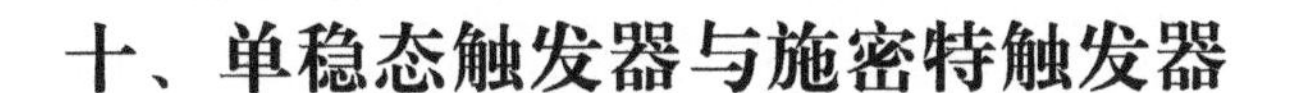

十、单稳态触发器与施密特触发器

【实验目的】

（1）掌握使用集成门电路构成单稳态触发器的基本方法。

（2）熟悉集成单稳态触发器的逻辑功能及其使用方法。

（3）熟悉集成施密特触发器的性能及其应用。

【实验原理】

在数字电路中常使用矩形脉冲作为信号，进行信息传递，或作为时钟信号用来控制和驱动电路，使各部分协调动作。一类是自激多谐振荡器，它是不需要外加信号触发的矩形波发生器。另一类是他激多谐振荡器，有单稳态触发器和施密特触发器。单稳态触发器，它需要在外加触发信号的作用下输出具有一定宽度的矩形脉冲波；施密特触发器（整形电路），它对外加输入的正弦波等波形进行整形，使电路输出矩形脉冲波。

1．用与非门组成单稳态触发器

利用与非门作开关，依靠定时元件 RC 电路的充放电路来控制与非门的启闭。单稳态电路有微分型与积分型两大类，这两类触发器对触发脉冲的极性与宽度有不同的要求。

（1）微分型单稳态触发器如图 4－51 所示。

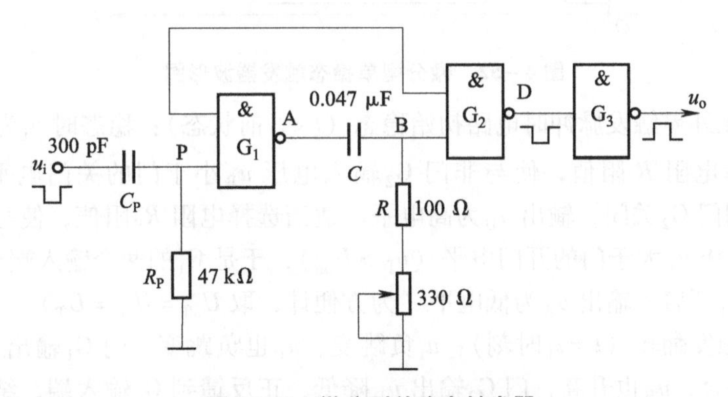

图 4－51　微分型单稳态触发器

该电路为负脉冲触发。其中 R_P、C_P 构成输入端微分隔直电路。R、C 构成微分型定时电路，定时元件 R、C 的取值不同，输出脉宽 t_W 也不同。$t_W \approx (0.7 \sim 1.3)RC$。与非门 G_3 起整形、倒相作用。

图4－52为微分型单稳态触发器各点波形图，结合波形图说明其工作原理。

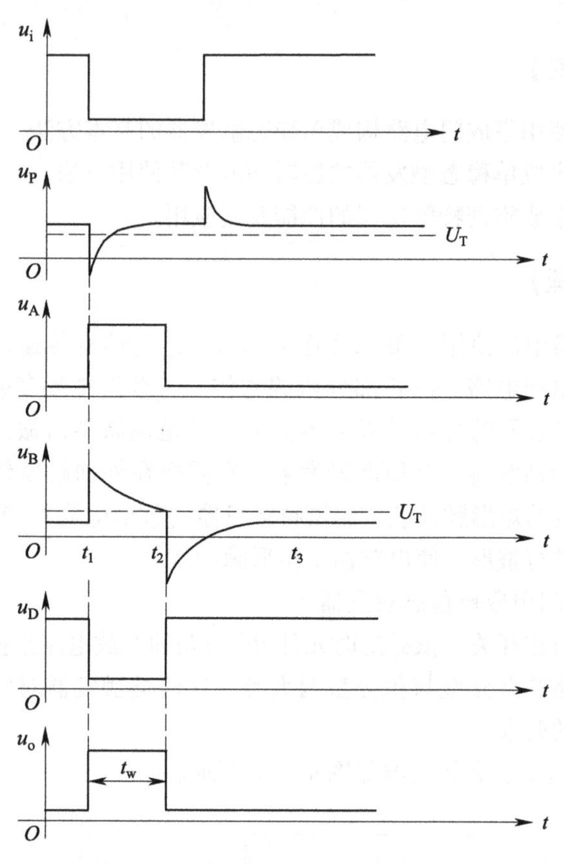

图4－52 微分型单稳态触发器波形图

① 无外界触发脉冲时电路初始稳态（$t<t_1$前状态）：稳态时u_i为高电平。适当选择电阻R阻值，使与非门G_2输入电压u_B小于门的关门电平（$u_B<U_{off}$），则门G_2关闭，输出u_D为高电平。适当选择电阻R_P阻值，使与非门G_1的输入电压u_P大于门的开门电平（$u_P>U_{on}$），于是G_1的两个输入端全为高电平，则G_1开启，输出u_A为低电平（为方便计，取$U_{off}=U_{on}=U_T$）。

② 触发翻转（$t=t_1$时刻）：u_i负跳变，u_P也负跳变，门G_1输出u_A升高，经电容耦合，u_B也升高，门G_2输出u_D降低，正反馈到G_1输入端，结果使G_1输出u_A由低电平迅速上跳至高电平，G_1迅速关闭；u_B也上跳至高电平，G_2输出u_D则迅速下跳至低电平，G_2迅速开通。

③ 暂稳状态（$t_1<t<t_2$）：$t\geqslant t_1$以后，G_1输出高电平，对电容充电，u_B随之按指数规律下降，但只要$u_B>U_T$，G_1关、G_2开的状态将维持不变，u_A、

u_D也维持不变。

④ 自动翻转（$t=t_2$）：$t=t_2$时刻，u_B下降至门的关门电平 U_T时，G_2输出 u_D升高，G_1输出 u_A降低，正反馈作用使电路迅速翻转至 G_1开启、G_2关闭初始稳态。

暂稳态时间的长短，决定于电容 C 充电时间常数 $t=RC$。

⑤ 恢复过程（$t_2<t<t_3$）：电路自动翻转到 G_1开启、G_2关闭后，u_B不是立即回到初始稳态值，这是因为电容 C 要有一个放电过程。

$t>t_3$以后，如 u_i再出现负跳变，则电路将重复上述过程。

如果输入脉冲宽度较小时，则输入端可省去 R_PC_P微分电路了。

（2）积分型单稳态触发器如图 4－53 所示。

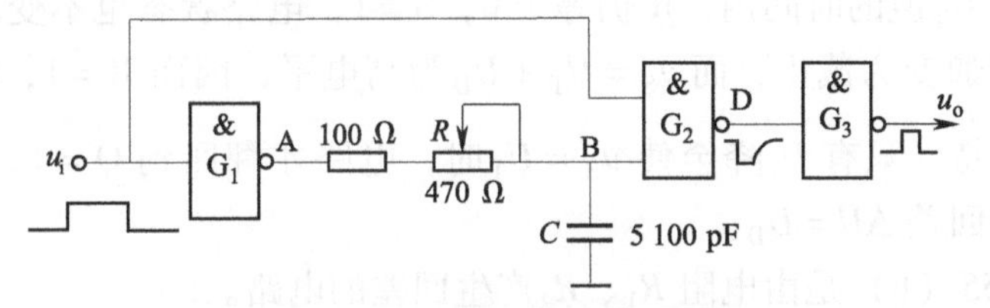

图 4－53 积分型单稳态触发器

电路采用正脉冲触发，工作波形如图 4－54 所示。电路的稳定条件是 $R\leqslant1\ \text{k}\Omega$，输出脉冲宽度 $t_W\approx1.1RC$。

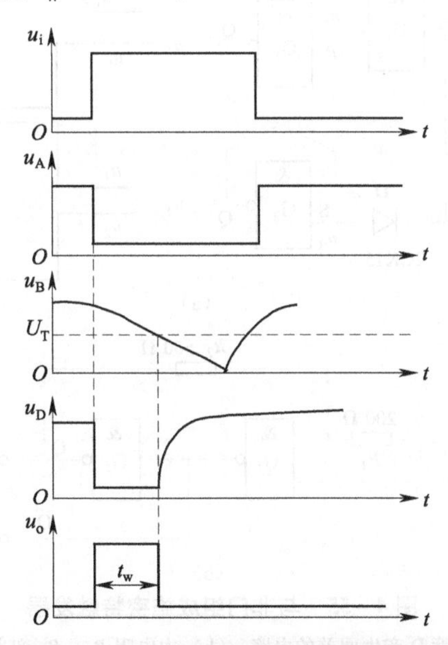

图 4－54 积分型单稳态触发器波形图

单稳态触发器的共同特点是：触发脉冲未加入前，电路处于稳态。此时，可以测得各门的输入和输出电位。触发脉冲加入后，电路立刻进入暂稳态，暂稳态的时间，即输出脉冲的宽度 t_W 只取决于 RC 数值的大小，与触发脉冲无关。

2. 用与非门组成施密特触发器

施密特触发器能对正弦波、三角波等信号进行整形，并输出矩形波，图 4－55（a）、（b）是两种典型的电路。图 4－55（a）中，门 G_1、G_2 是基本 RS 触发器，门 G_3 是反相器，二极管 D 起电平偏移作用，以产生回差电压。其工作情况如下：设 $u_i=0$，G_3 截止，R＝1、S＝0，Q＝1、$\overline{Q}=0$，电路处于原态。u_i 由 0 V 上升到电路的接通电位 U_T 时，G_3 导通，R＝0，S＝1，触发器翻转为 Q＝0，$\overline{Q}=1$ 的新状态。此后 u_i 继续上升，电路状态不变。当 u_i 由最大值下降到 U_T 值的时间内，R 仍等于 0，S＝1，电路状态也不变。当 $u_i \leqslant U_T$ 时，G_3 由导通变为截止，而 $u_S=U_T+U_D$ 为高电平，因而 R＝1，S＝1，触发器状态仍保持。只有 U_i 降至使 $u_S=U_T$ 时，电路才翻回到 Q＝1、$\overline{Q}=0$ 的原态。电路的回差 $\Delta U=U_D$。

图 4－55（b）是由电阻 R_1、R_2 产生回差的电路。

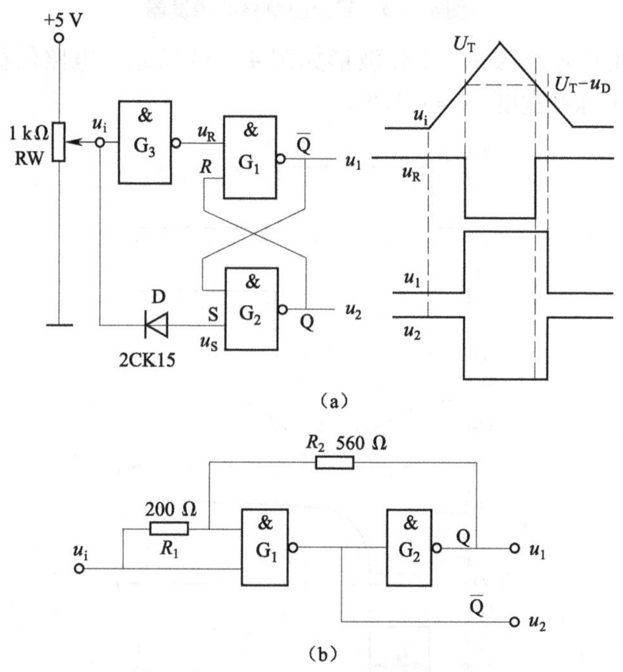

图 4－55 与非门组成施密特触发器

（a）由二极管 D 产生回差的电路；（b）由电阻 R_1、R_2 产生回差的电路

3. 集成双单稳态触发器 CC14528（CC4098）

（1）图 4－56 为 CC14528（CC4098）的逻辑符号及功能表，该器件能提

供稳定的单脉冲，脉宽由外部电阻 R_X 和外部电容 C_X 决定，调整 R_X 和 C_X 可使 Q 端和 $\overline{Q}$ 端输出脉冲宽度有一个较宽的范围。本器件可采用上升沿触发（+TR），也可用下降沿触发（-TR），为使用带来很大的方便。在正常工作时，电路应由每一个新脉冲去触发。当采用上升沿触发时，为防止重复触发，$\overline{Q}$ 必须连到（-TR）端。同样，在使用下降沿触发时，Q 端必须连到（+TR）端。

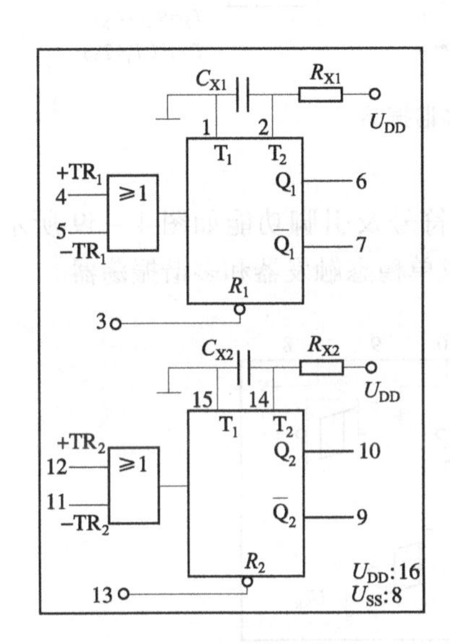

输入			输出	
+TR	-TR	$\overline{R}$	Q	$\overline{Q}$
↑	1	1	⊓	⊔
↑	0	1	Q	$\overline{Q}$
1	↓	1	Q	$\overline{Q}$
0	↓	1	⊓	⊔
×	×	0	0	1

图 4-56　CC14528 的逻辑符号及功能表

该单稳态触发器的时间周期约为 $T_X = R_X C_X$。

所有的输出级都有缓冲级，以提供较大的驱动电流。

（2）应用举例：实现脉冲延迟，如图 4-57 所示。实现多谐振荡器，如图 4-58 所示。

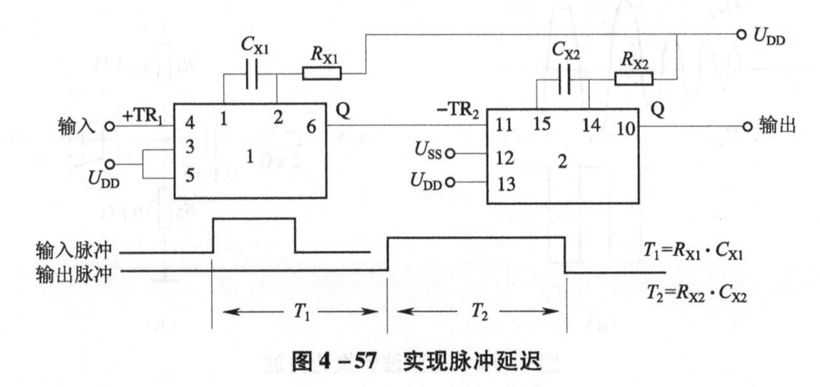

图 4-57　实现脉冲延迟

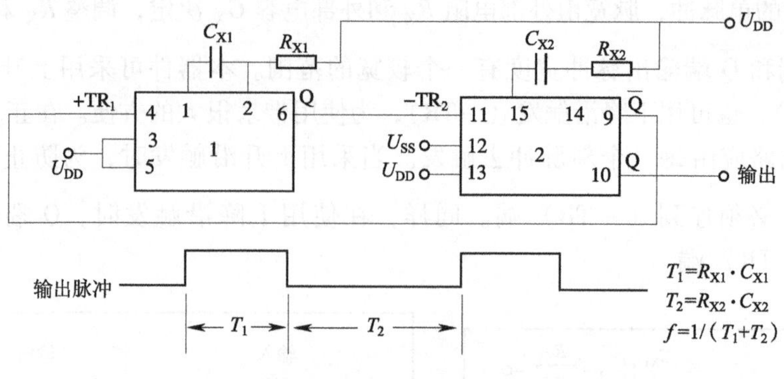

图 4-58　实现多谐振荡

4. 集成六施密特触发器 CC40106

集成六施密特触发器 CC40106 的逻辑符号及引脚功能如图 4-59 所示，它可用于波形的整形，也可作反相器或构成单稳态触发器和多谐振荡器。

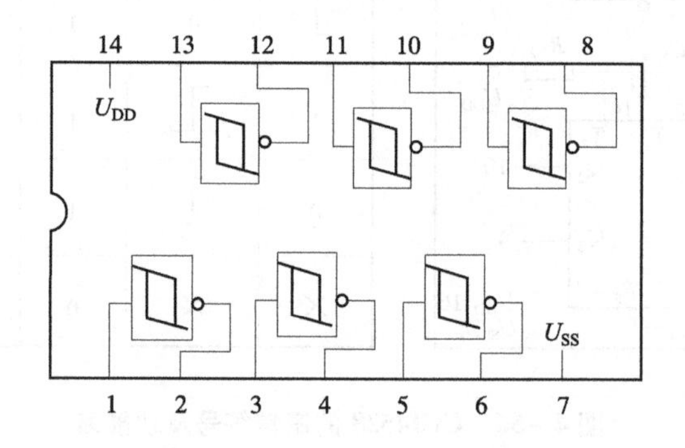

图 4-59　CC40106 引脚排列

（1）将正弦波转换为方波，如图 4-60 所示。

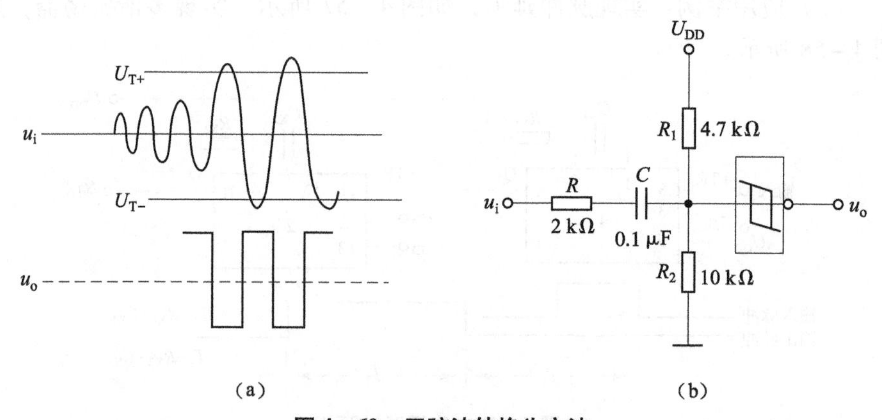

图 4-60　正弦波转换为方波

（2）构成多谐振荡器，如图 4 - 61 所示。

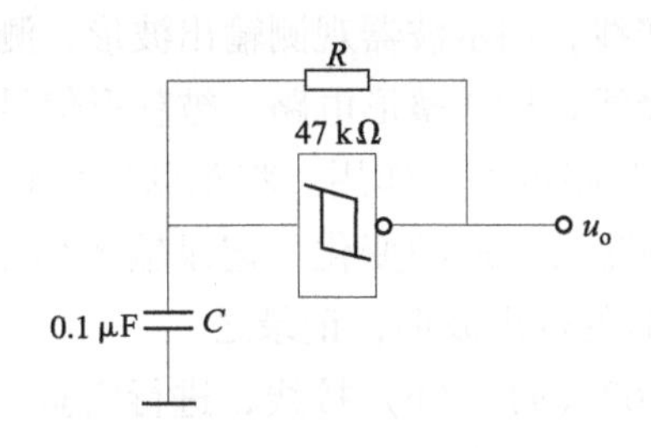

图 4 - 61　多谐振荡器

（3）构成单稳态触发器，图 4 - 62（a）为下降沿触发；图 4 - 62（b）为上升沿触发。

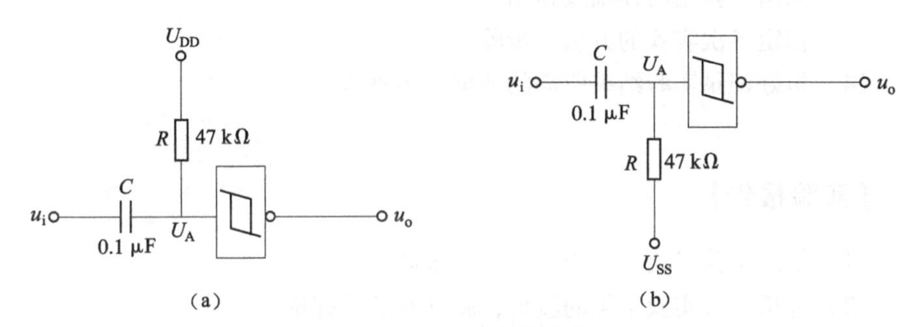

图 4 - 62　单稳态触发器

【实验设备】

（1） +5 V 直流电源；　　　　（2）双踪示波器；

（3）连续脉冲源；　　　　（4）数字频率计；

（5）CC4011、CC14528、CC40106、2CK15；

（6）电位器、电阻、电容若干。

【实验内容】

（1）按图 4 - 51 接线，输入 1 kHz 连续脉冲，用双踪示波器观察 u_i、u_P、u_A、u_B、u_D及 u_o的波形，记录之。

（2）改变 C 或 R 之值，重复步骤（1）的内容。

（3）按图 4 - 53 接线，重复步骤（1）的内容。

（4）按图 4 - 55（a）接线，令 u_i由 0→5 V 变化，测量 u_1、u_2之值。

（5）按图 4 - 57 接线，输入 1 kHz 连续脉冲，用双踪示波器观测输入、输出波形，测定 T_1与 T_2。

（6）按图4－58接线，用示波器观测输出波形，测定振荡频率。

（7）按图4－61接线，用示波器观测输出波形，测定振荡频率。

（8）按图4－60接线，构成整形电路，被整形信号可由音频信号源提供，图中串联的2 kΩ电阻起限流保护作用。将正弦信号频率置为1 kHz，由低到高调节信号电压，观测输出波形的变化。记录输入信号为0 V，0.25 V，0.5 V，1 V，1.5 V，2 V时的输出波形，记录之。

（9）分别按图4－62（a）、（b）接线，进行实验。

【思考题】

（1）复习有关单稳态触发器和施密特触发器的内容。

（2）画出实验用的详细线路图。

（3）拟定各次实验的方法、步骤。

（4）拟好记录实验结果所需的数据、表格等。

【实验报告】

（1）绘出实验线路图，用方格纸记录波形。

（2）分析各次实验结果的波形，验证有关的理论。

（3）总结单稳态触发器及施密特触发器的特点及其应用。

十一、555时基电路及其应用

【实验目的】

（1）熟悉555型集成时基电路结构、工作原理及其特点。

（2）掌握555型集成时基电路的基本应用。

【实验原理】

集成时基电路又称为集成定时器或555电路，是一种数字、模拟混合型的中规模集成电路，应用十分广泛。它是一种产生时间延迟和多种脉冲信号的电路，由于内部电压标准使用了三个5 kΩ的电阻，故取名555电路。其电路类型有双极型和CMOS型两大类，二者的结构与工作原理类似。几乎所有的双极型产品型号最后的三位数码都是555或556；所有的CMOS产品型号最后四位数码都是7555或7556，二者的逻辑功能和引脚排列完全相同，易于互换。555 和 7555 是单定时器。556 和 7556 是双定时器。双极型的电源电压 U_{CC}为 +5 ~ +15 V，输出的最大电流可达 200 mA，CMOS 型的电源电压为 +3 ~ +18 V。

1. 555 电路的工作原理

555 电路的内部电路方框图如图 4－63 所示。它含有两个电压比较器，一个基本 RS 触发器，一个放电开关管 T，比较器的参考电压由三只 5 kΩ 的电阻器构成的分压器提供。它们分别使高电平比较器 A_1 的同相输入端和低电平比较器 A_2 的反相输入端的参考电平为$\frac{2}{3}U_{CC}$和$\frac{1}{3}U_{CC}$。A_1 与 A_2 的输出端控制 RS 触发器状态和放电管开关状态。当输入信号自 6 脚，即高电平触发输入并超过参考电平$\frac{2}{3}U_{CC}$时，触发器复位，555 的输出端 3 脚输出低电平，同时放电开关管导通；当输入信号自 2 脚输入并低于$\frac{1}{3}U_{CC}$时，触发器置位，555 的 3 脚输出高电平，同时放电开关管截止。

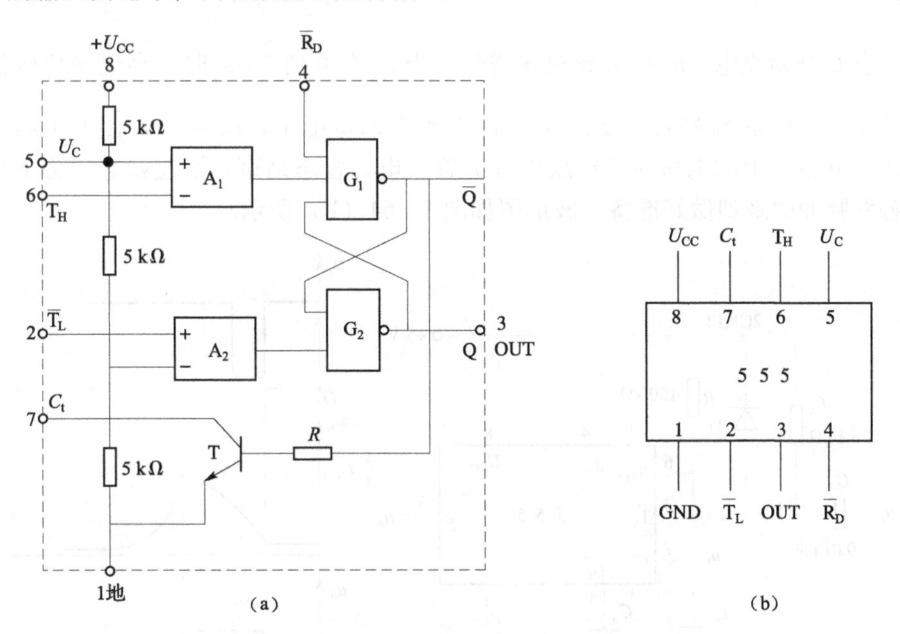

图 4－63　555 定时器内部框图及引脚排列

$\overline{R}_D$ 是复位端（4 脚），当 $\overline{R}_D=0$ 时，555 输出低电平。平时 $\overline{R}_D$ 端开路或接 U_{CC}。

u_C是控制电压端（5 脚），平时输出$\frac{2}{3}U_{CC}$作为比较器 A_1 的参考电平，当

5 脚外接一个输入电压时，即改变了比较器的参考电平，从而实现对输出的另一种控制，在不接外加电压时，通常接一个 0.01 μF 的电容器到地，起滤波作用，以消除外来的干扰，以确保参考电平的稳定。

T 为放电管，当 T 导通时，将给接于 7 脚的电容器提供低阻放电通路。

555 定时器主要是与电阻、电容构成充放电电路，并由两个比较器来检测电容器上的电压，以确定输出电平的高低和放电开关管的通断。这就很方便地构成从微秒到数十分钟的延时电路，可方便地构成单稳态触发器、多谐振荡器、施密特触发器等脉冲产生或波形变换电路。

2. 555 定时器的典型应用

（1）构成单稳态触发器。图 4－64（a）为由 555 定时器和外接定时元件 R、C 构成的单稳态触发器。触发电路由 C_1、R_1、D 构成，其中 D 为钳位二极管，稳态时 555 电路输入端处于电源电平，内部放电开关管 T 导通，输出端 F 输出低电平。当有一个外部负脉冲触发信号经 C_1 加到 2 端，并使 2 端电位瞬时低于 $\frac{1}{3}U_{CC}$ 时，低电平比较器动作，单稳态电路即开始一个暂态过程，电容 C 开始充电，u_C 按指数规律增长。当 u_C 充电到 $\frac{2}{3}U_{CC}$ 时，高电平比较器动作，比较器 A_1 翻转，输出 u_o 从高电平返回低电平，放电开关管 T 重新导通，电容 C 上的电荷很快经放电开关管放电，暂态结束，恢复稳态，为下个触发脉冲的来到做好准备。波形图如图 4－64（b）所示。

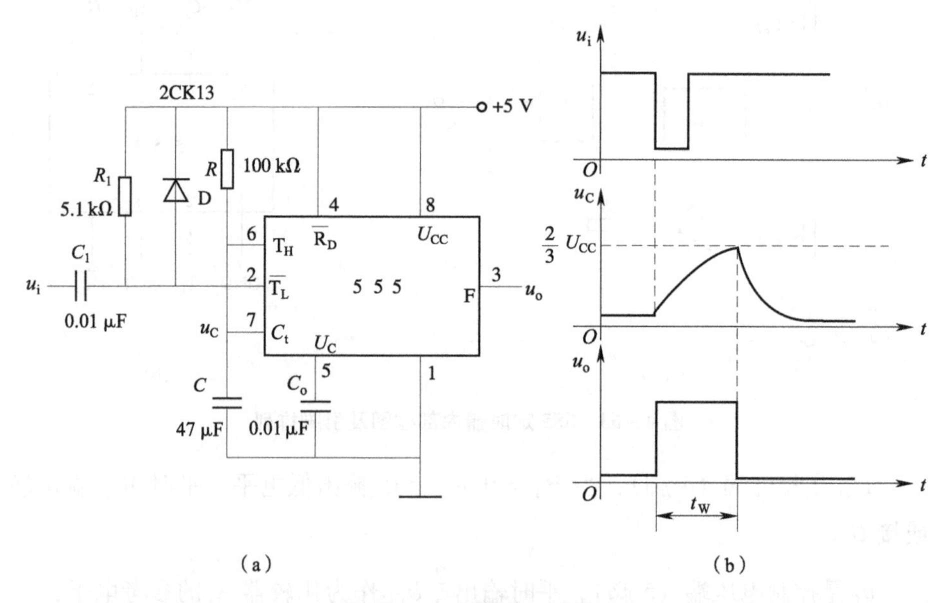

图 4－64 单稳态触发器

暂稳态的持续时间 t_W（即为延时时间）决定于外接元件 R、C 值的大小。

通过改变 R、C 的大小，可使延时时间在几个微秒到几十分钟之间变化。当这种单稳态电路作为计时器时，可直接驱动小型继电器，并可以使用复位端（4 脚）接地的方法来中止暂态，重新计时。此外尚须用一个续流二极管与继电器线圈并接，以防继电器线圈反电势损坏内部功率管。

（2）构成多谐振荡器。其电路如图 4－65（a）所示，由 555 定时器和外接元件 R_1、R_2、C 构成多谐振荡器，2 脚与 6 脚直接相连。电路没有稳态，仅存在两个暂稳态，电路亦不需要外加触发信号，利用电源通过 R_1、R_2 向 C 充电，以及 C 通过 R_2 向放电端 C_t 放电，使电路产生振荡。电容 C 在 $\frac{1}{3}U_{CC}$ 和 $\frac{2}{3}U_{CC}$ 之间充电和放电，其波形如图 4－65（b）所示。输出信号的时间参数是：

$$T=t_{W1}+t_{W2},\ t_{W1}=0.7(R_1+R_2)C,\ t_{W2}=0.7R_2C$$

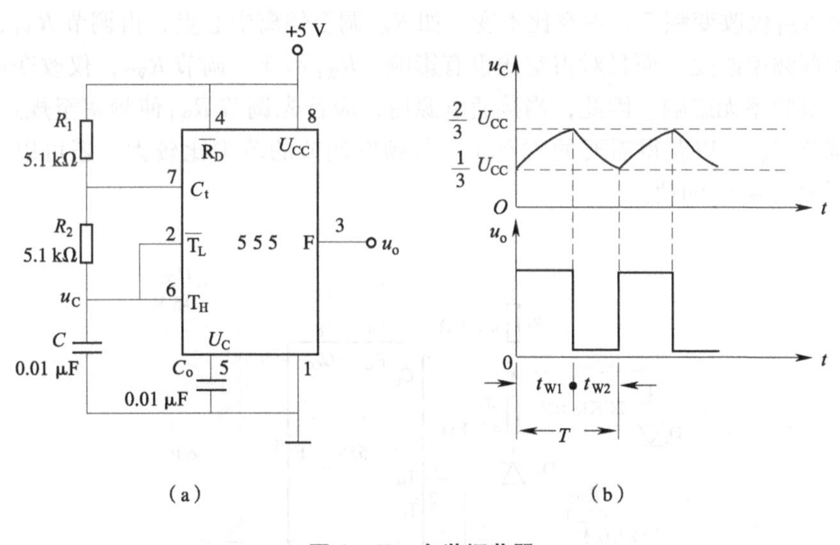

图 4－65　多谐振荡器

555 电路要求 R_1 与 R_2 均应大于或等于 1 kΩ，但 R_1+R_2 应小于或等于 3.3 MΩ。

外部元件的稳定性决定了多谐振荡器的稳定性，555 定时器配以少量的元件即可获得较高精度的振荡频率和具有较强的功率输出能力。因此这种形式的多谐振荡器应用很广。

（3）组成占空比可调的多谐振荡器。其电路如图 4－66 所示，它比图 4－65 所示电路增加了一个电位器和两个导引二极管。D_1、D_2 用来决定电容充、放电电流流经电阻的途径（充电时 D_1 导通，D_2 截止；放电时 D_2 导通，D_1 截止）。

占空比为：

$$P=\frac{t_{W1}}{t_{W1}+t_{W2}}\approx\frac{0.7R_A C}{0.7C(R_A+R_B)}=\frac{R_A}{R_A+R_B}$$

可见，若取 $R_A=R_B$ 电路即可输出占空比为50%的方波信号。

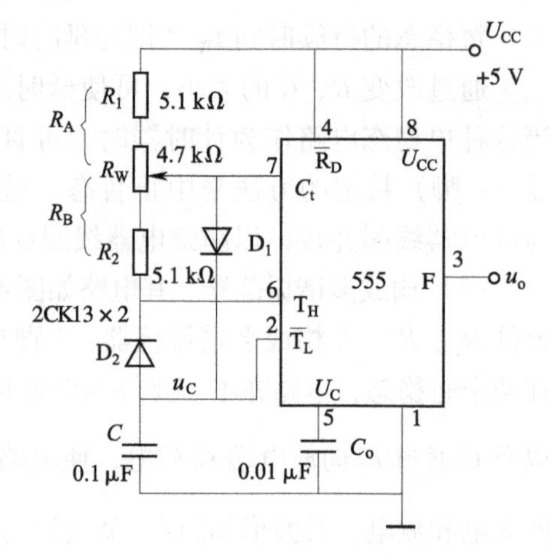

图 4-66　占空比可调的多谐振荡器

（4）组成占空比连续可调并能调节振荡频率的多谐振荡器，其电路如图4-67所示。对 C_1 充电时，充电电流通过 R_1、D_1、R_{W2} 和 R_{W1}；放电时通过 R_{W1}、R_{W2}、D_2、R_2。当 $R_1=R_2$ 且 R_{W2} 调至中心点时，因充放电时间基本相等，其占空比约为50%，此时调节 R_{W1} 仅改变频率，占空比不变。如 R_{W2} 调至偏离中心点，再调节 R_{W1}，不仅振荡频率改变，而且对占空比也有影响。R_{W1} 不变，调节 R_{W2}，仅改变占空比，对频率无影响。因此，当接通电源后，应首先调节 R_{W1} 使频率至规定值，再调节 R_{W2}，以获得需要的占空比。若频率调节的范围比较大，还可以用波段开关改变 C_1 的值。

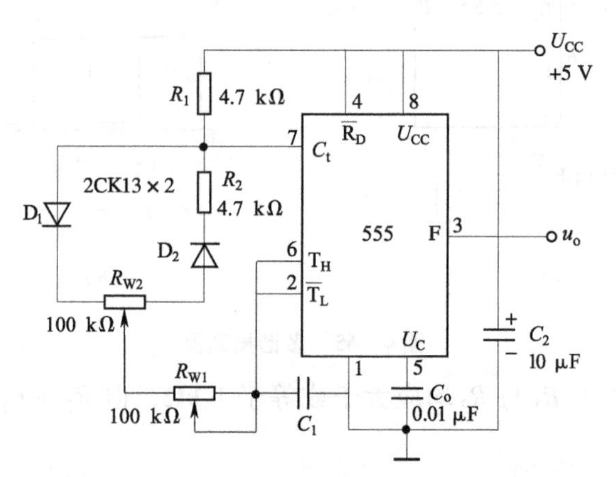

图 4-67　占空比与频率均可调的多谐振荡器

（5）组成施密特触发器，其电路如图4-68所示，只要将2、6脚连在一起作为信号输入端，即得到施密特触发器。图4-69示出了 u_s、u_i 和 u_o 的波形图。

设被整形变换的电压为正弦波 u_s，其正半波通过二极管D同时加到555定时器的2脚和6脚，得 u_i 为半波整流波形。当 u_i 上升到 $\frac{2}{3}U_{CC}$ 时，u_o 从高电平翻转为低电平；当 u_i 下降到 $\frac{1}{3}U_{CC}$ 时，u_o 又从低电平翻转为高电平。电路的电压传输特性曲线如图 4－70 所示。

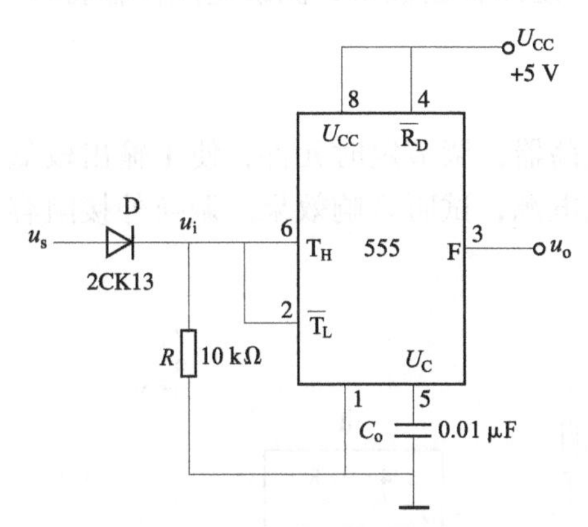

图 4－68　施密特触发器

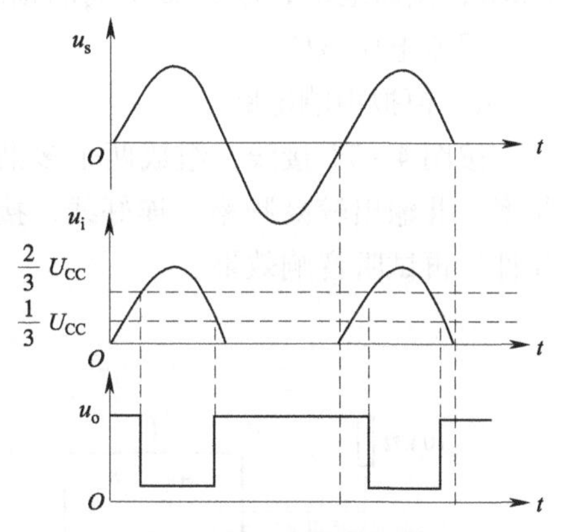

图 4－69　波形变换图

回差电压　$\Delta U=\frac{2}{3}U_{CC}-\frac{1}{3}U_{CC}=\frac{1}{3}U_{CC}$

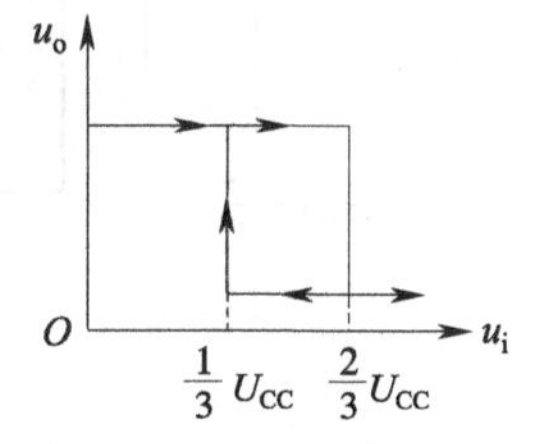

图 4－70　电压传输特性

【实验设备】

（1）+5 V 直流电源；　（2）双踪示波器；

（3）连续脉冲源；　（4）单次脉冲源；

（5）音频信号源；　（6）数字频率计；

（7）逻辑电平显示器；

（8）555×2、2CK13×2，电位器、电阻、电容若干。

【实验内容】

1．单稳态触发器

（1）按图 4－64 连线，取 $R=100\ \text{k}\Omega$，$C=47\ \mu\text{F}$，输入信号 u_i 由单次脉冲源提供，用双踪示波器观测 u_i、u_C、u_o 波形。测定幅度与暂稳时间。

（2）将 R 改为 1 kΩ，C 改为 0.1 μF，输入端加 1 kHz 的连续脉冲，观测波形 u_i、u_C、u_o，测定幅度及暂稳时间。

2．多谐振荡器

（1）按图 4－65 接线，用双踪示波器观测 u_C 与 u_o 的波形，测定频率。

（2）按图 4－66 接线，组成占空比为 50% 的方波信号发生器。观测 u_C、u_o 波形，测定波形参数。

（3）按图 4－67 接线，通过调节 R_{W1} 和 R_{W2} 来观测输出波形。

3. 施密特触发器

按图4-68接线，输入信号由音频信号源提供，预先调好 u_s 的频率为1 kHz，接通电源，逐渐加大 u_s 的幅度，观测输出波形，测绘电压传输特性，算出回差电压 ΔU。

4. 模拟声响电路

按图4-71接线，组成两个多谐振荡器，调节定时元件，使Ⅰ输出较低频率，Ⅱ输出较高频率，连好线，接通电源，试听音响效果。调换外接阻容元件，再试听音响效果。

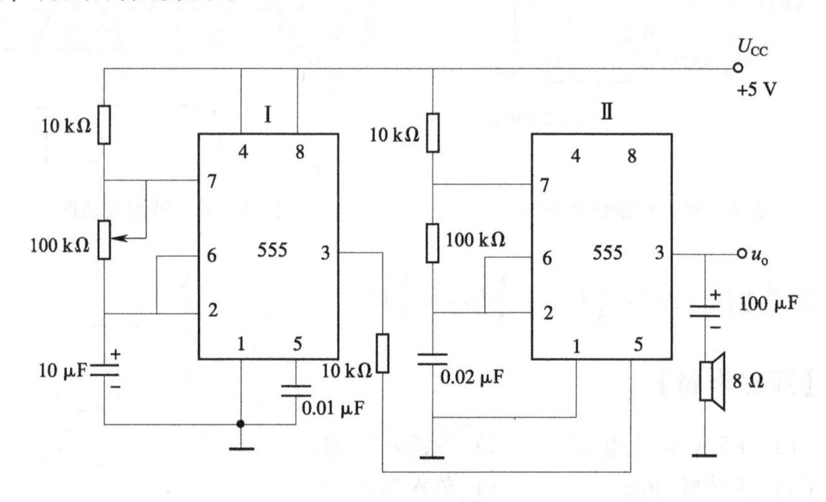

图4-71 模拟声响电路

【思考题】

(1) 复习有关555定时器的工作原理及其应用。

(2) 拟定实验中所需的数据、表格等。

(3) 如何用示波器测定施密特触发器的电压传输特性曲线?

(4) 拟定各次实验的步骤和方法。

【实验报告】

(1) 绘出详细的实验线路图，定量绘出观测到的波形。

(2) 分析、总结实验结果。

十二、D/A、A/D 转换器

【实验目的】

（1）了解 D/A 和 A/D 转换器的基本工作原理和基本结构。

（2）掌握大规模集成 D/A 和 A/D 转换器的功能及其典型应用。

【实验原理】

在数字电子技术的很多应用场合往往需要把模拟量转换为数字量，称为模/数转换器（A/D 转换器，简称 ADC）；或把数字量转换成模拟量，称为数/模转换器（D/A 转换器，简称 DAC）。完成这种转换的线路有多种，特别是单片大规模集成 A/D、D/A 转换器问世，为实现上述的转换提供了极大的方便。使用者可借助手册提供的器件性能指标及典型应用电路，即可正确使用这些器件。本实验将采用大规模集成电路 DAC0832 实现 D/A 转换，ADC0809 实现 A/D 转换。

1. D/A 转换器 DAC0832

DAC0832 是采用 CMOS 工艺制成的单片电流输出型 8 位数/模转换器。图 4－72 是 DAC0832 的逻辑框图及引脚排列。

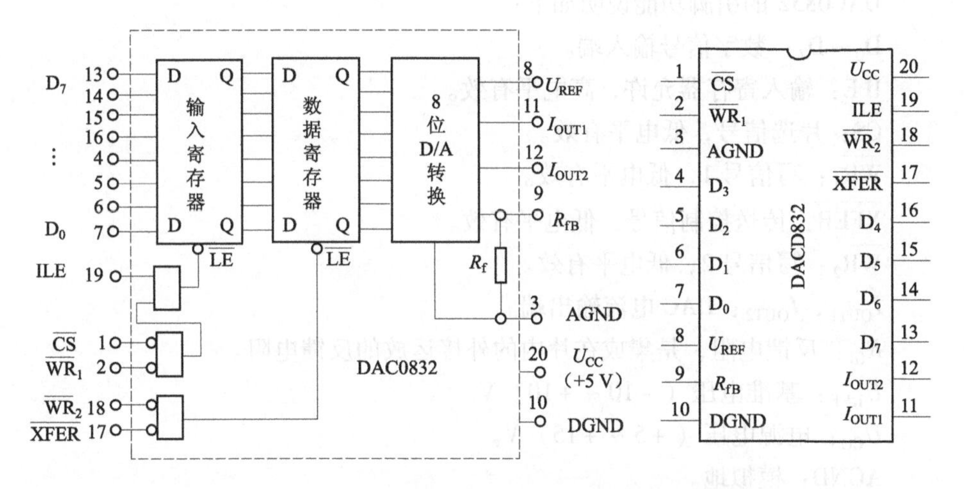

图 4－72　DAC0832 单片 D/A 转换器逻辑框图和引脚排列

器件的核心部分采用倒 T 型电阻网络的 8 位 D/A 转换器，如图 4－73 所示。它是由倒 T 型 $R-2R$ 电阻网络、模拟开关、运算放大器和参考电压 U_{REF} 四部分组成。

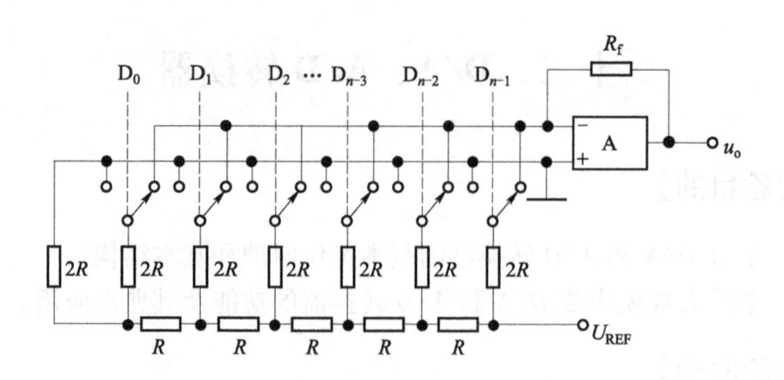

图 4－73　倒 T 型电阻网络 D/A 转换电路

运放的输出电压为

$$U_0=\frac{U_{REF}\cdot R_f}{2^nR}(D_{n-1}\cdot 2^{n-1}+D_{n-2}\cdot 2^{n-2}+\cdots+D_0\cdot 2^0)$$

由上式可见，输出电压 U_0与输入的数字量成正比，这就实现了从数字量到模拟量的转换。

一个 8 位的 D/A 转换器，它有 8 个输入端，每个输入端是 8 位二进制数的一位，有一个模拟输出端，输入可有 $2^8=256$ 个不同的二进制组态，输出为 256 个电压之一，即输出电压不是整个电压范围内的任意值，而只能是 256 个可能值。

DAC0832 的引脚功能说明如下：

$D_0\sim D_7$：数字信号输入端。

ILE：输入寄存器允许，高电平有效。

$\overline{CS}$：片选信号，低电平有效。

$\overline{WR_1}$：写信号 1，低电平有效。

$\overline{XFER}$：传送控制信号，低电平有效。

$\overline{WR_2}$：写信号 2，低电平有效。

I_{OUT1}，I_{OUT2}：DAC 电流输出端。

R_{fB}：反馈电阻，是集成在片内的外接运放的反馈电阻。

U_{REF}：基准电压（－10～＋10）V。

U_{CC}：电源电压（＋5～＋15）V。

AGND：模拟地。

DGND：数字地。AGND 与 DGND 可接在一起使用。

DAC0832 输出的是电流，要转换为电压，还必须经过一个外接的运算放大器，实验线路如图 4－74 所示。

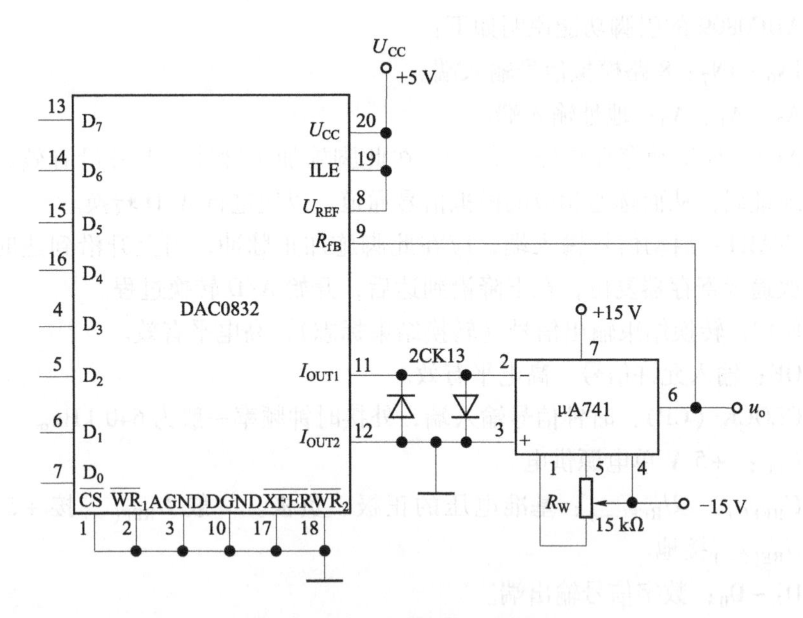

图 4－74　D/A 转换器实验线路

2．A/D 转换器 ADC0809

ADC0809 是采用 CMOS 工艺制成的单片 8 位 8 通道逐次逼近型模/数转换器，其逻辑框图及引脚排列如图 4－75 所示。

器件的核心部分是 8 位 A/D 转换器，它由比较器、逐次逼近寄存器、D/A 转换器及控制和定时 5 部分组成。

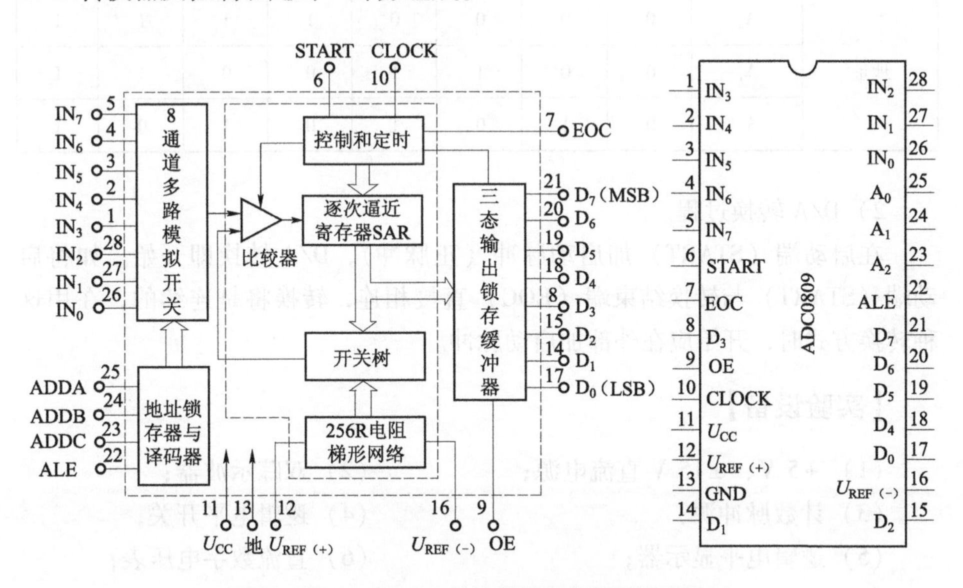

图 4－75　ADC0809 转换器逻辑框图及引脚排列

ADC0809 的引脚功能说明如下：

$IN_0 \sim IN_7$：8 路模拟信号输入端。

A_2、A_1、A_0：地址输入端。

ALE：地址锁存允许输入信号，在此脚施加正脉冲，上升沿有效，此时锁存地址码，从而选通相应的模拟信号通道，以便进行 A/D 转换。

START：启动信号输入端，应在此脚施加正脉冲，当上升沿到达时，内部逐次逼近寄存器复位，在下降沿到达后，开始 A/D 转换过程。

EOC：转换结束输出信号（转换结束标志），高电平有效。

OE：输入允许信号，高电平有效。

CLOCK（CP）：时钟信号输入端，外接时钟频率一般为 640 kHz。

U_{CC}：+5 V 单电源供电。

$U_{REF(+)}$、$U_{REF(-)}$：基准电压的正极、负极。一般 $U_{REF(+)}$ 接 +5 V 电源，$U_{REF(-)}$ 接地。

$D_7 \sim D_0$：数字信号输出端。

1）模拟量输入通道选择

8 路模拟开关由 A_2、A_1、A_0 三地址输入端选通 8 路模拟信号中的任何一路进行 A/D 转换，地址译码与模拟输入通道的选通关系如表 4－33 所示。

表 4－33 地址译码与模拟输入通道的选通关系

被选模拟通道		IN_0	IN_1	IN_2	IN_3	IN_4	IN_5	IN_6	IN_7
地址	A_2	0	0	0	0	1	1	1	1
	A_1	0	0	1	1	0	0	1	1
	A_0	0	1	0	1	0	1	0	1

2）D/A 转换过程

在启动端（START）加启动脉冲（正脉冲），D/A 转换即开始。如将启动端（START）与转换结束端（EOC）直接相连，转换将是连续的，在用这种转换方式时，开始应在外部加启动脉冲。

【实验设备】

(1) +5 V、±15 V 直流电源；　　(2) 双踪示波器；

(3) 计数脉冲源；　　(4) 逻辑电平开关；

(5) 逻辑电平显示器；　　(6) 直流数字电压表；

(7) DAC0832、ADC0809、μA741、电位器、电阻、电容若干。

【实验内容】

1. D/A 转换器 DAC0832

（1）按图 4－74 接线，电路接成直通方式，即$\overline{CS}$、$\overline{WR_1}$、$\overline{WR_2}$、$\overline{XFER}$接地；ALE、U_{CC}、U_{REF}接 +5 V 电源；运放电源接 ±15 V；D_0 ~ D_7接逻辑开关的输出插口，输出端 u_o接直流数字电压表。

（2）调零，将 D_0 ~ D_7全置零，调节运放的电位器使 μA741 输出为零。

（3）按表 4－34 所列的输入数字信号，用数字电压表测量运放的输出电压 U_O，将测量结果填入表中，并与理论值进行比较。

表 4－34　实验数据记录（一）

输入数字量								输出模拟量 U_O/V
D_7	D_6	D_5	D_4	D_3	D_2	D_1	D_0	U_{CC} = +5 V
0	0	0	0	0	0	0	0	
0	0	0	0	0	0	0	1	
0	0	0	0	0	0	1	0	
0	0	0	0	0	1	0	0	
0	0	0	0	1	0	0	0	
0	0	0	1	0	0	0	0	
0	0	1	0	0	0	0	0	
0	1	0	0	0	0	0	0	
1	0	0	0	0	0	0	0	
1	1	1	1	1	1	1	1	

2. A/D 转换器 ADC0809

按图 4－76 接线。

（1）八路输入模拟信号在 1 ~ 4.5 V，由 +5 V 电源经电阻 R 分压组成；变换结果 D_0 ~ D_7接逻辑电平显示器输入插口，CP 时钟脉冲由计数脉冲源提供，取 f = 100 kHz；A_0 ~ A_2地址端接逻辑电平输出插口。

（2）接通电源后，在启动端（START）加一正单次脉冲，下降沿一到即开始 A/D 转换。

（3）按表 4－35 的要求观察并记录 IN_0 ~ IN_7八路模拟信号的转换结果，将转换结果换算成十进制数表示的电压值，并与数字电压表实测的各路输入电压值进行比较，分析误差原因。

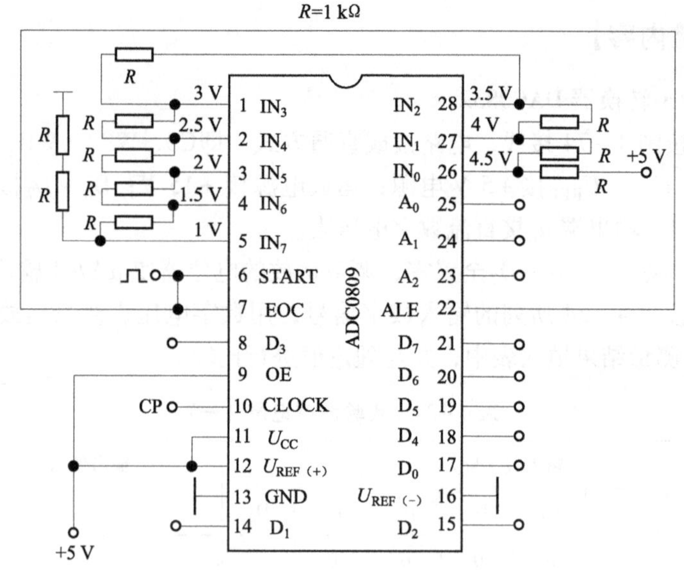

图 4-76 ADC0809 实验电路

【预习要求】

（1）复习 A/D、D/A 转换的工作原理。

（2）熟悉 ADC0809、DAC0832 各引脚功能，使用方法。

（3）绘好完整的实验线路和所需的实验记录表格。

（4）拟定各个实验内容的具体实验方案。

表 4-35 实验数据记录（二）

被选模拟通道	输入模拟量	地址			输出数字量								
IN	u_i/V	A_2	A_1	A_0	D_7	D_6	D_5	D_4	D_3	D_2	D_1	D_0	十进制
IN_0	4.5	0	0	0									
IN_1	4.0	0	0	1									
IN_2	3.5	0	1	0									
IN_3	3.0	0	1	1									
IN_4	2.5	1	0	0									
IN_5	2.0	1	0	1									
IN_6	1.5	1	1	0									
IN_7	1.0	1	1	1									

【实验报告】

整理实验数据，分析实验结果。

第五章　电 工 实 习

一、电工实习任务书

1. 实习单位

2. 实习岗位

（1）维修电工。

（2）装配技工。

3. 实习任务

（1）理论培训。

（2）维修电工技能实习。

4. 实习要求

（1）掌握维修电工的基本知识及技能。

（2）掌握继电接触控制系统各种器件的工作原理与使用方法。

（3）掌握异步电动机的各种简单启动方法。

（4）掌握异步电动机的正反转控制方法。

（5）掌握两台异步电动机的顺序启停控制方法。

5. 实习进度

二、常用的控制电器

低压电器一般是指电压在 500 V 以下，用来切换电路，以及控制、调节和保护用电设备的电器。图 5 - 1 为低压电器的分类。

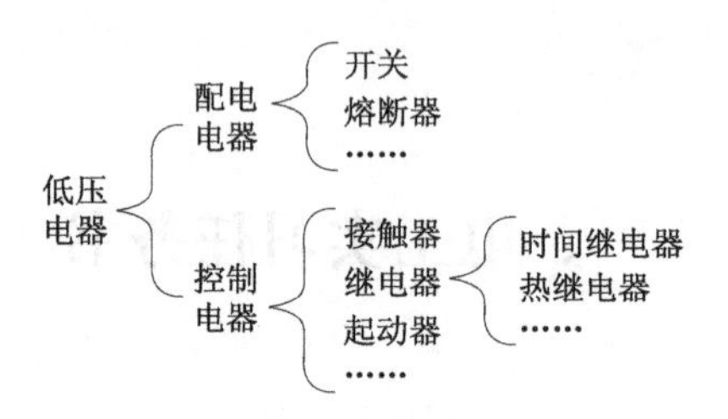

图 5 - 1 低压电器的分类

1. 闸刀开关（QS）

闸刀开关是一种手动控制电器，其外观和符号如图 5 - 2 所示。

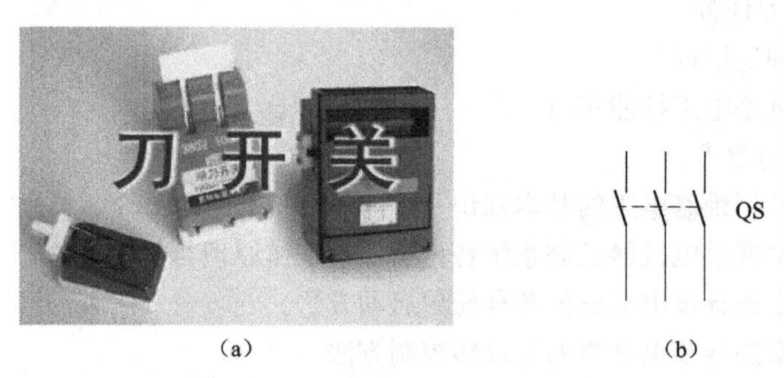

（a）　（b）

图 5 - 2 闸刀开关的外观和电路符号

（a）外观；（b）电路符号

闸刀开关通常用来接通和断开电源（做电源隔离开关）。通常电源的进线要接在静触头，负载接在另一侧。这样，当切断电源时，触刀不带电。

2. 熔断器（FU）

熔断器是电路中最常用的保护电器，它串接在被保护的电路中，当电路发生短路故障时，便有很大的短路电流通过熔断器，熔断器中的熔体（熔丝或熔片）发热后自动熔断，把电路切断，从而达到保护线路及电气设备的作用。

常用的熔断器有插入式熔断器、螺旋式熔断器和管式熔断器。图 5 - 3 为常用熔断器的种类和电路符号。

3. 按钮（SB）

按钮是一种简单的手动开关，可以用来接通或断开低电压弱电流的控制电路。如接触器的吸引线圈电路等。

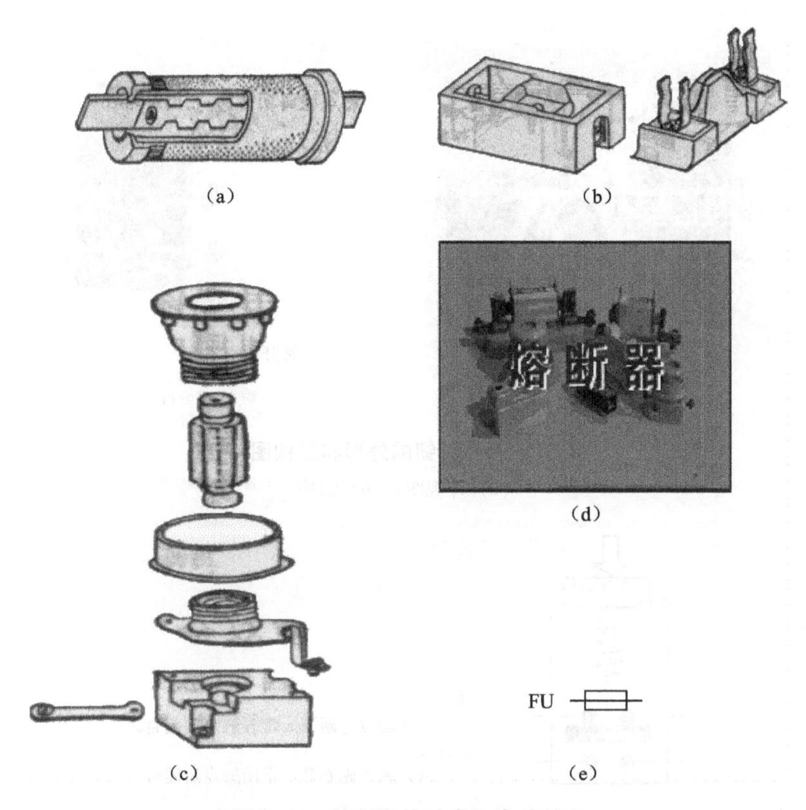

图 5-3　熔断器的种类和电路符号

(a) 管式熔断器；(b) 插入式熔断器；(c) 螺旋式熔断器；
(d) 熔断器的外观；(e) 电路符号

图 5-4 所示是按钮的外形和结构图。它的静触点和动触点都是桥式双断点式，上面一对组成**动断触点**（又称**常闭触点**），下面一对为**动合触点**（又称**常开触点**）。

当用手按按钮时，动触点被按着下移，此时上面的动断触点被断开，而下面的动合触点被闭合。当手松开按钮帽时，由于复位弹簧的作用，使动触点复位，即常闭触点、常开触点都恢复原来的工作状态位置。图 5-5 描述了按钮动作过程。

图 5-6 为按钮的三种常见的结构和电路符号。

4. 接触器（KM）

接触器是利用电磁力来接通和断开主电路的执行电器。常用于电动机、电炉等负载的自动控制及使接触器的工作频率可达到每小时几百至上千次，并可方便地实现远距离控制。

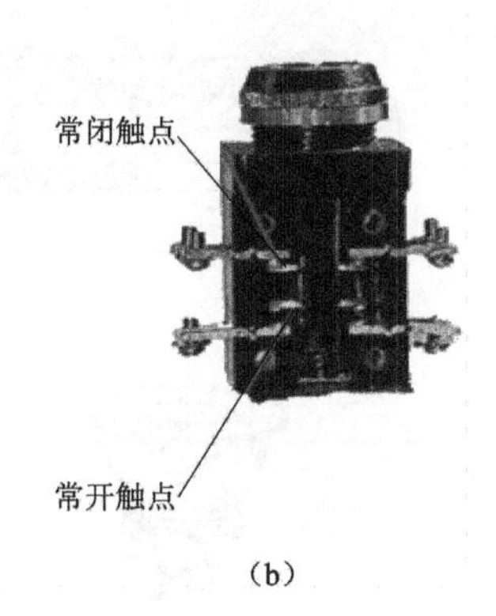

(a) (b)

图 5-4 按钮的外形和结构图

(a) 外观图;(b) 结构

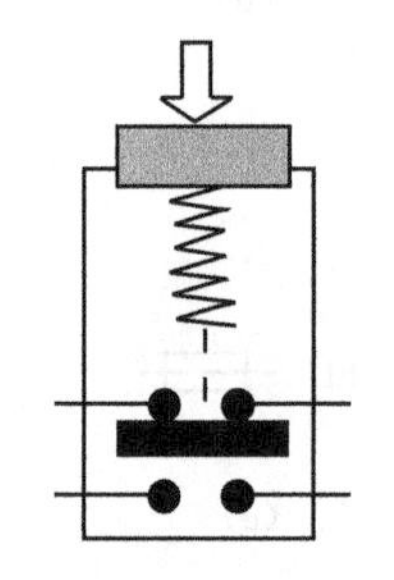

按下按钮:

常闭触点先断开,常开触点后闭合。

松开按钮:

常开触点先断开,常闭触点后闭合。

图 5-5 按钮的动作过程

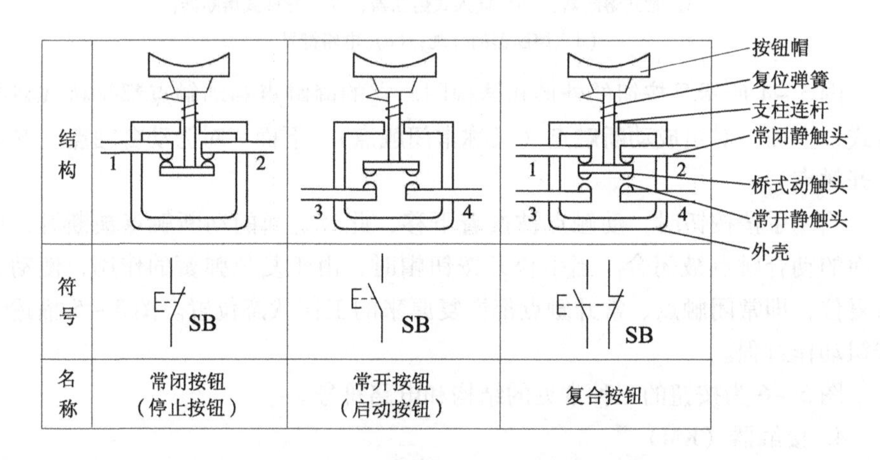

图 5-6 按钮的三种常见结构和电路符号

常用的三相交流接触器的结构如图 5-7 所示。它由电磁结构、触点系统和灭弧装置组成。电磁结构含有吸引线圈、静铁芯、动铁芯与动触点。

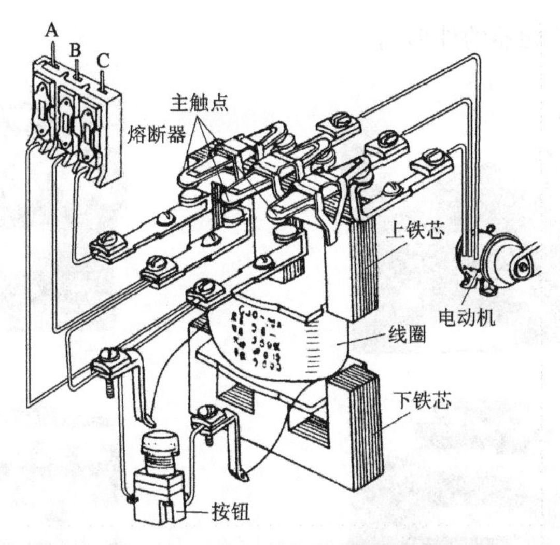

图 5－7　三相交流接触器的结构

主触点做成桥式：为了减小每个断点上的电压。每个触点有两个断点，主触点是联动的。

吸引线圈：引出两个接线端子通过按钮接在电源上。

主触点能通过比较大的电流，接在电机的主电路中，辅助触点通过的电流较小，接在电机的控制电路中。主触点和辅助触点固定在绝缘架上，与动铁芯一起动作。图 5－8 为接触器的工作原理图。

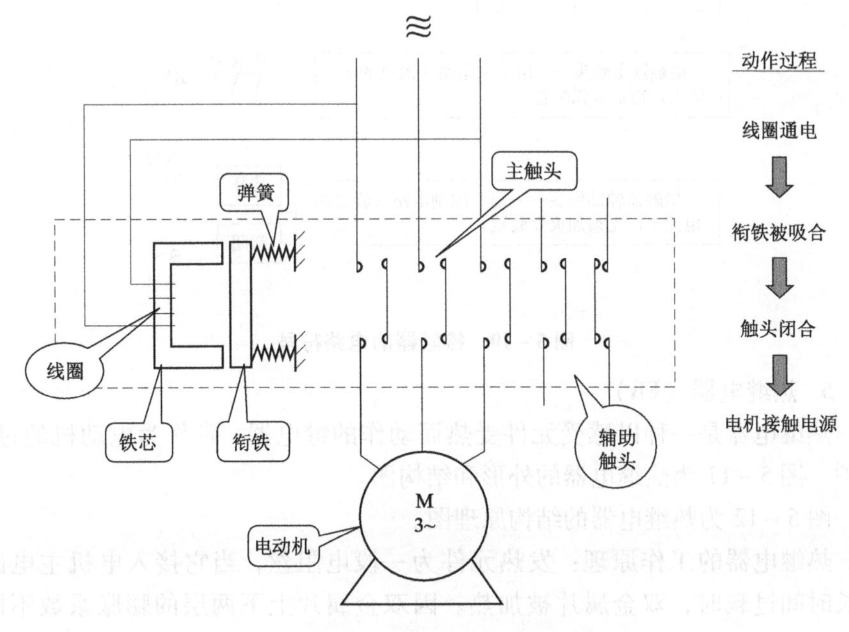

图 5－8　接触器的工作原理

图5－9为接触器的外形图。

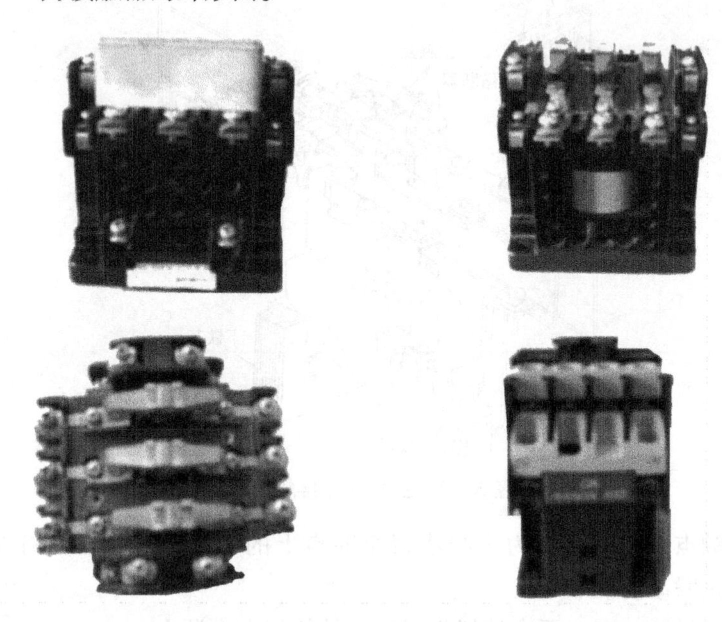

图5－9 接触器的外形图

图5－10为接触器的电路符号。

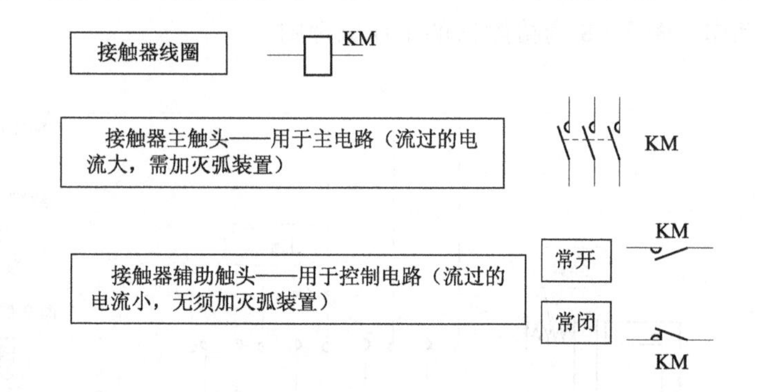

图5－10 接触器的电路符号

5. 热继电器（FR）

热继电器是一种以感受元件受热而动作的继电器，常作为电动机的过载保护。图5－11为热继电器的外形和结构图。

图5－12为热继电器的结构原理图。

热继电器的工作原理：发热元件为一段电阻丝，当它接入电机主电路，若长时间过载时，双金属片被加热。因双金属片上下两层的膨胀系数不同，下层膨胀系数大，使其向上弯曲，杠杆被弹簧拉回，常闭触点断开。

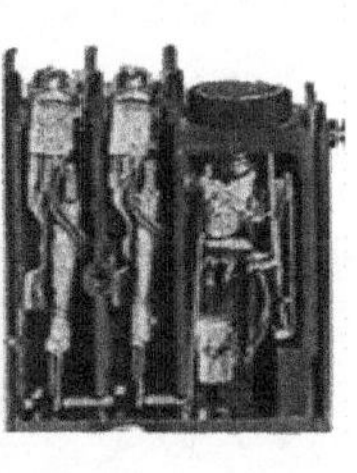

（a）　　　　　　（b）

图 5－11　热继电器的外形和结构图

（a）外形；（b）结构

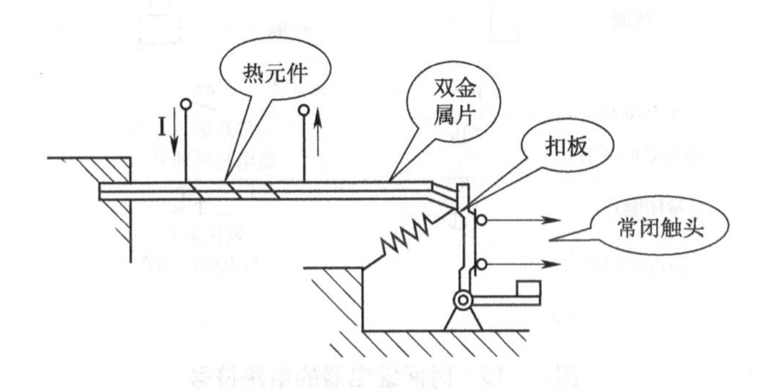

图 5－12　热继电器的结构原理图

图 5－13 为热继电器的电路符号。其技术指标为热元件中的电流超过此电流 20% 时，热继电器应在 20 分钟内动作。

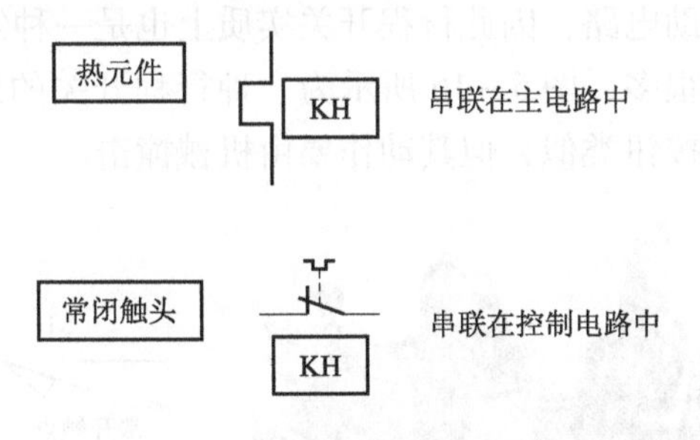

图 5－13　热继电器的电路符号

6. 时间继电器（KT）

时间继电器是从得到输入信号（线圈通电或断电）起，经过一段时间延时后才动作的继电器。它适用于定时控制。图 5－14 为时间继电器的外形图，图 5－15 为时间继电器的电路符号。

图 5-14　时间继电器的外形图

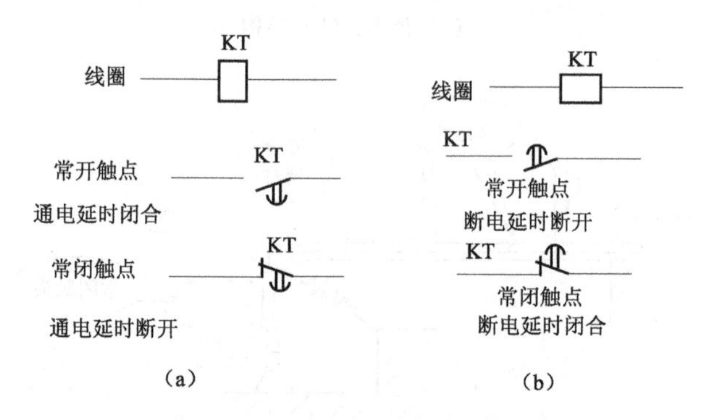

图 5-15　时间继电器的电路符号

(a) 通电延时继电器；(b) 断电延时继电器

7. 行程开关（SP）

行程开关又称限位开关。它是根据生产机械的行程信号进行动作的电器，而它所控制的是辅助电路，因此行程开关实质上也是一种继电器。

行程开关种类很多，图 5-16 所示为一种行程开关的外形图和它的符号。实质上它的结构与按钮类似，但其动作要由机械撞击。

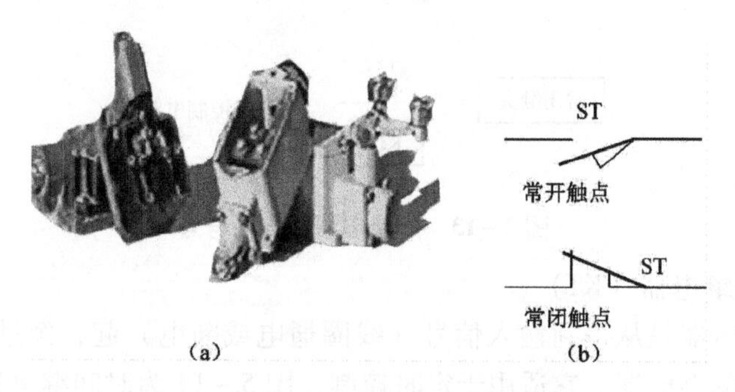

图 5-16　行程开关的外形和电路符号

(a) 外形；(b) 电路符号

三、继电接触控制线路

随着生产机械电气化和自动化的发展，不仅广泛地采用电动机实现电力拖动，而且需要根据生产或工艺的要求，对电动机的启动、正转、反转等运动状态进行有效的控制。采用继电器、接触器、操作主令电器等低压电器组成有触点控制系统，称为继电接触器控制系统。例如实现电动机的启动、正转、反转和调速进行控制。

控制电路图是用图形符号和文字符号表示并完成一定控制目的的各种电器连接的电路图。因此，掌握继电接触器控制原理图的绘制原则及读图方法至关重要。

1. 继电接触器控制原理图的绘制原则及读图方法

（1）按国家规定的电工图形符号和文字符号画图。

（2）控制线路由主电路（被控制负载所在电路）和控制电路（控制主电路状态）组成。

（3）属同一电器元件的不同部分（如接触器的线圈和触点）按其功能和所接电路的不同分别画在不同的电路中，但必须标注相同的文字符号。

（4）所有电器的图形符号均按无电压、无外力作用下的正常状态画出，即按通电前的状态绘制。

（5）与电路无关的部件（如铁芯、支架、弹簧等）在控制电路中不画出。

2. 在分析和设计控制电路时应注意的事项

（1）使控制电路简单，电器元件少，而且工作又要准确可靠。

（2）尽可能避免多个电器元件依次动作才能接通另一个电器的控制电路。

（3）必须保证每个线圈的额定电压，不能将两个线圈串联。

四、继电接触器控制系统

各种生产机械的生产过程是不同的，其继电接触器控制线路也是各式各样的，但各种线路都是由比较简单的基本环节构成的，即由主电路和控制电路组成。

1. 三相异步电动机点动控制电路

点动控制就是按下按钮时电动机转动，松开按钮时电动机停止。在生产机械过程中进行试车和调整时常要求点动控制。电动机点动控制电路如图 5－17 所示。

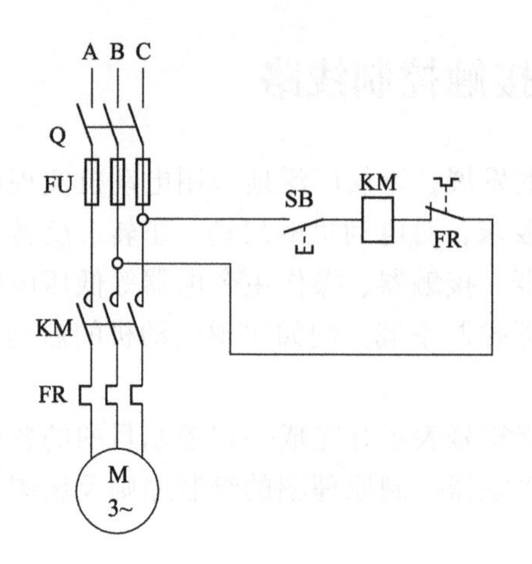

图 5－17 电动机点动控制电路

2. 三相异步电动机直接启停控制电路

在实际生产中，大多数生产机械需要连续运转，如水泵、机床等。如图 5－18 为电动机直接启停控制电路。

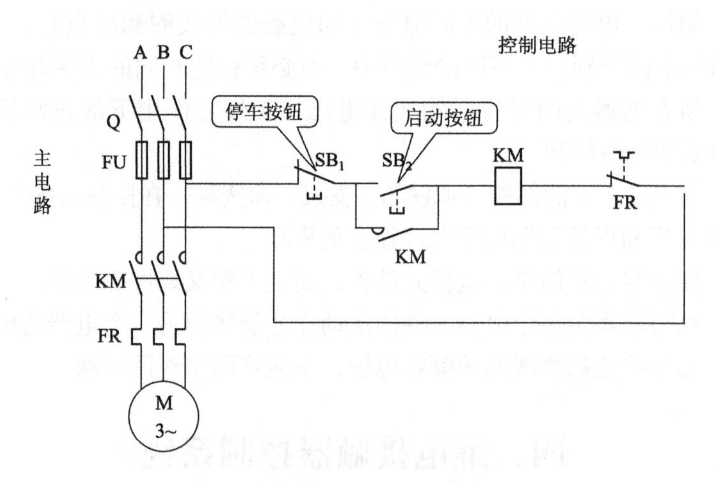

图 5－18 电动机直接启停控制电路

（1）电动机启动：

按下按钮（SB_2）→线圈（KM）通电→主触点（KM）闭合→电动机转动→KM 辅助触点闭合→松开 SB_2 线圈保持通电→电动机继续转动。

（2）电动机停车：

按下 SB_1→KM 线圈断电→KM 主触点断开→电机断电停车；→KM 辅助触点断开→松开 SB_1，线圈保持断电。

在图 5－18 中，涉及了电动机的三种保护：

短路保护：因短路电流会引起电器设备绝缘损坏产生强大的电动力，使电动机和电器设备产生机械性损坏，故要求迅速、可靠切断电源。通常采用熔断器 FU 和过流继电器等。在图 5 - 18 中，短路保护的过程为：

电路发生短路⇒FU 立即熔断⇒切断主电路⇒电动机停转

欠压保护：是指电动机工作时，引起电流增加甚至使电动机停转，失压（零压）是指电源电压消失而使电动机停转，在电源电压恢复时，电动机可能自动重新启动（亦称自启动），易造成人身或设备故障。常用的失压和欠压保护有：对接触器实行自锁；用低电压继电器组成失压、欠压保护。在图 5 - 18 中，欠压保护的过程为：

KM 线圈接线电压 U_L，当 $U_L\downarrow$ 时

↓

动铁芯释放（静铁芯产生的电磁吸力不足以吸合动铁芯）

↓

KM 主触点断开

↓

电动机停转

过载保护：为防止三相电动机在运行中电流超过额定值而设置的保护。常采用热继电器 FR 保护，也可采用自动开关和电流继电器保护。在图 5 - 18 中，过载保护的过程为：

过载超过一定程度⇒主电路中 FR 热元件发热，双金属片动作⇒控制电路中的常闭触点 FR 断开⇒KM 线圈断电⇒KM 主触点断开⇒电动机停转。

3. 三相异步电动机正反转控制电路

在生产中，经常要求运动部件向正反两个方向运动。将电动机接到电源的任意两根线对调一下，即可使电动机反转。即当正转接触器工作时，电动机正转；当反转接触器工作时，将电动机接到电源的任意两根连线对调一下，则电动机反转。图 5 - 19 为电动机正反转控制电路。

4. 三相异步电动机顺序启停控制电路

在生产中，经常要求几台电动机配合工作，或一台电动机按规定先后次序完成几个动作。例如，水泥厂、建筑工地以及矿山企业中，运料常采用多台皮带运输机的电动机串联运行达到目的。电动机的顺序启停控制就是几台电动机的启动或停止按一定的先后顺序来完成的控制方式。电动机顺序启停控制电路如图 5 - 20 所示。

（1）**电动机顺序启动：**按下按钮 SB_2，使接触器 KM_1 的线圈得电，主触点 KM_1 闭合，电动机 M_1 启动运行，同时动合辅助触点 KM_1 闭合（起到了自

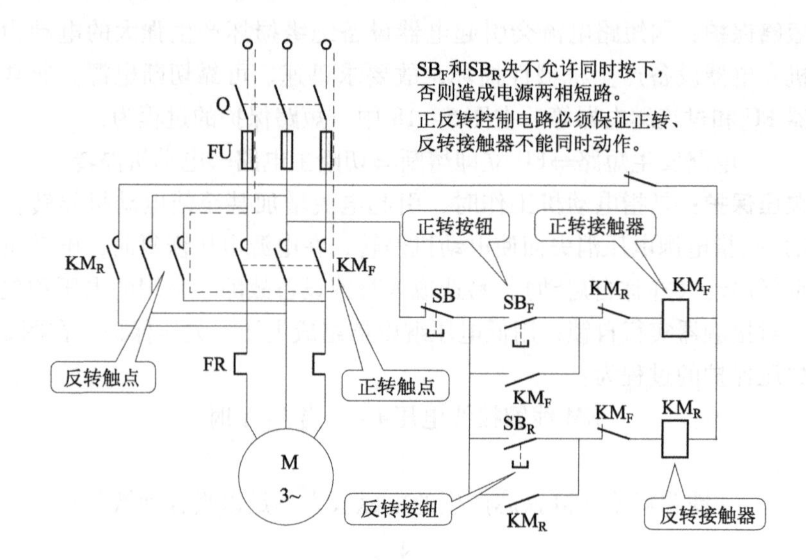

图 5－19　电动机正反转控制电路

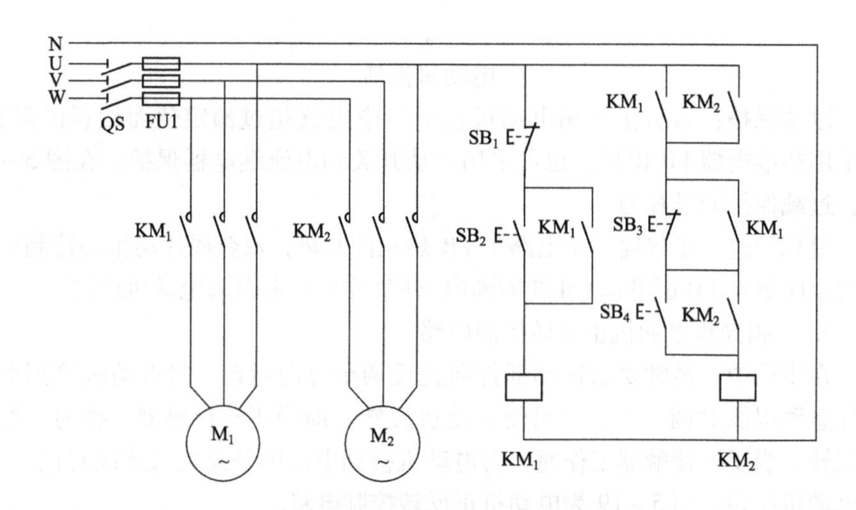

图 5－20　电动机顺序启停控制电路

锁的作用）和动合辅助触点 KM_1 闭合为电动机 M_2 启动准备好了通路。再按下按钮 SB_4，使接触器 KM_2 的线圈得电，主触点 KM_2 闭合，电动机 M_2 启动运行，同时动合辅助触点 KM_2 闭合（起到了自锁的作用）。

（2）**电动机顺序停车：**如果此时按下按钮 SB_3，由于线圈的动合辅助触点 KM_1 闭合，电动机 M_2 不会停止运行。故先按下按钮 SB_1，使接触器 KM_1 的线圈失电，主触点 KM_1 断开，同时动合辅助触点 KM_1 断开（为电动机 M_2 停止做好准备），电动机 M_1 停止运行。再按下按钮 SB_3，使接触器 KM_2 的线圈失电，主触点 KM_2 断开，同时动合辅助触点 KM_2 断开，电动机 M_2 停止运行。

【注意事项】

（1）接线之前用万用表对所使用的保险丝、按钮、接触器与热继电器的常开常闭属性进行检查。

（2）接线完成之后应仔细检查线路连接是否正确，由指导老师开启电源进行功能检查。

（3）通电过程中绝不允许用螺丝刀对线路进行任何操作。

（4）实习结束后应将导线按照粗细进行分类整理，并且将实验台打扫干净。

第六章　电 子 实 习

一、电子实习任务书

1. 实习单位

2. 实习岗位

（1）制板焊接。

（2）装配技工。

3. 实习任务

（1）理论培训。

（2）PCB 制作工艺实习。

（3）PCB 焊接实习。

（4）外差式收音机装配实习。

4. 实习要求

（1）掌握制板和焊接的基本知识及技能。

（2）掌握 PCB 设计及制作的基本方法。

（3）掌握收音机整机装配的基本技能。

5. 实习进度

二、印制电路板（PCB）的制作

【实习目的】

（1）掌握各 PCB 加工设备的使用方法，熟悉单面 PCB 的制作流程。

（2）了解工厂加工 PCB 的流程。

【实习设备】

裁板器、热转印机、PCB 一体化制板机、钻孔机、鼓风机。

【实习任务】

以组为单位，每组完成一块单面 PCB 的制作。

【实习内容】

印制电路板（PCB，Printed Circuit Board）是电子产品中最重要的部件之一。电路原理图完成以后，还必须再根据原理图设计出对应的印制电路板图，最后才能由制板厂家根据用户所设计的印制电路板图制作出印制电路板产品。

1. 印制电路板的制作材料与结构

印制电路板的结构是在绝缘板上覆盖着相当于电路连线的铜膜。通常绝缘材料的基板采用酚醛纸基板、环氧树脂板或玻璃布板。发展的趋势是板子的厚度越来越薄，韧性越来越强，层数越来越多。

2. 有关电路板的几个基本概念

（1）层：这是印制板材料本身实实在在的铜箔层。

（2）铜膜导线：该导线是敷铜经腐蚀后形成的，用于连接各个焊盘。印制电路板的设计都是围绕如何布置导线来完成的。

飞线：预拉线。它是在引入网络表后生成的，而它所连接的焊盘间一旦完成实质性的电气连接，则飞线自动消失。它并不具备实质性的电气连接关系，在手工布线时它可起引导作用，从而方便手工布线。

（3）焊盘：放置、连接导线和元件引脚。过孔：连接不同板层间的导线，实现板层的电气连接，分为穿透式过孔、半盲孔、盲孔三种。

（4）助焊膜：涂于焊盘上提高焊接性能的一层膜，也就是在印制板上比焊盘略大的浅色圆。阻焊膜：为了使制成的印制电路板适应波峰焊等焊接形式，要求板子上非焊盘处的铜箔不能粘焊，因此在焊盘以外的各部位都要涂覆一层涂料，用于阻止这些部位上锡。

（5）安全间距：是走线、焊盘、过孔等部件之间的最小间距。

（6）长度单位及换算：100 mil = 2.54 mm（其中 1 000 mil = 1 in）。

3. 自制单面 PCB 制作流程

（1）根据电路功能需要设计原理图。原理图的设计主要是依据各元器件的电气性能根据需要进行合理的搭建，通过该图能够准确地反映出该 PCB 的重要功能，以及各个部件之间的关系。原理图的设计是 PCB 制作流程中的第一步，也是十分重要的一步。通常设计电路原理图采用的软件是 Protel。

（2）打印电路板。将绘制好的电路板用转印纸打印出来，注意将转印纸滑的一面面向自己，一般打印两张电路板，即一张纸上打印两张电路板，在其中选择打印效果最好的那张制作线路板。

（3）裁剪覆铜板。覆铜板，也就是两面都覆有铜膜的线路板，将覆铜板裁成电路板的大小，不要过大，以节约材料。

（4）预处理覆铜板。用细砂纸把覆铜板表面的氧化层打磨掉，以保证在转印电路板时，热转印纸上的碳粉能牢固地印在覆铜板上，打磨好的标准是板面光亮，没有明显污渍。

（5）转印电路板。将打印好的电路板裁剪成合适大小，把印有电路板的一面贴在覆铜板上，对齐好后把覆铜板放入热转印机，放入时一定要保证转印纸没有错位。一般来说经过 2 ~ 3 次转印，电路板就能很牢固地转印在覆铜板上。热转印机需提前先预热，温度设定在 160 ℃ ~ 200 ℃。

（6）线路板蚀刻。先检查一下电路板是否转印完整，若有少数没有转印好的地方可以用黑色油性笔修补。然后开始进行蚀刻，等线路板上暴露的铜膜完全被腐蚀掉时，将线路板从腐蚀液中取出清洗干净，这样一块线路板就腐蚀好了。

（7）线路板钻孔。线路板上是要插入电子元件的，所以要对线路板钻孔。依据电子元件管脚的粗细选择不同的钻针，在使用钻机钻孔时，线路板一定要按稳，钻机速度不能开得过慢，请先仔细观察指导老师的操作。

（8）线路板预处理。钻孔完后，用细砂纸把覆在线路板上的墨粉打磨掉，用清水把线路板清洗干净。水干后，用松香水涂在有线路的一面，为加快松香凝固，可以用热风机加热线路板，只需 2 ~ 3 分钟松香就能凝固。

（9）线路板保存。将加工完成的电路板用牛皮纸包好置于阴凉干燥处保存。

4. 工业加工单面 PCB 的流程

（1）裁剪覆铜板。将覆有铜皮的板进行裁剪，注意裁剪规格，裁剪前需烘烤板材。

（2）磨板。在磨板机内对裁剪的覆铜板进行清洗，使其表面无灰尘、毛刺等杂物，先磨洗后烘烤，两道工序是一体的。

（3）转印电路。在有铜皮一面印上电路图，该油墨具有防腐蚀作用。

（4）检验。将多余油墨清除，将少印油墨的地方补上油墨，如发现大量不良，需进行调整，不良品可放在蚀刻中第二步骤进行油墨清洁，清洁干燥后可返回此道工序重新加工。

（5）油墨待干。

（6）蚀刻。用试剂将多余的铜皮腐蚀掉，将电路上附有油墨的铜皮保留，之后用试剂清洗电路上的油墨再烘干，这三道工序是一体的。

（7）钻定位孔。将蚀刻后的电路板钻定位孔。

（8）磨板。将钻好定位孔的基板进行清洗干燥。

（9）丝印。在基板背面印上插件元件丝印、一些标示编码，丝印后烘干，两道工序是一体的。

（10）磨板，再进行一次清洁。

（11）阻焊。在清洁后的基板上丝印绿油阻焊剂，焊盘处不需要绿油，印好后直接烘干，两道工序是一体的。

（12）成型。用冲床成型，不需 V 坑处理的有可能分两次成型，如小圆板，先从丝印面往阻焊面冲成小圆板，再从阻焊面往丝印面冲插件孔等。

（13）V 割。小圆板不需 V 割处理，用机器将基板切割出分板槽。

（14）松香。先磨板，清洁基板灰尘，后烘干，再在有焊盘一面涂上薄薄一层松香，此三道工序是一体的。

（15）FQC 检验，检验基板是否变形，孔位、线路是否为良品。

（16）压平，将变形的基板压平整，基板平整的则不需操作此工序。

（17）包装出货。

【注意事项】

（1）热转印机温度很高，操作时注意安全，避免烫伤。

（2）蚀刻过程中要使用强腐蚀性溶液，所以应戴上橡胶手套，避免皮肤直接接触。

（3）正确操作钻孔机，注意安全。

三、焊接技术练习

手工焊接技术是电子实习的入门环节，是收音机的安装与调试是否成功的基础和关键。通过本实习环节，使同学们了解电子产品的装配过程，培养独立的动手能力。

【实习目的】

(1) 掌握焊接工具的使用方法。

(2) 通过练习了解并掌握手工锡焊技术。

(3) 通过练习熟练掌握元器件的拆焊技术。

【实习工具】

电烙铁、焊锡丝、电烙铁架、焊接导线、通用多孔 PCB 板、斜口钳、镊子、松香。

【实习任务】

(1) 焊板上保留 40 个以上（含 40 个）的焊点。

(2) 焊点牢固且外观成大小适宜的半圆形或锥形为合格，如图 6-1 所示。

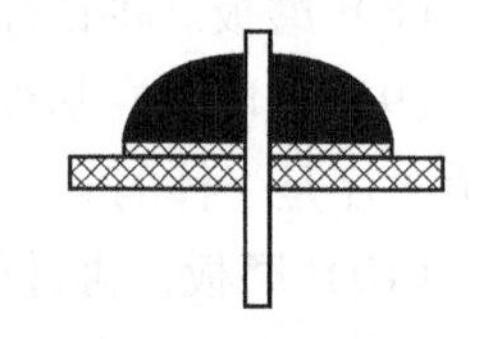

图 6-1　合格焊点示意图

【实习内容】

1. 锡焊介绍

锡焊是利用低熔点的金属焊料（如锡丝）加热熔化后，渗入并充填金属件连接处间隙的焊接方法。因焊料常为锡基合金，故名锡焊。电烙铁常用作加热工具。

2. 焊接方法

(1) 五步操作法。

① 准备施焊：右手以握笔式拿电烙铁，左手拿焊锡丝，保持随时可焊状态；

② 用烙铁加热备焊件；

③ 送入焊锡丝，熔化适量焊料；

④ 移开焊锡丝；

⑤ 当焊料（焊锡丝熔化）流动覆盖焊接点时，迅速移开电烙铁。

(2) 掌握好焊接的温度和时间。在焊接时，要有足够的热量和温度。若温度过低，焊锡流动性差，很容易凝固，形成虚焊；若温度过高，将使焊锡流淌，焊点不易存锡，焊剂分解速度加快，使金属表面加速氧化，并导致印制电路板上的焊盘脱落。

(3) 不要用电烙铁头对焊点进行施力，否则会损伤焊件。

(4) 焊锡量要合适。过量的焊锡不但毫无必要地消耗了较贵的锡，而且增加了焊接时间，相应降低了工作速度。更为严重的是在高密度的电路中，过量的锡很容易造成不易察觉的短路。但是焊锡过少不能形成牢固的结合，降低焊点强度，特别是在板上焊导线时，焊锡不足往往造成导线脱落。

（5）加热要靠焊锡桥。所谓焊锡桥，就是靠烙铁上保留少量焊锡作为加热时烙铁头与焊件之间传热的桥梁。

（6）焊锡要牢固。在焊锡凝固前一定要保持焊件静止，实际操作时可以用各种适宜的方法将焊件固定，或使用可靠的夹持措施。

（7）烙铁撤离有讲究。撤烙铁时轻轻旋转一下，可保持焊点适当的焊料。

3. 拆焊介绍

对错焊或需要更换元件时，要采用拆焊技术。其操作方法是：将焊板竖立起来夹住，一手用电烙铁加热待拆元器件的引脚焊点，一手用镊子夹住元器件轻轻拉出。

4. 烙铁头的清洁

由于烙铁头长期处于高温状态且接触焊剂等受热分解的物质，其表面易氧化而形成一层黑色杂质的隔热层，削弱烙铁头的加热作用，因此需适时在烙铁架的松香混合物中蹭去杂质。

【注意事项】

（1）安全用电。

（2）保持电烙铁的正确放置。电烙铁在加热或者不使用的情况下一定要安稳放置在对应的电烙铁架上，切忌随手放于桌面或其他处，以免烧坏物件或烫伤。

（3）使用尖嘴钳钳断多余焊接导线或元件引脚时，小心细小部件弹入眼中。

（4）PCB 板的绝缘面尽量不要出现裸露的导线。

（5）节约使用焊接导线和焊锡丝。

（6）焊接练习结束后，还原放置电烙铁，并有序归还工具，清洁工作台。

（7）焊接完成的 PCB 板可自行带走。

四、电子元器件识别

【实习目的】

（1）学会识别各种常用的电子元器件。

（2）掌握各种元器件在电路中的作用。

【实习原理】

1. 电阻

电阻器作为电路中最常用的器件，通常简称为电阻（以下简称为电阻），几乎是任何一个电子线路中不可缺少的一种器件。它在电路中的主要作用是：缓冲、负载、分压分流、保护等，常见的电阻符号如图 6 – 2 所示。

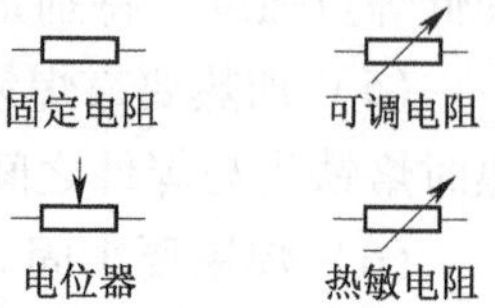

固定电阻　可调电阻

电位器　热敏电阻

图 6 – 2　电阻的表示符号

电阻用“R”表示，它的基本单位是欧姆（Ω），$1\ \mathrm{M\Omega} = 10^3\ \mathrm{k\Omega} = 10^6\ \Omega$。

常用的电阻有：色环电阻、绕线电阻、水泥电阻、排阻、贴片状电阻和电位器等。常见电阻外形如图 6 – 3 所示。

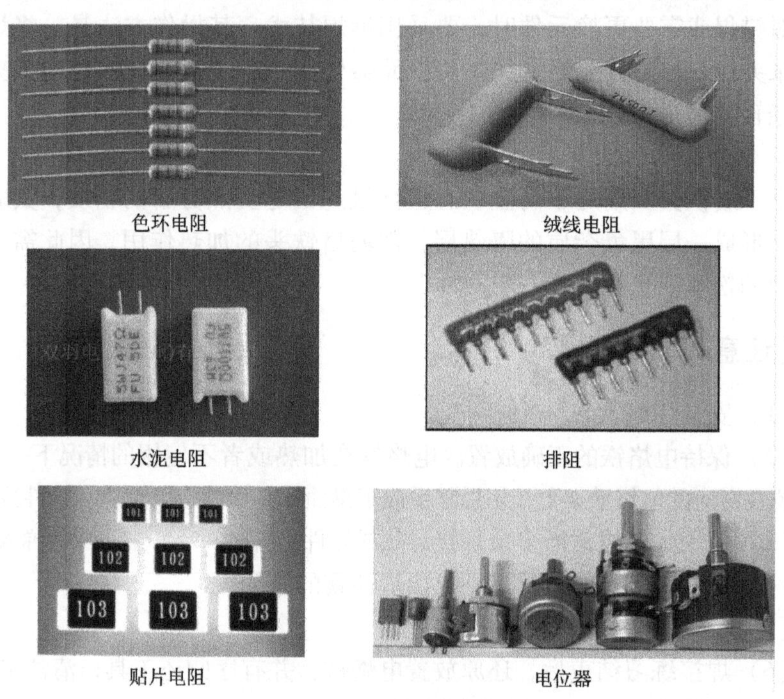

色环电阻　绕线电阻

水泥电阻　排阻

贴片电阻　电位器

图 6 – 3　常见的电阻外形

收音机组件中用到的电阻有色环电阻、电位器等。

色环电阻是在电阻封装上（即电阻表面）涂上一定颜色来代表这个电阻的阻值。色环电阻分四环和五环，通常用四环。色环电阻的识别方法在后续部分会具体介绍。

电位器是通过旋转轴来调节阻值的可变电阻器，普通电位器由外壳、旋转轴、电阻片和三个引出端子组成。由于电位器阻值具有可调性，因此常用作分压器和变阻器。收音机音量调节、电视机亮度和对比度调节中常常使用电位器。

2. 电容

电容也是最常用、最基本的电子元件之一。在电路中用于调谐、滤波、耦合、旁路、能量转换和延时等。

电容用字母“C”表示，它的基本单位是法拉（F），$1\ \mathrm{F}=10^{3}\ \mathrm{mF}$（毫法）$=10^{6}\ \mu\mathrm{F}$（微法）$=10^{9}\ \mathrm{nF}$（纳法）$=10^{12}\ \mathrm{pF}$（皮法）。

根据介质的不同，电容分为陶瓷电容、云母电容、纸质电容、薄膜电容、电解电容几种。图 6－4 为常见的电容的外观。

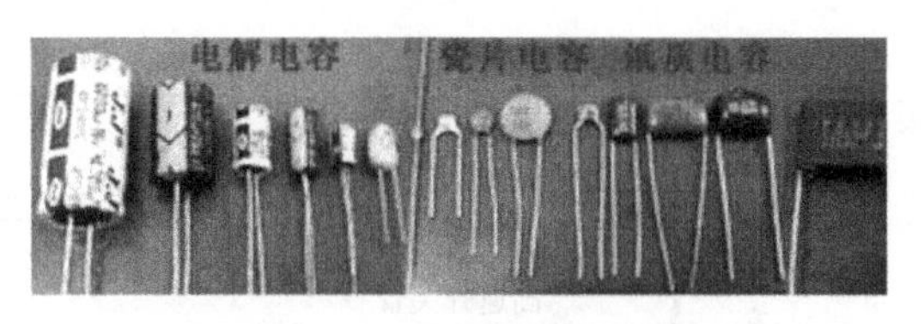

图 6－4　常见的电容外观

3. 电感

电感用“L”表示，它的基本单位是亨利（H），$1\ \mathrm{H}=10^{3}\ \mathrm{mH}$（毫亨）$=10^{6}\ \mu\mathrm{H}$（微亨），图 6－5 为常见电感的外形。

电感

线圈电感

线圈电感

图 6－5　常见电感的外形

电感器的作用：滤波、陷波、振荡、储存磁能等。

4. 二极管

二极管又称晶体二极管，是由半导体材料制成的。二极管用“D”表示，含有一个 PN 结。PN 结上加上相应的电极、引线和封装，就成为一个二极管。按制造材料不同，二极管分为硅二极管和锗二极管。二极管按结构分有点接触型、面接触型两大类，如图 6－6 所示。

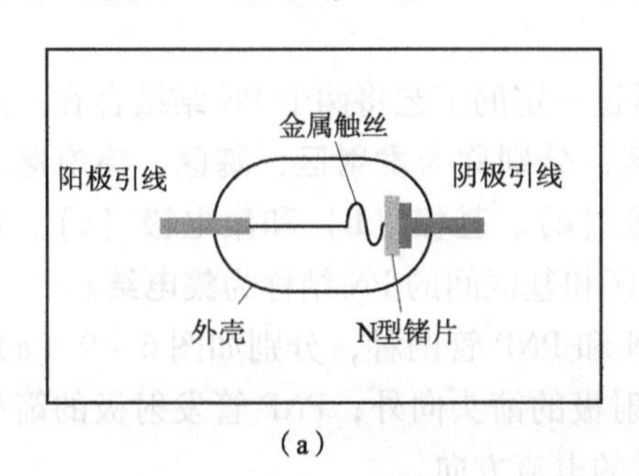

（a）

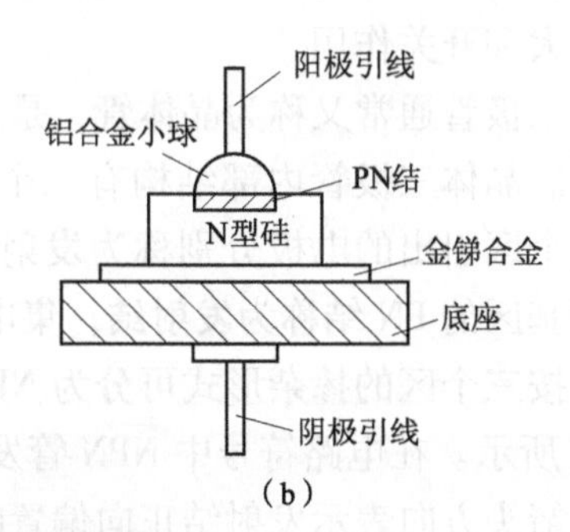

（b）

图 6－6　半导体二极管的结构

（a）点接触型；（b）面接触型

（1）点接触型二极管：PN 结面积小，结电容小，用于检波和变频等高频电路。

（2）面接触型二极管：PN 结面积大，用于低频、大电流整流电路。

无论是点接触型二极管和面接触型二极管，其二极管的电路符号皆如图 6 –7 所示。

图 6 –8 为实际电路设计中常用的几种二极管实物图。

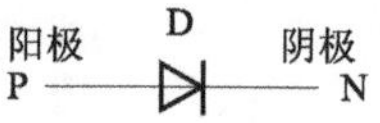

阳极 D 阴极
P N

图 6 –7 二极管的电路符号

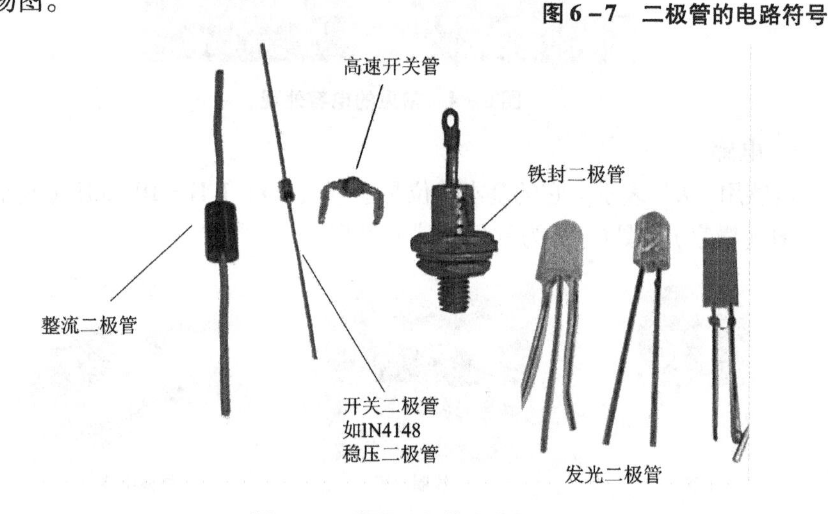

图 6 –8 常用二极管实物图

二极管是一种单向导电组件，即电流从正极流向负极，如果电流由负极流向正极则二极管处于截止状态。因此，二极管是有极性的。

二极管可以应用为：整流二极管、开关元件、限幅元件、显示元件等。

5. 三极管

半导体三极管也称为晶体三极管，可以说它是电子电路中最重要的器件。三极管用字母“VT”表示，它是一种能将电信号放大的组件，最主要的功能是放大和开关作用。

三极管通常又称为晶体管，是通过一定的工艺将两个 PN 结结合在一起的器件。晶体三极管内部结构有三个区，分别称为**发射区、基区、集电区**，从这三个区引出的电极分别称为**发射极（e）、基极（b）和集电极（c）**。发射区和基区的 PN 结称为**发射结**，集电区和基区间的 PN 结称为**集电结**。

按三个区的掺杂形式可分为 NPN 和 PNP 管两种，分别如图 6 –9（a）和（b）所示。在电路符号中 NPN 管发射极的箭头向外；PNP 管发射极的箭头向内。箭头方向表示发射结正向偏置时的电流方向。

另外，在制造三极管时，**晶体三极管内部三个区的特点：**

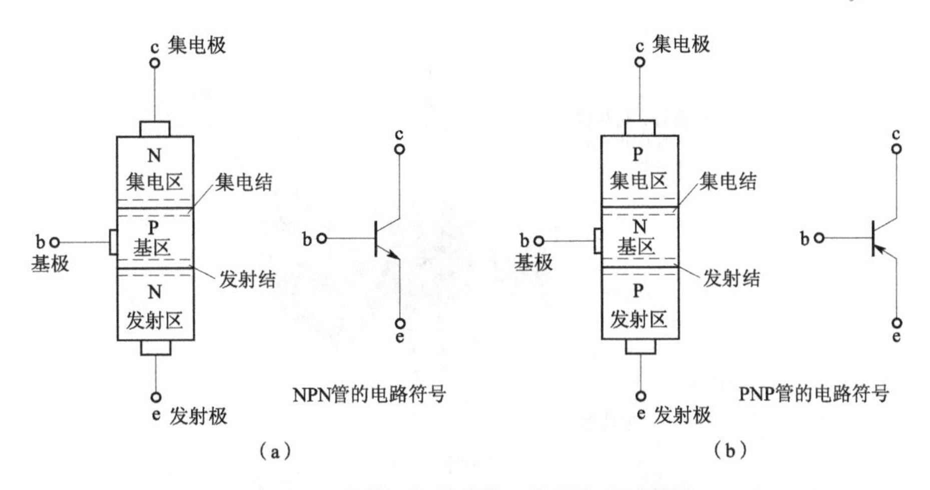

图 6-9 晶体三极管结构示意图和电路符号

(a) NPN 管的结构示意图和电路符号；(b) PNP 管的结构示意图和电路符号

发射区：掺杂浓度要远高于集电区，面积尺寸要小于集电区。

基区：掺杂浓度更低，厚度很薄，一般只有几微米。

集电区：掺杂浓度低于发射区，面积尺寸要大于集电区。

晶体三极管根据所用半导体材料不同，可分为硅三极管和锗三极管；根据工作频率特性可分为低频管和高频管；根据功率又可分为大、中、小功率管等。图 6-10 所示为半导体三极管的不同封装形式。图 6-11 所示为常见三极管外形。

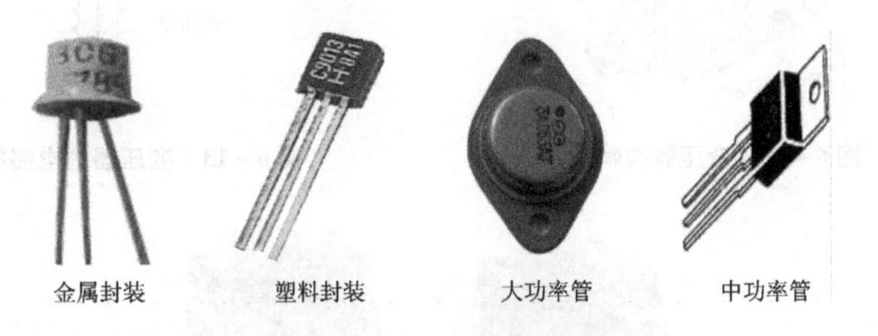

图 6-10 半导体三极管的不同封装形式

6. 变压器

变压器由铁芯和绕在绝缘骨架上的线圈构成。绝缘铜线绕在塑料骨架上，每个骨架需绕制输入和输出两组线圈。线圈中间用绝缘纸隔离。绕好后将许多铁芯薄片插在塑料骨架的中间。这样就能够使线圈的电感量显著增大。变压器利用电磁感应原理从它的一个绕组向另几个绕组传输电能量。

在电路中，变压器能够耦合交流信号而阻隔直流信号，并可以改变输入输出的电压比；利用变压器使电路两端的阻抗得到良好匹配，以最大限度地传送信号功率。

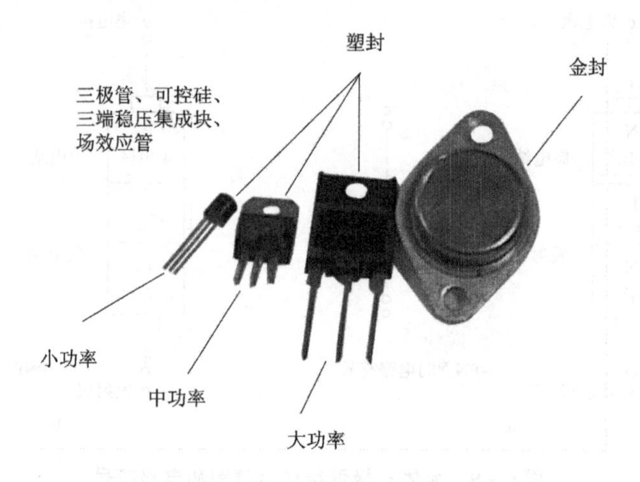

图 6－11 常见三极管外形

收音机中常用的变压器如图 6－12 所示，一般大一点的输入变压器（蓝色），是电源变压器；小一点的输出变压器（红色），是音频耦合变压器。图 6－13 为电路中变压器的符号。

图 6－14 为收音机电路中变压器的实物图。

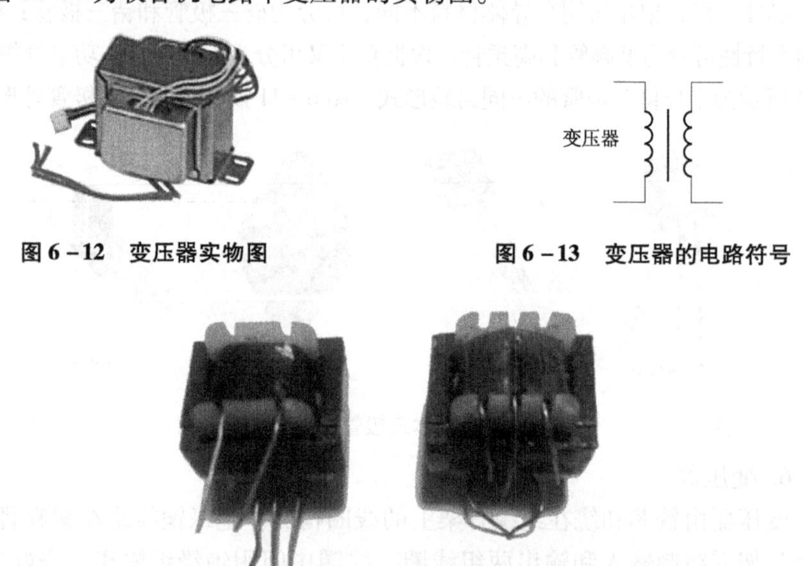

图 6－12 变压器实物图

图 6－13 变压器的电路符号

图 6－14 收音机电路中变压器的实物图

7. 中周

收音机中周是中频变压器（俗称中周），是超外差式晶体管收音机中特有的一种具有固定谐振回路的变压器，但谐振回路可在一定范围内微调，以使接入电路后能达到稳定的谐振频率（465 kHz）。微调借助于磁芯的相对位置的变化来完成。图 6－15 为收音机中常见的中周实物图。

图 6－15　收音机中常见的中周实物图

收音机中的中频变压器大多是单调谐式，结构较简单，占用空间较小。由于晶体管的输入、输出阻抗低，为了使中频变压器能与晶体管的输入、输出阻抗匹配，初级有抽头，且具有圈数很少的次级耦合线圈。双调谐式的优点是选择性较好且通频带较宽，多用在高性能收音机中。

【实习内容】

1. 电阻的识别

（1）**色标法**，常用的色环电阻有五色环电阻和四色环电阻，外观如图 6－16（a）和（b）所示。

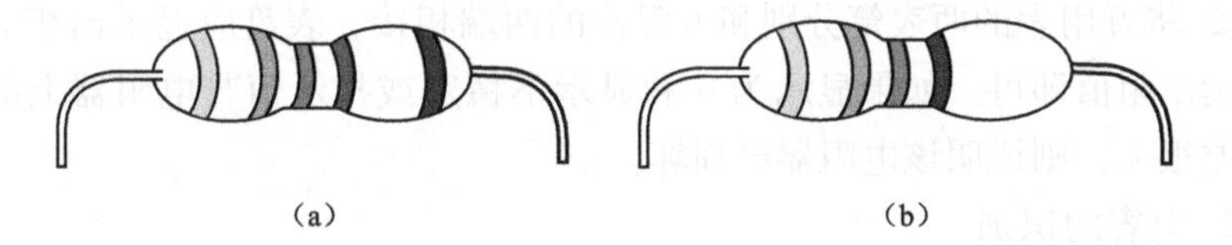

（a）　　　　（b）

图 6－16　常用的色环电阻（五色环电阻和四色环电阻）

（a）五色环电阻；（b）四色环电阻

色环电阻较大的两头叫金属帽，中间几道有颜色的圈叫色环，这些色环是用来表示该电阻的阻值和范围的，共有 12 种颜色，它们分别代表不同的数字（其中金色和银色表误差），如表 6－1 所示。

表 6－1　色环对应的数字

颜色	棕	红	橙	黄	绿	蓝	紫	灰	白	黑	金	银
代表数字	1	2	3	4	5	6	7	8	9	0	±5%	±10%

四色环电阻（普通电阻），电阻外表上有四道色环，首先要分出哪道是第 1 环、第 2 环、第 3 环和第 4 环。标在金属帽上的那道环叫第 1 环，表示电阻

值的最高位，也表示读值的方向。如黄色表示最高位为4，紧挨第1环的叫第2环，表示电阻值的次高位，如紫色表示次高位为7；紧挨第2环的叫第3环，表示次高位后“0”的个数，如橙色表示后面有3个0；最后一环叫第4环，表示误差范围，一般仅用金色或银色表示。如为金色，则表示误差范围在±5%之间；如为银色，则表示误差范围在±10%之间。

例如，某电阻色环颜色顺序为：黄－紫－橙－银，表示该电阻的阻值为47 000 Ω＝47 kΩ，误差范围为±10%以内。

五色环电阻（精密电阻），五色环电阻的阻值可精确到±10%，电阻外表上有五道色环，读取阻值和误差范围的方法与四色环电阻大体相同，仅以下两点不同：

① 有些五色环电阻，两端的金属帽上都有色环。这种电阻都会有4道色环相对靠近，集中在一起，而另一道色环则远离那4道色环，单独标在金属帽上的色环是表误差的第5环。

② 五色环电阻增加了第3道色环表示阻值的低位，第5环表示误差范围。

（2）万用表识别法。

① 若使用数字万用表，首先将万用表的挡位旋钮调到欧姆挡的适当挡位。一般，200 Ω以下的电阻器选择200 Ω挡；200～2 000 Ω的电阻器选择2 kΩ挡；2～20 kΩ的电阻器选择20 kΩ挡；20～200 kΩ的电阻器选择200 kΩ挡；0.2～2 MΩ的电阻器选择2 MΩ挡；2～20 MΩ的电阻器选择20 MΩ挡；20 MΩ以上的电阻器选择200 MΩ挡。

② 将万用表的两表笔分别和电阻器的两端相接，表盘应显示出相应的阻值，读出阻值即可。如果显示为0和显示不稳定或指示值与电阻器上的标示值相差很大，则说明该电阻器已损坏。

2. 电容的识别

（1）各种电容的识别。

① 电解电容。其外形如图6－17所示，它有极性（方向性），在其中一只引脚上标有负号“－”表示该脚为负极，另一脚为正极；如无标记则引线长的为“＋”端，引线短的为“－”端。使用时必须注意不要接反；若接反，电解作用会反向进行，氧化膜很快变薄，漏电流急剧增加。如果所加的直流电压过大，则电容器很快发热，甚至会引起爆炸（使用时应注意极性）。电解电容是以铝、钽、钛等金属氧化膜作介质的电容器，容量大、稳定性差。

② 片状电容。片状电容器也称贴片式电容器，其外形如图6－18所示。常用的有片状多层陶瓷电容器、高频圆柱状电容器、片状涤纶电容器、片状电解电容器、片状钽电解电容器、片状微调电容器等。片状电容器体积小，容量大，适合自动安装的8 mm和12 mm的卷带包装。

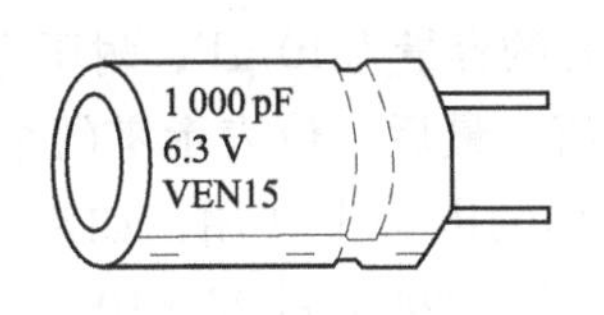

图 6-17 电解电容

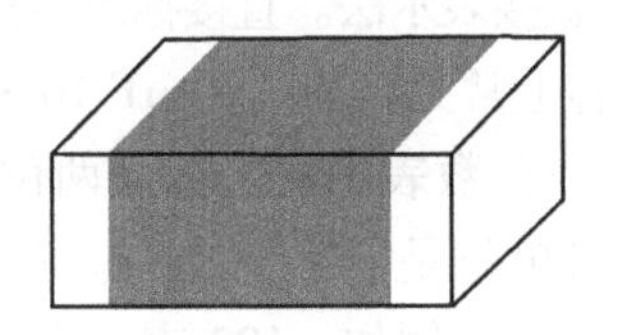
图 6-18 片状电容

③ 陶瓷电容。陶瓷电容以高介电常数、低损耗的陶瓷材料为介质，体积小，自体电感小。它的外壳是由陶瓷做成的，外形为扁平的近圆形，如图 6-19 所示。

④ 钽质电容。钽质电容外形如图 6-20 所示，大体圆形，在圆的上方有一小的圆锥体，有极性。在其中的一脚上标正号“+”表示该脚为正极，另一脚为负极；如无标记则引线长的为“+”端，引线短的为“-”端。贴片钽电容有一横线的是正极，另一边是负极。

⑤ 独石电容。独石电容外形如图 6-21 所示，其外形似小石子，没有极性。

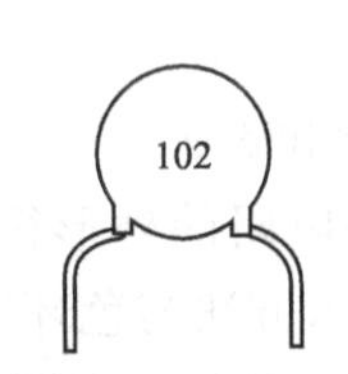

图 6-19 陶瓷电容

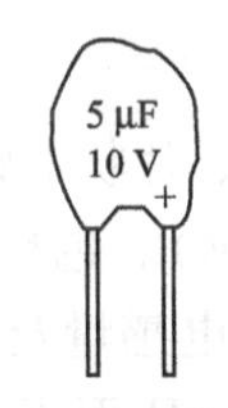

图 6-20 钽质电容

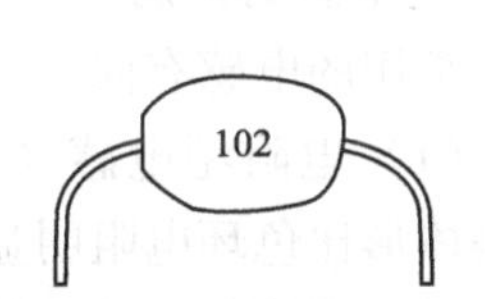

图 6-21 独石电容

⑥ 双联电容。电容量可在一定范围内调节的电容器称为可变电容器。容量的改变是通过改变极片间相对的有效面积或片间距离来实现的。一般由相互绝缘的两组极片组成：固定不动的一组极片称为定片，可动的一组极片称为动片。几只可变电容器的动片可合装在同一转轴上，组成同轴可变的电容器（俗称双联、三联等）。可变电容器都有一个长柄可变电容器，可装上拉线或拨盘调节，外形如图 6-22 所示。可变电容器通常在无线电接收电路中作调谐电容器用。

图 6-22 双联电容实物图

(2) 示值方法。

电容的误差等级一般用英文 J、K、M、Z 字母来表示。耐压常见的有 20 V、25 V、50 V、63 V 等。一般使用两种方法来表示电容的容量和耐压这两个参数。

① 直接表示法。直接标出容量与耐压，这种方法在较大的电容如电解电容、钽质电容上常见，如“10 μF 16 V”表示该电容的容量为10 μF，耐压为16 V。

② 三位数表示法。前面两位表示有效数值，最后一位表示零的个数，得出的容量单位是pF（皮法）。这种方法在较小的电容上使用，如陶瓷电容、独石电容等。例如：102 表示 $10\times10^2=1\,000$ pF；224 表示 $22\times10^4=0.2$ μF。

（3）电容器好坏的检测。

脱离线路检测时，采用万用表欧姆挡的最高挡位，在检测前，先将电解电容的两根引脚相碰，以便放掉电容内残余的电荷。当表笔接通时，观察数值，如果电容坏了，也就是电容被击穿短路，电阻应显示为0 Ω。如果没有坏，应该是从一个数值到无穷大。若怀疑电解电容只在通电状态下才存在击穿故障，可以给电路通电，然后用万用表直流挡测量该电容器两端的直流电压，如果电压很低或为0 V，则是该电容器已被击穿。

对于电解电容的正、负极标志不清楚的，必须先判别出它的正、负极。对换万用表笔测两次，以漏电大（电阻值小）的一次为准，黑表笔所接一脚为负极，另一脚为正极。

3. 电感的识别

常用的电感有四种：色环电感、片状电感、绕线电感和磁珠。

（1）电阻型电感（即色环电感）。色环电感与色环电阻的外形很相似，只是体形比色环电阻明显胖一些，电感量及误差范围表示方法与色环电阻完全相同，只是得出的结果的单位是μH而不是欧姆（Ω），其外形如图6-23所示。例如：某色环电感的第一道到第四道色环依次是“红、紫、黑、银”，则该电感的电感量为27 μH，误差范围为±10%以内。

（2）片状电感。其外形酷似电容，其外形如图6-24所示。片状电感及其电感量用三位数表示，前两位为有效数字，第三位数字为有效数字后的“0”的个数，得出的电感量为微亨，其误差等级用英文字母表示：J、K、M分别表示±5%、±10%、±20%。

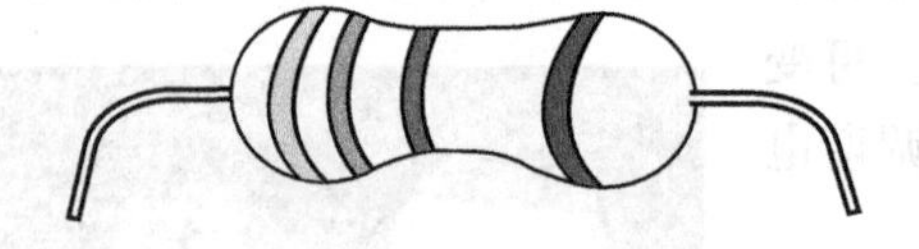

图6-23 色环电感

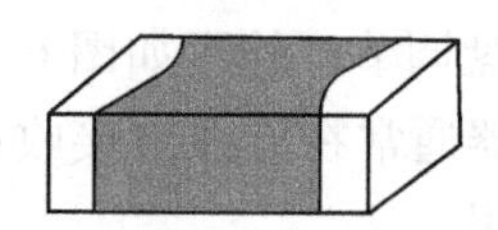

图6-24 片状电感

（3）绕线电感。绕线电感用金属线圈与环形磁石自行绕制，无标记，其外形如图6-25所示。

（4）磁珠。磁珠外观是一个黑色的小圆柱体，表面没有标记，其外形如图6-26所示，电感量及误差范围需查包装盒或产品说明书。

图 6-25 绕线电感

图 6-26 磁珠

4. 二极管的识别

(1) 普通二极管。二极管表示正负的方法有以下三种：

① 如图 6-27 所示，箭头所指的一端为负极，亦表示电流的流向，由正极流向负极。

② 如图 6-28 所示，涂黑的一头表示负极，外壳用玻璃或橡胶封装的小二极管常用此法。二极管表面上的字母“1Nxxx”或“1Sxxx”，都是二极管的标识方法，表示该组件是二极管。

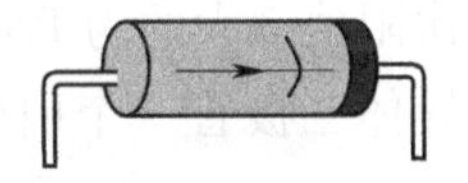

图 6-27 二极管 (1)

图 6-28 二极管 (2)

③ 如图 6-29 所示，有缺口的一端为正极。

(2) 发光二极管 (LED)。发光二极管常见的有红、黄、绿、紫、蓝、白等颜色，这些外观颜色即为发光二极管发光时的颜色。发光二极管也具有极性，插机时要留意极性，不能插错。其外形如图 6-30 所示。

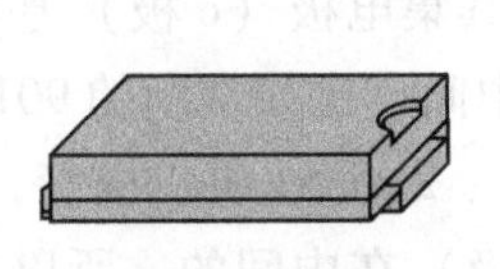

图 6-29 二极管 (3)

图 6-30 发光二极管

发光二极管的极性分辨如下：

① 金属脚嵌在玻璃里较小的一端为正极，较大的一极是负极。

② 外壳下边切弧的一端为负极，对面为正极（或者引脚长的为正极，引

脚短的为负极）。

（3）二极管极性的判断。用数字式万用表检测二极管时，通常选用万用表的欧姆挡，红表笔接二极管的一个引脚，黑表笔接二极管的另一个引脚，若测的阻值较小（一般在几十欧姆至几百欧姆之间），此时红表笔相连的引脚为二极管的正极，黑表笔相连的引脚为二极管的负极，二极管导通；当测的阻值很大（一般在几百至几千欧姆之间），此时红表笔接的是二极管的负极，黑表笔接的是二极管的正极，二极管截止。

在测量时若两次的数值均很小，则二极管内部短路；若两次测得的数值均很大或高位为“1”，则二极管内部开路。

5. 三极管的识别

三极管按材料来分可分硅管和锗管，我国目前生产的硅管多为 NPN 型，锗管多为 PNP 型。

（1）用数字万用表判断半导体三极管的型号。

① 选“$R\times100$”或“$R\times1$K”挡位。

② 用万用表黑表笔固定三极管的某一个电极，红表笔分别接半导体三极管另外两个电极，观察表盘读数，若两次的测量阻值都大或是都小，则该脚所接就是基极（两次阻值都小的为 NPN 型管，两次阻值都大的为 PNP 型管），若两次测量阻值一大一小，则用黑笔重新固定半导体三极管一个引脚极继续测量，直到找到基极。

③ 确定基极后，对于 NPN 管，用万用表两表笔接三极管另外两极，交替测量两次，若两次测量的结果不相等，则其中测得阻值较小的一次黑笔接的是 e 极，红笔接得是 c 极（若是 PNP 型管则黑红表笔所接的电极相反）。

④ 如果已知某个半导体三极管的基极，可以用红表笔接基极，黑表笔分别测量其另外两个电极引脚，如果测得的电阻值很大，则该三极管是 NPN 型半导体三极管，如果测量的电阻值都很小，则该三极管是 PNP 型半导体三极管。

对于常见的进口型号的大功率塑封管，其集电极（c 极）基本都是在中间，中、小功率管有的基极（b 极）可能在中间。比如常用的 9014 三极管及其系列的其他型号三极管、2SC1815、2N5401、2N5551 等三极管，其基极（b 极）有的在中间。当然它们也有集电极（c 极）在中间的。所以在维修更换三极管时，尤其是这些小功率三极管，不可拿来就按原样直接安上，一定要先测一下。

（2）用数字万用表判断半导体三极管的极性。

① 选择“$R\times200$”或“$R\times2$K”挡位。

② 用万用表黑表笔固定三极管的某一个电极，红表笔分别接半导体三极管另外两个电极，观察表盘读数，若两次的测量阻值都大或是都小，则该脚所接就是基极（两次阻值都小的为 NPN 型管，两次阻值都大的为 PNP 型管），若两次测量阻值一大一小，则用黑笔重新固定半导体三极管一个引脚极继续测量，直到找到基极。

③ 利用万用表测量 β（h_{FE}）值的挡位，判断发射极 e 和集电极 c。将挡位旋至 h_{FE}时，基极插入所对应类型的孔中，把其余管脚分别插入 c、e 孔观察数据，再将 c、e 孔中的管脚对调再看数据，数值大的说明管脚插对了。

五、收音机焊接训练

【实习目的】

（1）掌握半导体收音机各功能模块的基本工作原理。

（2）掌握调幅接收系统的调试过程及故障排除。

（3）通过对收音机的安装、焊接及调试，了解电子产品的生产制作过程。

（4）培养学生分析问题、发现问题和解决问题的能力。

（5）学会利用工艺文件独立进行整机的装焊和调试，并达到产品质量要求。

【实习工具】

半导体收音机完整组件、电路图、元件清单、电烙铁、焊锡丝、镊子、螺丝刀、斜口钳、万用表、两节 5 号电池。

【收音机的工作原理】

收音机的工作原理是把从天线接收到的高频信号，经检波还原成音频信号，送到扬声器变成音波。由于不同频率的无线电波用途较广、接收的电波较多，所以音频信号就会互相干扰，导致音响效果不好，所以要选择所需的电台并把不要的信号“滤掉”，以免产生干扰，因此在收听广播时，使用选台按钮。由于中频（465 kHz）固定，且频率比高频已调信号低，中放的增益可以做得较大，工作较稳定，通频带特性也可做得理想，这样可以使检波器获得足够大的信号，从而使整机输出音质较好的音频信号。图 6 - 31 为收音机的组成方框图。

（1）输入回路：由磁性天线感应得到的高频信号，实际上是高频载波信号（由于声波在空中传播速度很慢、衰减快，因此将音频信号加载到高频信号上去称为调制。调制方式有调频和调幅之分。一般收音机接收的是调幅高频信号，它是经过 *LC* 调谐回路加以选择到欲接收的电台信号。

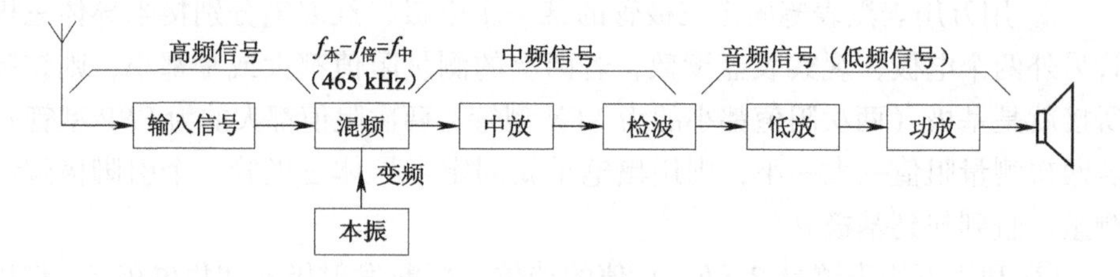

图 6-31 收音机的组成方框图

(2) **变频电路**：由输入回路送来的高频信号是调幅波，本机振荡产生的本振频率信号是等幅波，混频后经选频得到465 kHz中频信号。因此变频级的主要作用是将调幅的高频信号变为调幅的中频信号。变换前后仅是载波频率改变，而信号包络不变。本机用一只变频管来完成该机的振荡和混频作用。

——**本机振荡电路**：一般调频调谐器的本机振荡频率，比接收的载波频率低10.7 MHz，调幅调谐器的本机振荡频率则比接收频率高465 kHz。在高级调频调谐器中往往采用晶体振荡电路，以便使本机振荡稳定。

——**混频级电路**：把已经过高频放大的载频信号和本机振荡频率信号进行混合，得到两者的差即中频信号。调频的中频信号是10.7 MHz，而调幅的中频信号是465 kHz，然后把中频信号送到中放级进行放大。

(3) **中频放大**：中放级的好坏对收音机灵敏度、选择性等有决定性影响。中放级工作频率是465 kHz，用并联的 *LC* 谐振回路作负载，因此只有在信号频率为465 kHz时并联谐振回路电压最大，因此提高了整机选择性。本机采用一级中放（常用的为二级中放）单调谐中频放大器，选择性及灵敏度不一定十分理想，但回路损耗小，调整方便，因此袖珍机广泛采用此线路。

(4) **检波级**：中频信号仍旧是调幅信号，经过检波级，由二极管或三极管检波，从调幅波中取出音频信号。本机选用的是三极管，利用其中一个PN结在非线性工作状态下起大信号检波作用，同时此管还可进行低频电流放大。

(5) **低放和功率放大**：检波后的音频信号送到低放级进行音频放大，然后通过输入变压器送到推挽功率放大级进行功率放大，输出信号推动扬声器发出声音。本机用推挽功放电路的管子工作在乙类状态，在无信号时截止，有信号时二管轮流工作，因此效率高，但乙类工作在小信号，在特性曲线弯曲部分产生失真。因此本机线路在无信号时基级也有一定的偏压，使之工作在甲乙类状态，这样效率高，输出功率大，而且省电。但要求两只管子参数一致，一旦有一只管损坏，必须配对选管。

图6-32为收音机原理图。

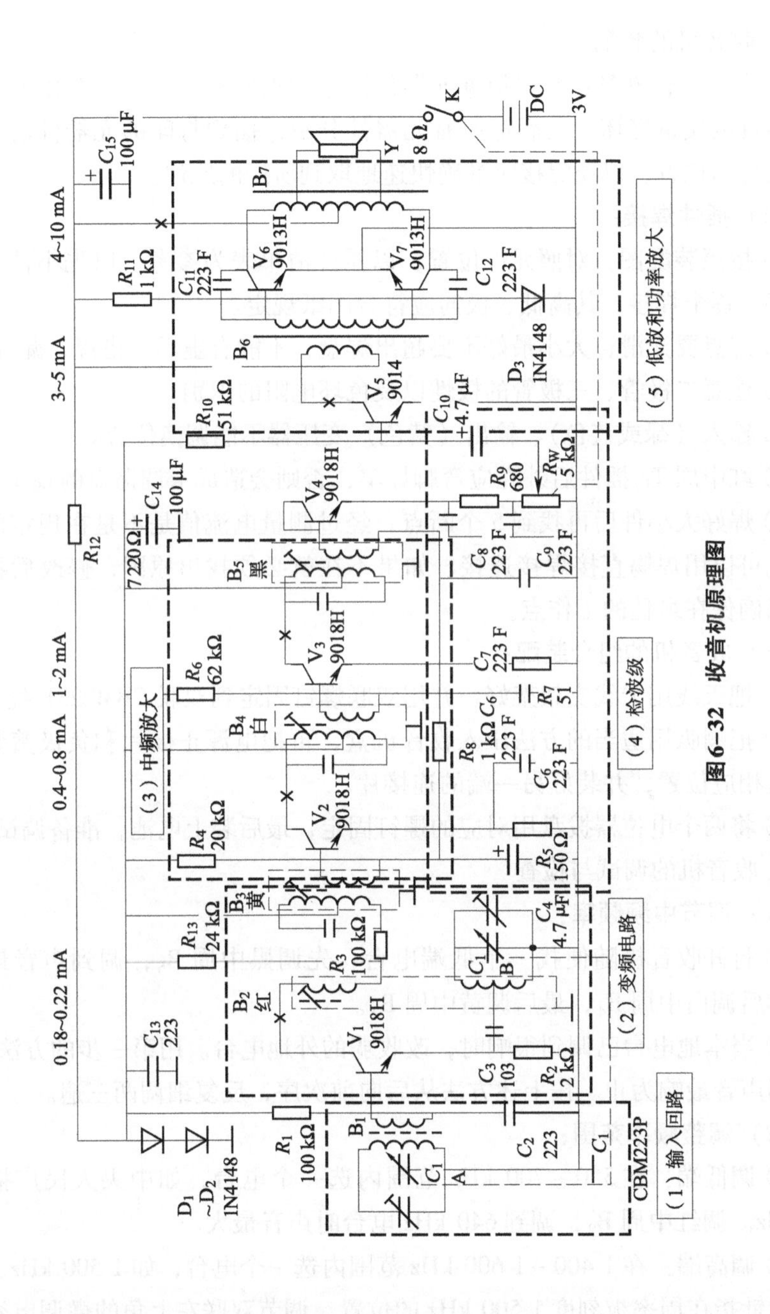
（1）输入回路
（2）变频电路
（3）中频放大
（4）检波级
（5）低放和功率放大
CBM223P
D1
~D2
1N4148
R1
100 kΩ
B1
C2
223
C3
103
R2
2 kΩ
V1
9018H
B2
红
R3
100 kΩ
C4
4.7 μF
R13
24 kΩ
C13
223
B3
黄
R4
20 kΩ
V2
9018H
R5
150 Ω
C6
223 F
R8
1 kΩ
B4
白
R6
62 kΩ
V3
9018H
R7
51
C7
223 F
B5
黑
V4
9018H
C8
223 F
C9
223 F
R9
680
RW
5 kΩ
C10
4.7 μF
C14
100 μF
R10
51 kΩ
R12
V5
9014
B6
D3
1N4148
R11
1 kΩ
C11
223 F
V6
9013H
V7
9013H
C12
223 F
B7
C15
100 μF
Y
8 Ω
K
DC
3V
0.18~0.22 mA
0.4~0.8 mA
1~2 mA
3~5 mA
4~10 mA
图6-32　收音机原理图

【实习内容】

1. 收音机的装配

（1）**元器件准备：** 首先根据元器件清单清点所有元器件，并用万用表粗测元器件的质量好坏。之后把所有元器件分清，插到打印的元器件清单表对应的器件名位置，以便焊接时准确快速地取到所用的原件。

（2）**插件焊接：**

① 按照装配图，对照元件位置，以器件清单表为参考，以先小件后大件的顺序，逐个焊接，其高低、极向应符合图纸规定。

② 焊点要光滑，大小最好不要超出焊盘，不能有虚焊、搭焊、漏焊。

③ 注意二极管、三极管的极性以及色环电阻的识别。

④ 输入（绿或蓝色）、输出（黄色）变压器不能调换位置。

⑤ 红中周 Tr_2 插件后外壳应弯脚焊牢，否则会造成卡调谐盘的现象。

⑥ 焊好大小件后再找到 5 个断点，经过测量电流值是不是在规定的范围后，就可以用焊锡直接焊接连接，如果不在就必须找出原因，修改后再次测量，以确保在最佳的工作点。

（3）**收音机的组合装配：**

① 把天线用天线支架架好，并用双联螺钉固定到双联 CBM223P 处。

② 把喇叭用适当的方法压入收音机盒，再把电源正极片和负极簧装入收音机盒相应位置，并装好另一端的连接片。

③ 将两个电位器拨盘用对应的螺钉固定，最后装上电池，准备调试。

2. 收音机的调试与检查

（1）**调节中频频率：**

① 打开收音机随便找一个低端电台，先调黑中周 B_5，调到声音最响为止，然后调白中周 B_4，最后调黄中周 B_3。

② 当本地电台已调到很响时，改收弱的外地电台。用第一步的方法调整，再调到声音最响为止。按上述方法从后向前次序，反复细调两三遍。

（2）**调整频率范围：**

① 调低端：在 550 ~ 700 kHz 范围内选一个电台，如中央人民广播电台 640 kHz。调红中周 B_2，调到 640 kHz 电台时声音最大。

② 调高端：在 1 400 ~ 1 600 kHz 范围内选一个电台，如 1 500 kHz，将调谐盘指针指在周率板刻度 1 500 kHz 的位置，调节双联左上角的微调电容，使电台声音最大。

上面的步骤需要重复两三次才可以调得准确。

（3）**统调**：

① 低端统调：收一个最低端电台，调整线圈在磁棒上的位置，使声音最响。

② 高端统调：收一个最高端电台，调节双联上的微调电容，使声音最响。

（4）**用万用表检查的方法**：将万用表的挡位调到"Ω×1"，黑表棒接地，红表棒从后级往前寻找。对照原理图，从喇叭开始顺着信号传播方向逐级往前碰触，喇叭应发出"喀喀"声。当碰触到哪级无声时，则故障就在该级，可采用测量工作点是否正常，检查各元器件有无接错、焊错、搭桥、虚焊等。若在整机上无法查出该元件好坏，则可拆下检查。

【注意事项】

（1）安全用电，熔化的焊锡、热的烙铁温度很高，避免烫伤。

（2）避免焊点的错焊、虚焊和桥焊，以防止收音机电路无法正常工作，元器件无法接通。

（3）手工对焊件表面进行仔细的处理。如：去除焊接面上的锈迹、油污、灰尘等影响焊接质量的杂质。

（4）焊接前先在废弃的印制板上用焊锡和废弃的金属导线多多练习，达到一定的熟练水平和技巧后再去焊接收音机电路板。

（5）不要用过量的焊剂，合适的焊接剂应该是焊锡仅能浸湿的将要形成的焊点，不要让焊锡透过印制板流到元件面或插孔里。

（6）保持烙铁头清洁，长期用过的烙铁头表面都会附着一层黑色杂质形成氧化隔热层，使烙铁头失去加热作用。焊接时要随时在烙铁架上蹭去杂质氧化层，或者用镊子将其刮去。

（7）焊锡过多可能会溢出焊盘，也可能让焊点不美观光滑，严重时会和旁边紧挨的焊点或导线连在一起，形成短路，使电路无法正常工作，有时还会烧坏电路或元器件，因此应保持焊锡量合适。

（8）焊接时要把元件固定好再焊接，要让元件树立在焊盘上，别弄得东倒西歪的，不美观。

（9）焊接时要注意不要弄坏电路板，使其表面的树胶化开，严重时可使电路板烤焦。

（10）以中周的高度为标准放置其他元件，这样既美观，又能让后盖顺利地安装好。

（11）每个三极管的集电极都有断点，记得要把它焊上。最后用斜口钳把多出的元件引脚剪掉。

附　录　1

集成逻辑门电路新、旧图形符号对照

名称	新国标图形符号	旧图形符号	逻辑表达式
与门	&		$Y = ABC$
或门	≥1	+	$Y = A + B + C$
非门	1		$Y = \overline{A}$
与非门	&		$Y = \overline{ABC}$
或非门	≥1	+	$Y = \overline{A + B + C}$
与或非门	&≥1	+	$Y = \overline{AB + CD}$
异或门	=1	⊕	$Y = A\overline{B} + \overline{A}B$

附　录　2

集成触发器新、旧图形符号对照

名称	新国标图形符号	旧图形符号	触发方式
由与非门构成的基本 RS 触发器	$\overline{S}$ $\overline{R}$ Q $\overline{Q}$	Q $\overline{Q}$ $\overline{R}$ $\overline{S}$	无时钟输入，触发器状态直接由 S 和 R 的电平控制
由或非门构成的基本 RS 触发器	S R Q $\overline{Q}$	$\overline{Q}$ Q $\overline{R}$ $\overline{S}$	
TTL 边沿型 JK 触发器	$\overline{S}_D$ J CP K $\overline{R}_D$ Q $\overline{Q}$	$\overline{Q}$ Q $\overline{S}_D$ $\overline{R}_D$ J CP K	CP 脉冲下降沿
TTL 边沿型 D 触发器	$\overline{S}_D$ D CP $\overline{R}_D$ Q $\overline{Q}$	$\overline{Q}$ Q $\overline{S}_D$ $\overline{R}_D$ CP K	CP 脉冲上升沿

续表

名称	新国标图形符号	旧图形符号	触发方式
CMOS 边沿型 JK 触发器	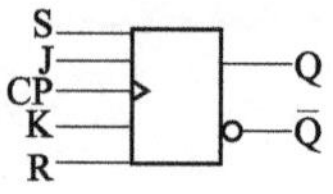 S J CP K R Q $\bar{Q}$	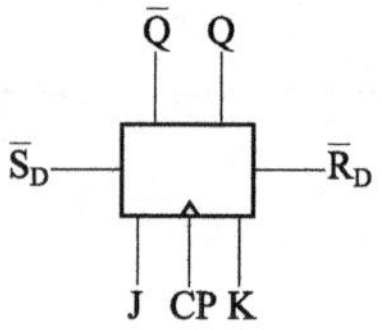 $\bar{Q}$ Q $\bar{S}_D$ $\bar{R}_D$ J CP K	CP 脉冲上升沿
CMOS 边沿型 D 触发器	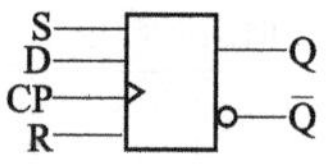 S D CP R Q $\bar{Q}$	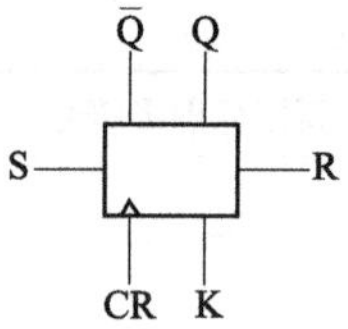 $\bar{Q}$ Q S R CR K	CP 脉冲上升沿

附 录 3

部分集成电路引脚排列

一、74LS 系列

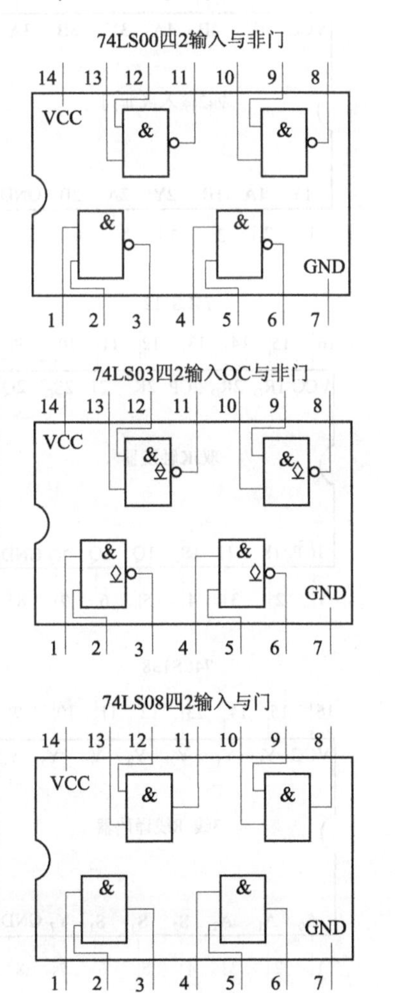

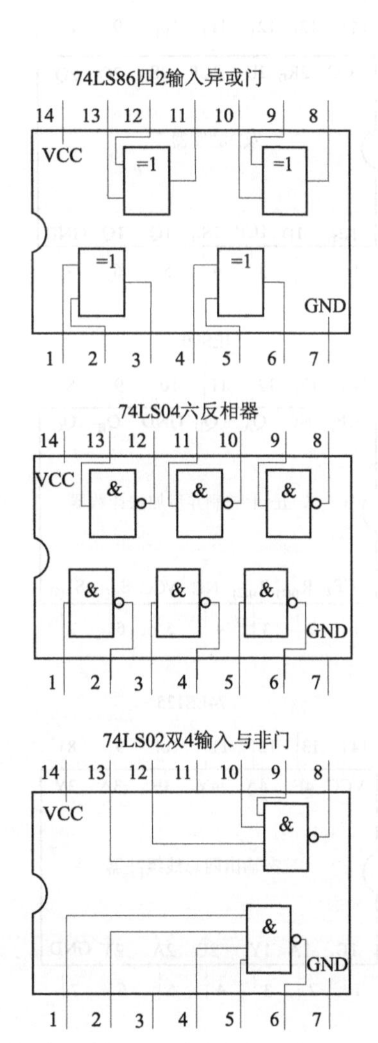

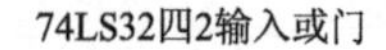

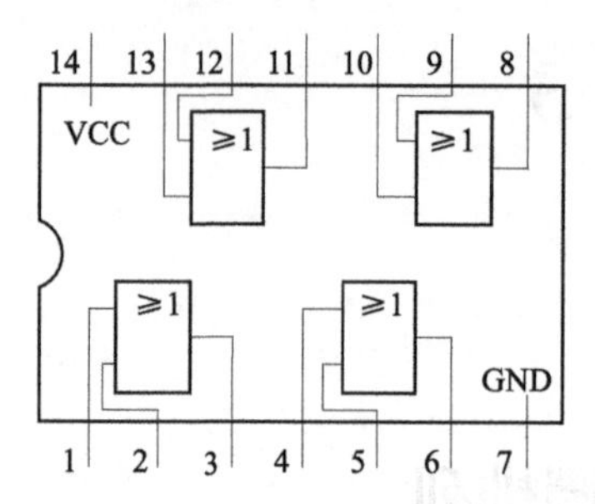

74LS54

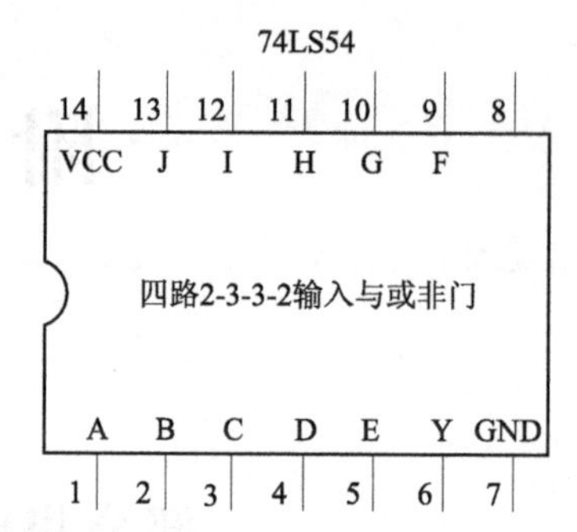

74LS74

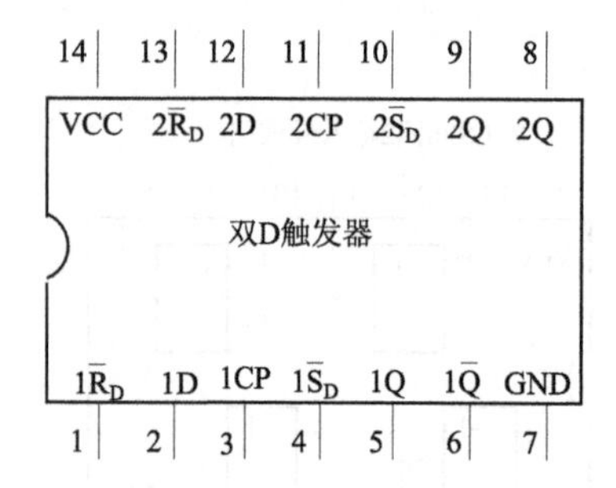

74LS02

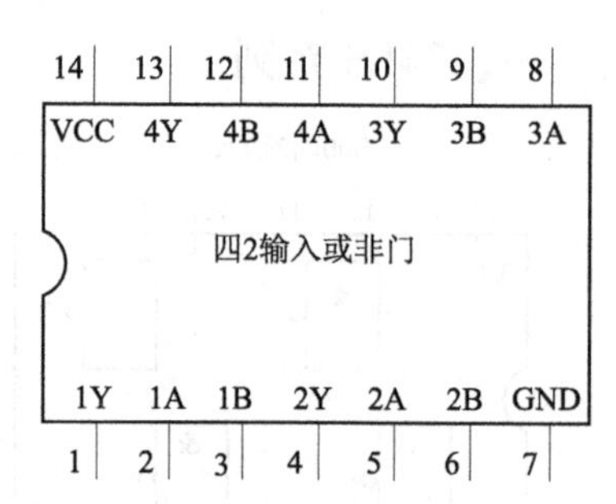

74LS90

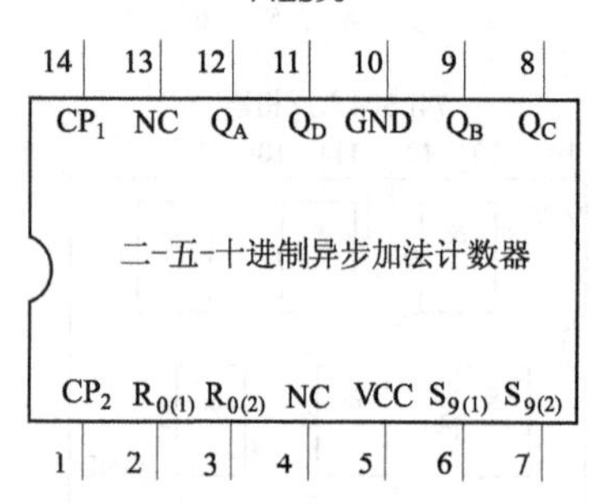

74LS112

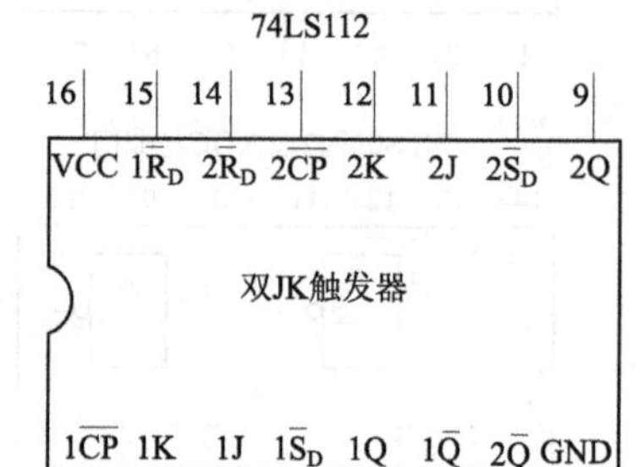

74LS125

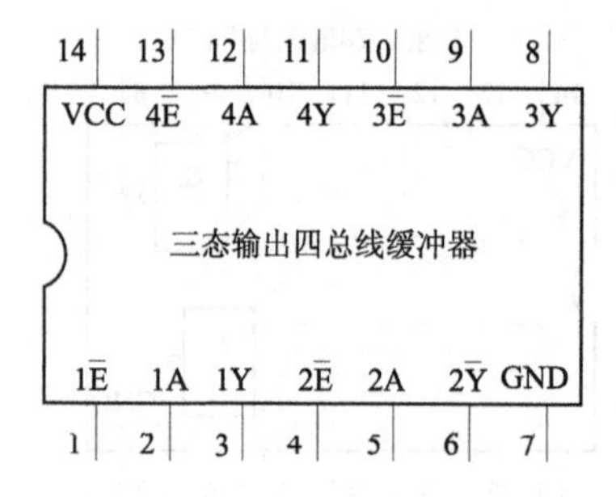

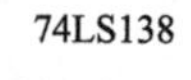

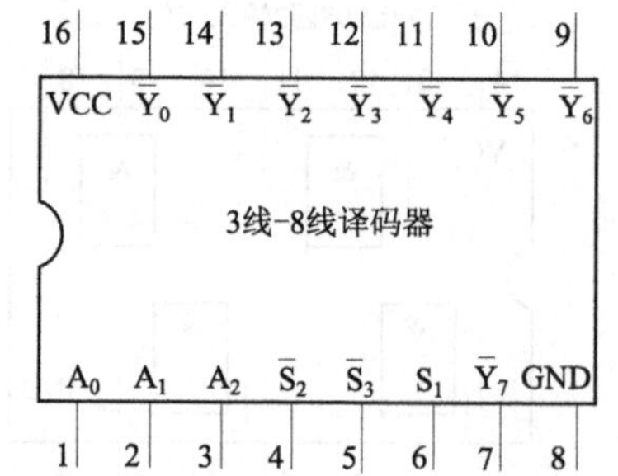

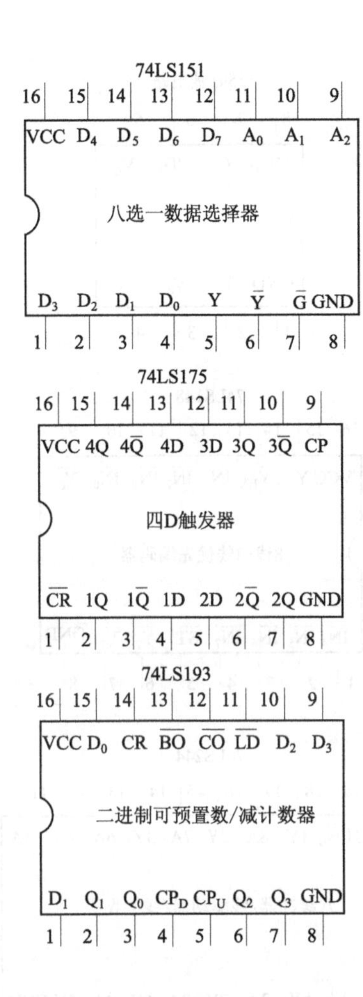

74LS153

16 15 14 13 12 11 10 9

VCC $2\overline{G}$ A_0 $2D_3$ $2D_2$ $2D_1$ $2D_0$ 2Y

双四选一数据选择器

1G A_1 $1D_3$ $1D_2$ $1D_1$ $1D_0$ 1Y GND

1 2 3 4 5 6 7 8

74LS192

16 15 14 13 12 11 10 9

VCC D_0 CR $\overline{BO}$ $\overline{CO}$ $\overline{LD}$ D_2 D_3

同步十进制双时钟可逆计数器

D_1 Q_1 Q_0 CP_D CP_U Q_2 Q_3 GND

1 2 3 4 5 6 7 8

74LS194

16 15 14 13 12 11 10 9

VCC D_0 Q_1 Q_2 Q_3 CP S_1 S_0

四位双向移位寄存器

$\overline{CR}$ S_R D_0 D_1 D_2 D_3 S_L GND

1 2 3 4 5 6 7 8

DAC0832

八位数模转换器

1 CS | 20 VCC
2 WR_1 | 19 ILE
3 AGND | 18 WR_2
4 D_3 | 17 XEFR
5 D_2 | 16 D_4
6 D_1 | 15 D_5
7 D_0 | 14 D_6
8 V_{REF} | 13 D_7
9 R_{CB} | 12 I_{OUT2}
10 DGND | 11 I_{OUT1}

ADC0809

八路八位模数转换器

1 IN_3 | 28 IN_2
2 IN_4 | 27 IN_1
3 IN_5 | 26 IN_0
4 IN_6 | 25 A_0
5 IN_7 | 24 A_1
6 START | 23 A_3
7 EOC | 22 ALE
8 D_3 | 21 D_7
9 OE | 20 D_6
10 CLOCK | 19 D_5
11 V_{CC} | 18 D_4
12 $V_{REF(-)}$ | 17 D_0
13 GND | 16 $V_{REF(-)}$
14 D_1 | 15 D_2

μA741运算放大器

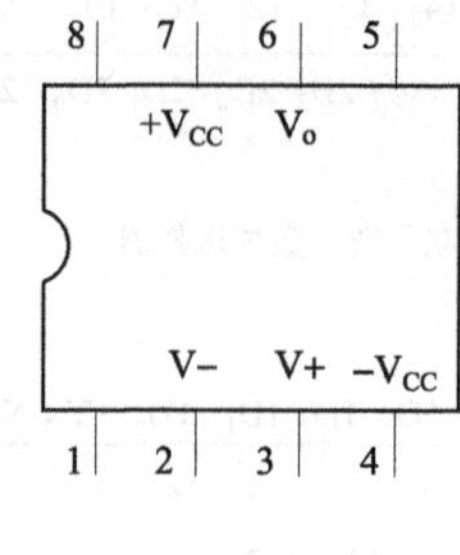

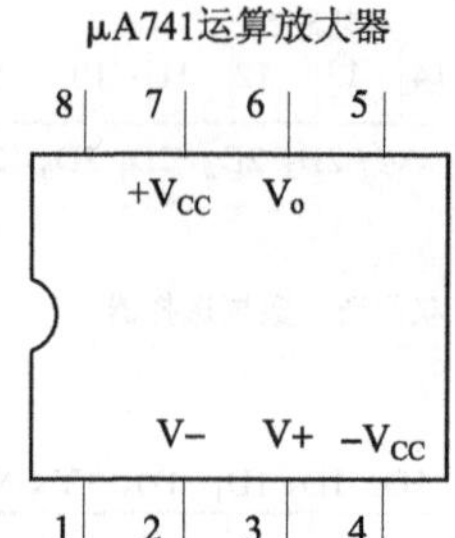

555时基电路

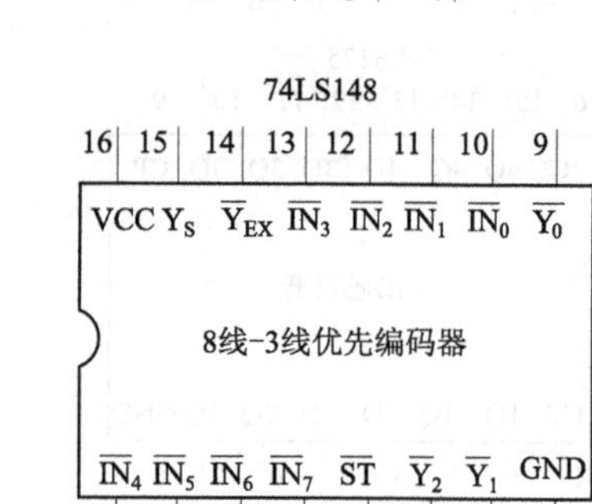

74LS161

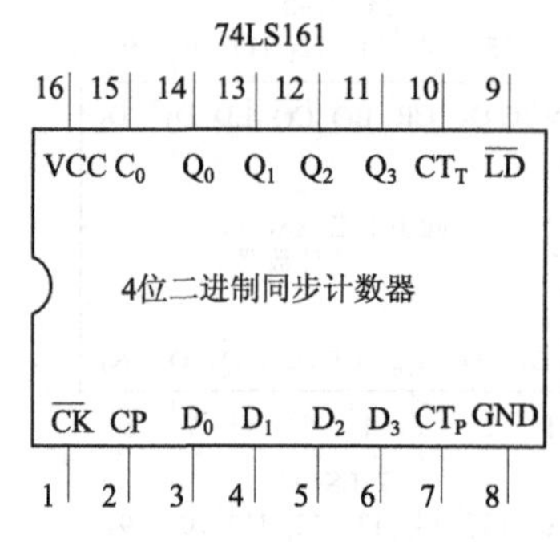

74LS148

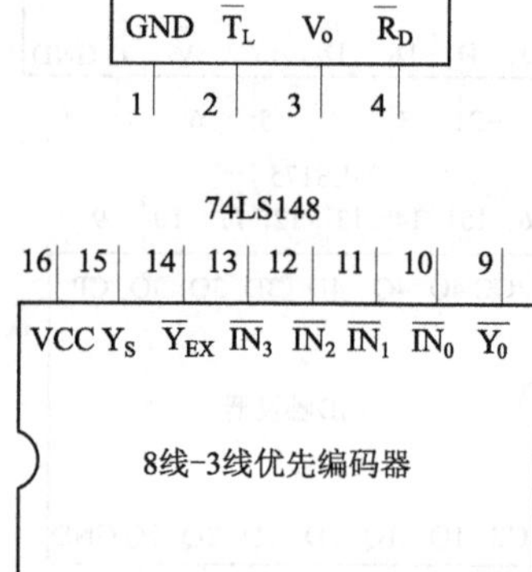

74LS30

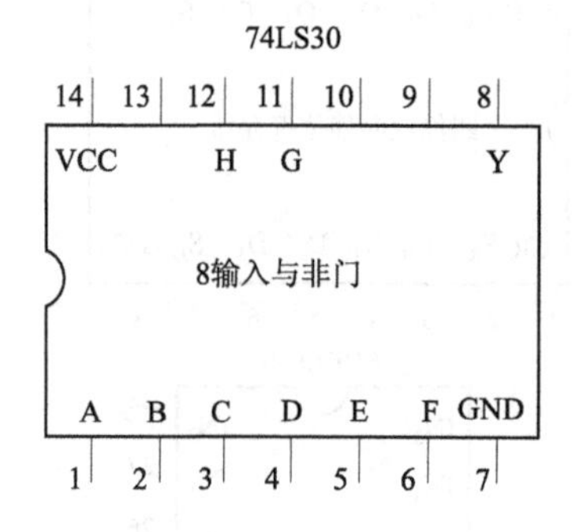

74LS244

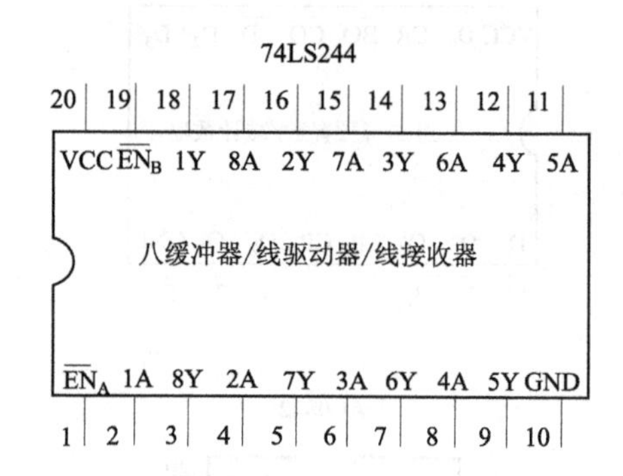

二、CC4000 系列

CC4011四2输入或非门

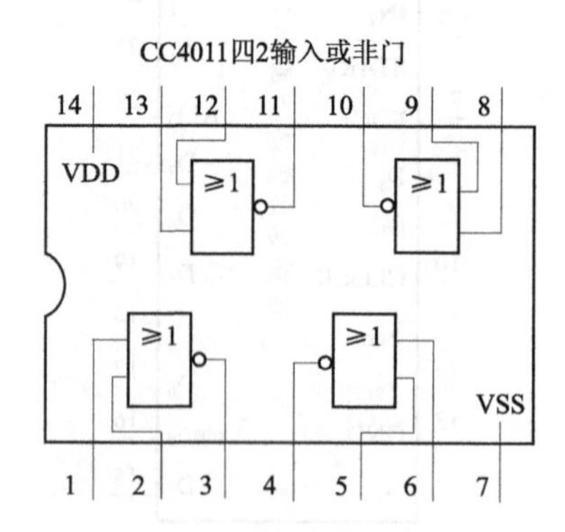

CC4011四2输入与非门

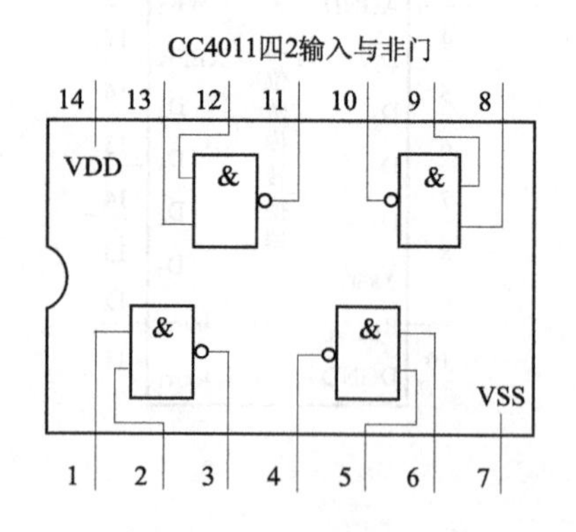

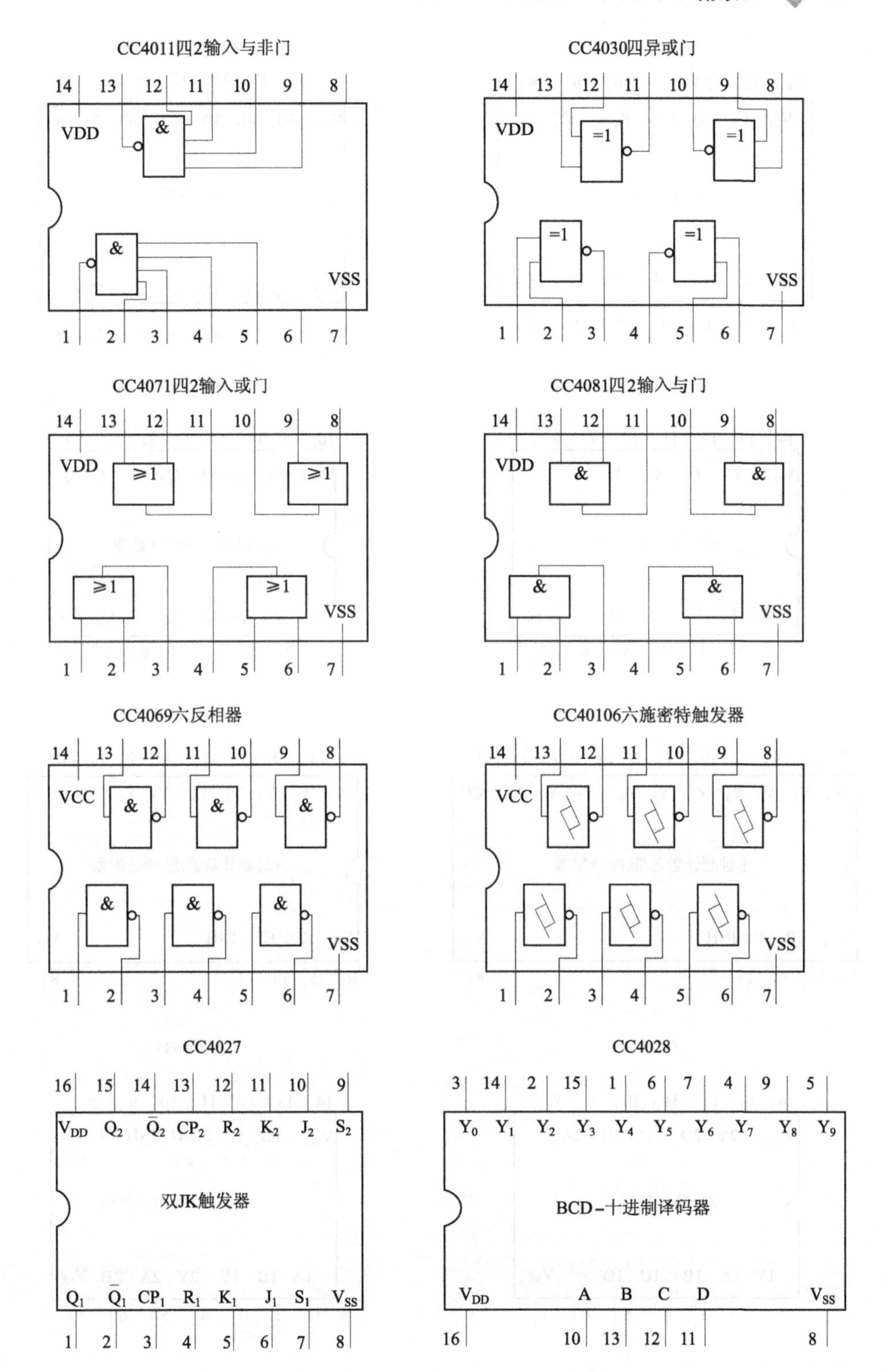
CC4011四2输入与非门
14 13 12 11 10 9 8
VDD
&
&
VSS
1 2 3 4 5 6 7
CC4030四异或门
14 13 12 11 10 9 8
VDD
=1
=1
=1
=1
VSS
1 2 3 4 5 6 7
CC4071四2输入或门
14 13 12 11 10 9 8
VDD
≥1
≥1
≥1
≥1
VSS
1 2 3 4 5 6 7
CC4081四2输入与门
14 13 12 11 10 9 8
VDD
&
&
&
&
VSS
1 2 3 4 5 6 7
CC4069六反相器
14 13 12 11 10 9 8
VCC
&
&
&
&
&
&
VSS
1 2 3 4 5 6 7
CC40106六施密特触发器
14 13 12 11 10 9 8
VCC
VSS
1 2 3 4 5 6 7
CC4027
16 15 14 13 12 11 10 9
V_DD Q_2 Q̄_2 CP_2 R_2 K_2 J_2 S_2
双JK触发器
Q_1 Q̄_1 CP_1 R_1 K_1 J_1 S_1 V_SS
1 2 3 4 5 6 7 8
CC4028
3 14 2 15 1 6 7 4 9 5
Y_0 Y_1 Y_2 Y_3 Y_4 Y_5 Y_6 Y_7 Y_8 Y_9
BCD-十进制译码器
V_DD A B C D V_SS
16 10 13 12 11 8

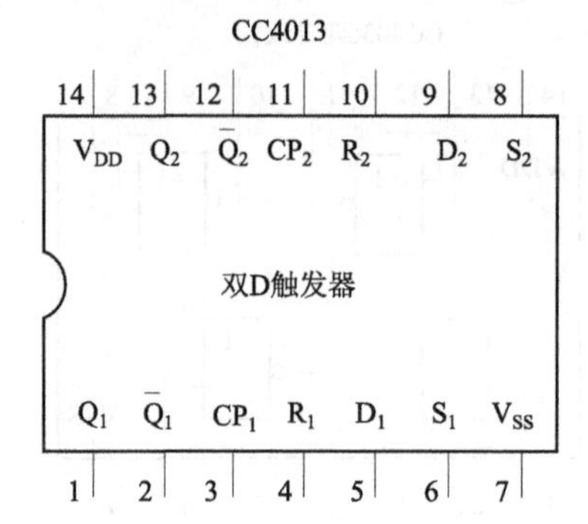
CC4013
14 13 12 11 10 9 8
VDD Q2 Q̄2 CP2 R2 D2 S2
双D触发器
Q1 Q̄1 CP1 R1 D1 S1 VSS
1 2 3 4 5 6 7

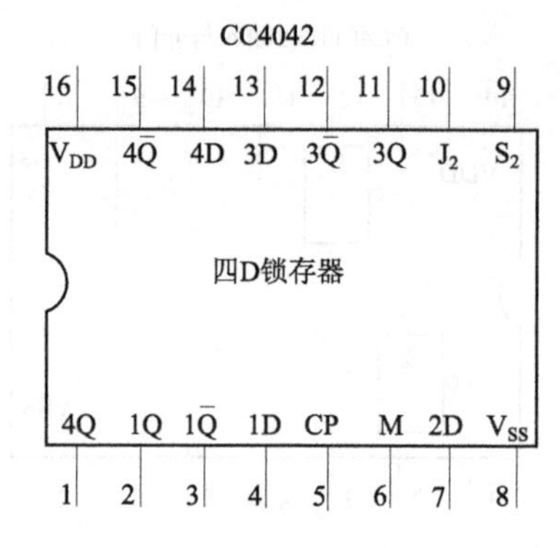
CC4042
16 15 14 13 12 11 10 9
VDD 4Q̄ 4D 3D 3Q̄ 3Q J2 S2
四D锁存器
4Q 1Q 1Q̄ 1D CP M 2D VSS
1 2 3 4 5 6 7 8

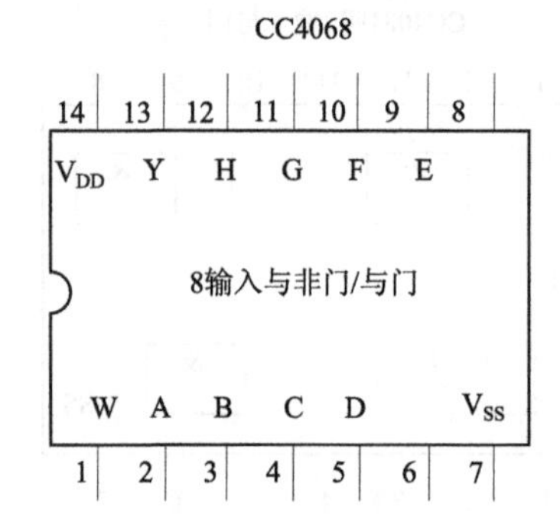
CC4068
14 13 12 11 10 9 8
VDD Y H G F E
8输入与非门/与门
W A B C D VSS
1 2 3 4 5 6 7

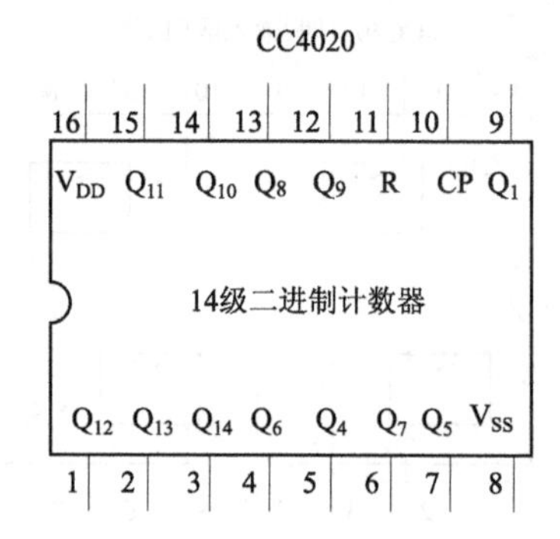
CC4020
16 15 14 13 12 11 10 9
VDD Q11 Q10 Q8 Q9 R CP Q1
14级二进制计数器
Q12 Q13 Q14 Q6 Q4 Q7 Q5 VSS
1 2 3 4 5 6 7 8

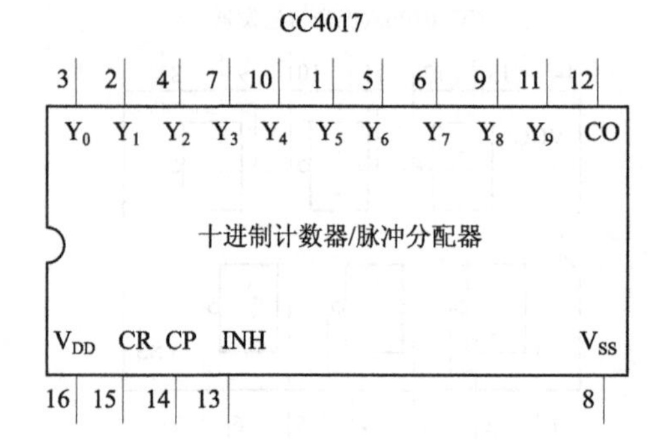
CC4017
3 2 4 7 10 1 5 6 9 11 12
Y0 Y1 Y2 Y3 Y4 Y5 Y6 Y7 Y8 Y9 CO
十进制计数器/脉冲分配器
VDD CR CP INH VSS
16 15 14 13 8

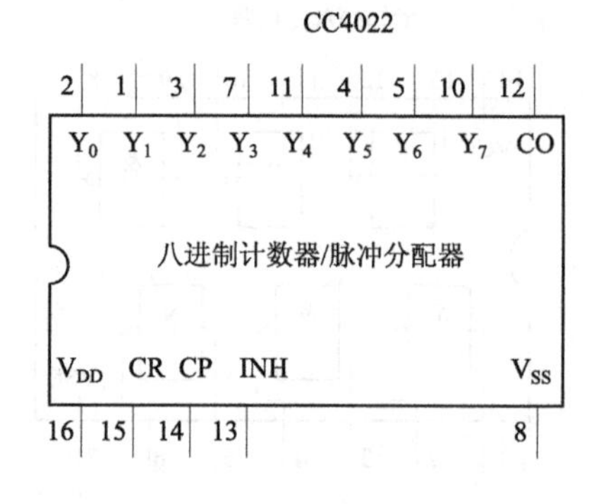
CC4022
2 1 3 7 11 4 5 10 12
Y0 Y1 Y2 Y3 Y4 Y5 Y6 Y7 CO
八进制计数器/脉冲分配器
VDD CR CP INH VSS
16 15 14 13 8

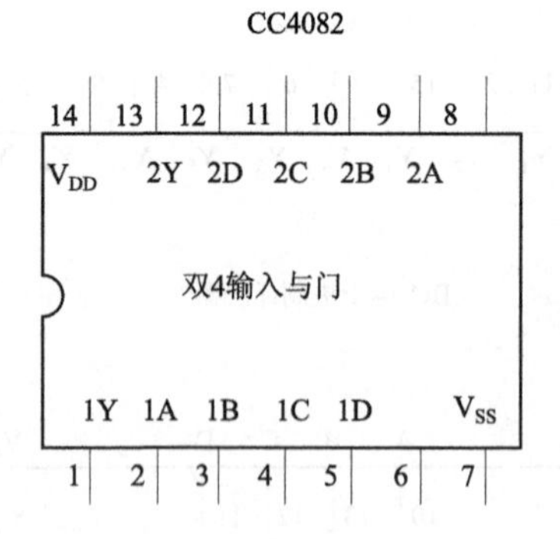
CC4082
14 13 12 11 10 9 8
VDD 2Y 2D 2C 2B 2A
双4输入与门
1Y 1A 1B 1C 1D VSS
1 2 3 4 5 6 7

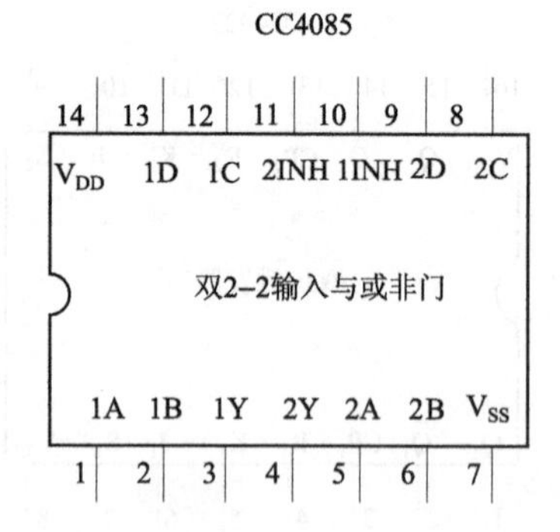
CC4085
14 13 12 11 10 9 8
VDD 1D 1C 2INH 1INH 2D 2C
双2-2输入与或非门
1A 1B 1Y 2Y 2A 2B VSS
1 2 3 4 5 6 7

CC4086

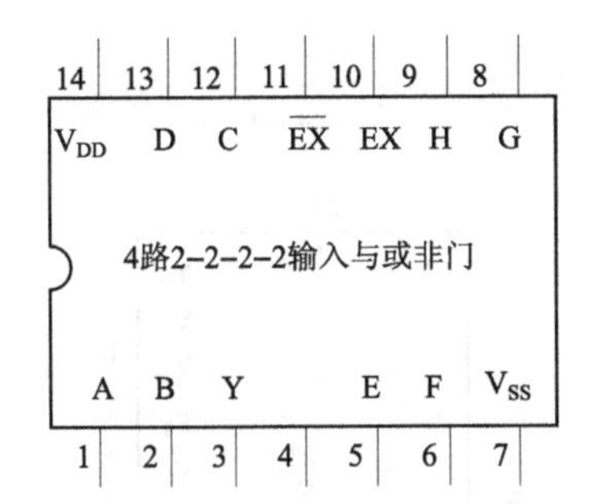

CC4093施密特触发器

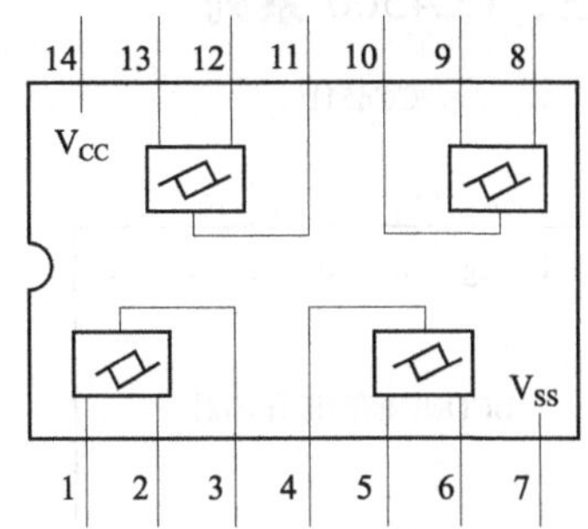

CC14528（CC4098）

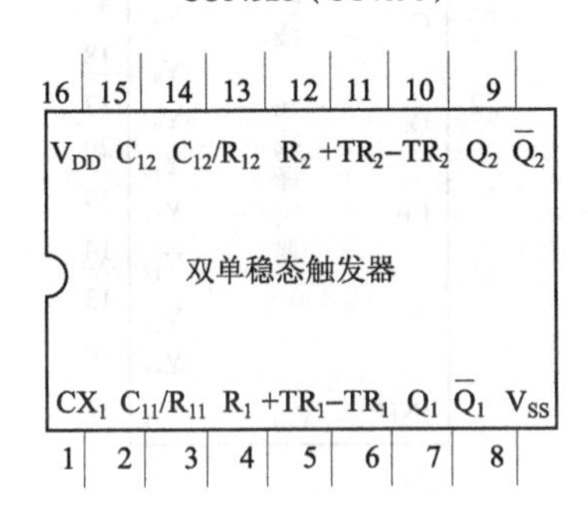

双时钟BCD可预置数
十进制同步加/减计数器

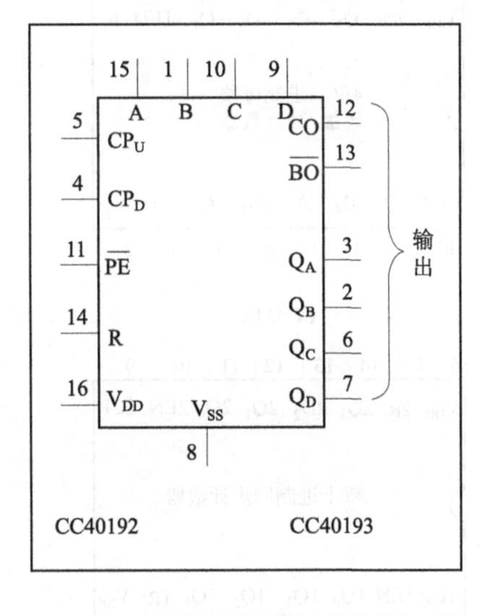

CC4024

CC40194

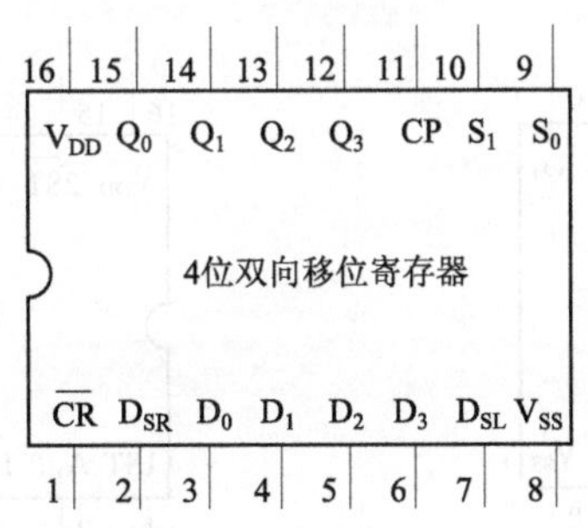

三、CC4500 系列

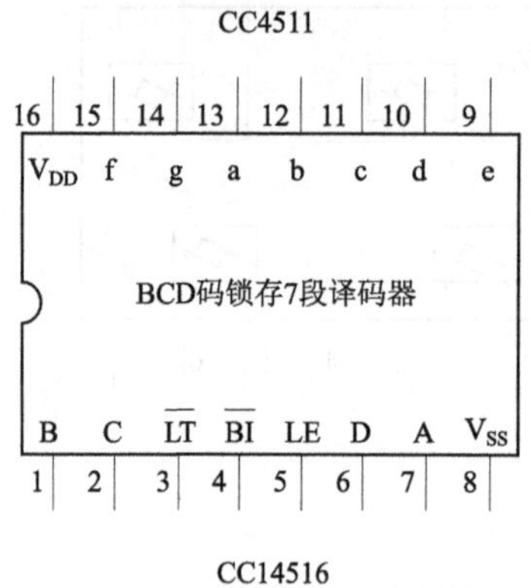
CC4511
16 15 14 13 12 11 10 9
VDD f g a b c d e
BCD码锁存7段译码器
B C LT BI LE D A VSS
1 2 3 4 5 6 7 8

CC4514
24
VDD
A B C D LE
2 3 21 22 1
四位锁存4线—16线译码器
Y0 Y1 Y2 Y3 Y4 Y5 Y6 Y7 Y8 Y9 Y10 Y11 Y12 Y13 Y14 Y15
11 9 10 8 7 6 5 4 18 17 20 19 14 13 16 15
INH VSS
23 12

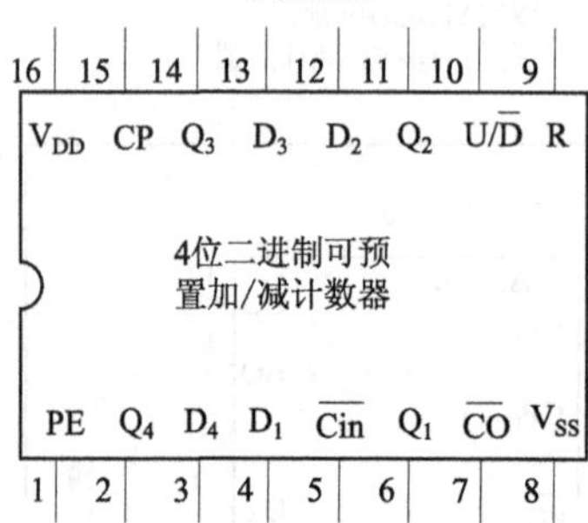
CC14516
16 15 14 13 12 11 10 9
VDD CP Q3 D3 D2 Q2 U/D R
4位二进制可预
置加/减计数器
PE Q4 D4 D1 Cin Q1 CO VSS
1 2 3 4 5 6 7 8

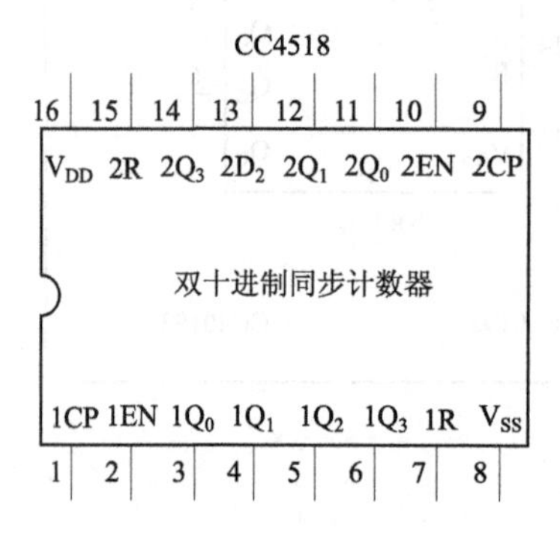
CC4518
16 15 14 13 12 11 10 9
VDD 2R 2Q3 2D2 2Q1 2Q0 2EN 2CP
双十进制同步计数器
1CP 1EN 1Q0 1Q1 1Q2 1Q3 1R VSS
1 2 3 4 5 6 7 8

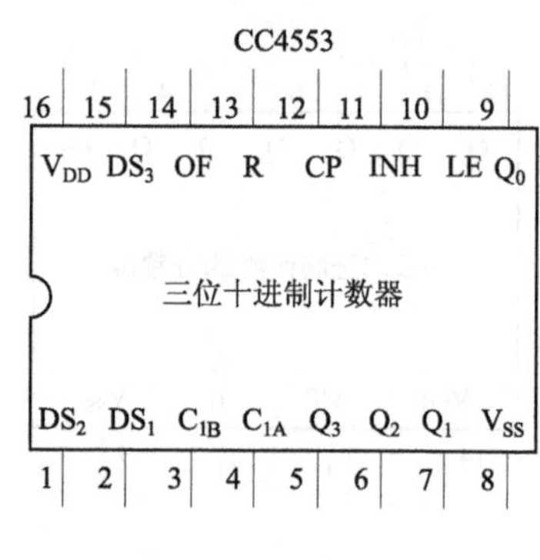
CC4553
16 15 14 13 12 11 10 9
VDD DS3 OF R CP INH LE Q0
三位十进制计数器
DS2 DS1 C1B C1A Q3 Q2 Q1 VSS
1 2 3 4 5 6 7 8

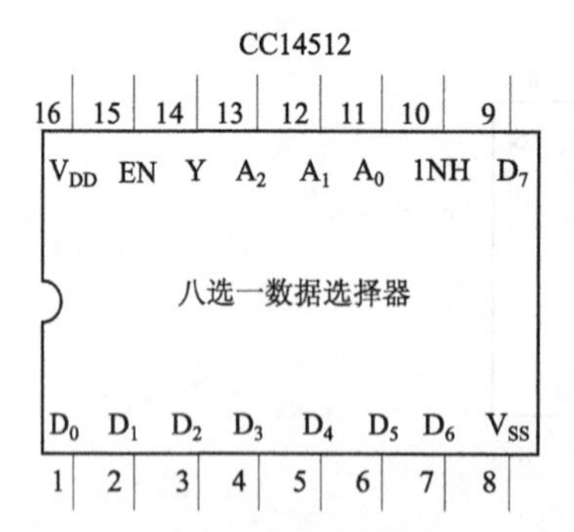
CC14512
16 15 14 13 12 11 10 9
VDD EN Y A2 A1 A0 1NH D7
八选一数据选择器
D0 D1 D2 D3 D4 D5 D6 VSS
1 2 3 4 5 6 7 8

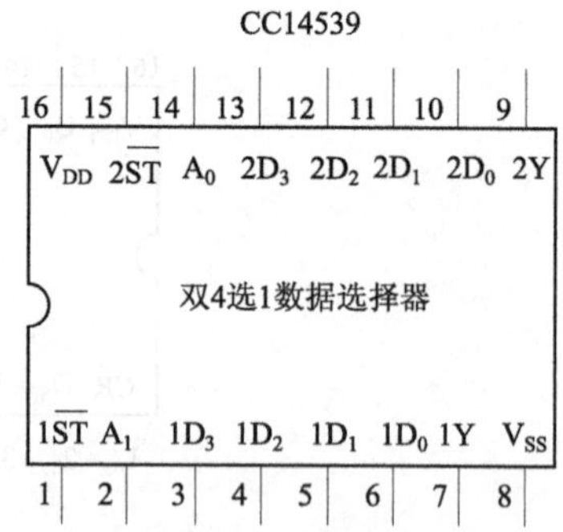
CC14539
16 15 14 13 12 11 10 9
VDD 2ST A0 2D3 2D2 2D1 2D0 2Y
双4选1数据选择器
1ST A1 1D3 1D2 1D1 1D0 1Y VSS
1 2 3 4 5 6 7 8

四、其他芯片

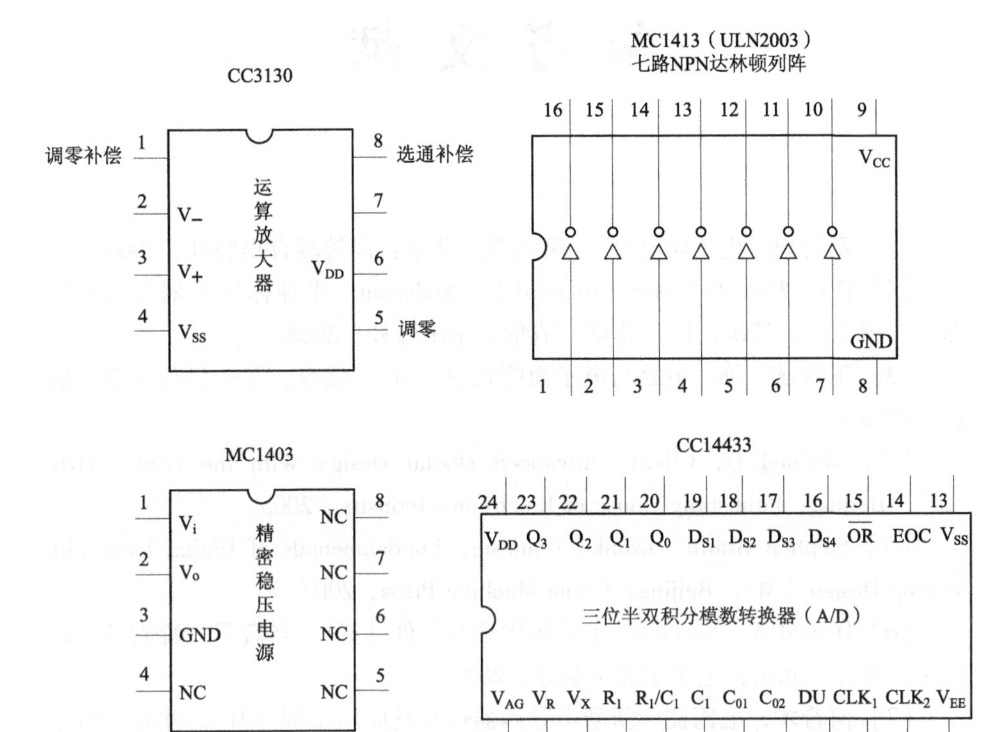
CC3130
调零补偿
选通补偿
运算放大器
V−
V+
VDD
VSS
调零
MC1413（ULN2003）
七路NPN达林顿列阵
VCC
GND
MC1403
Vi
Vo
GND
NC
精密稳压电源
CC14433
VDD Q3 Q2 Q1 Q0 DS1 DS2 DS3 DS4 OR EOC VSS
三位半双积分模数转换器（A/D）
VAG VR VX R1 R1/C1 C1 C01 C02 DU CLK1 CLK2 VEE

参 考 文 献

［1］ 秦曾煌. 电工学［M］. 第六版. 北京：高等教育出版社，2004.

［2］ Betty Lise Anderson，Richard L. Anderson. 半导体物理器件［M］. 邓宁，田立林，任敏，译. 北京：清华大学出版社，2008.

［3］ 王槐斌，等. 电路与电子简明教材［M］. 武汉：华中科技大学出版社，2006.

［4］ Michael D，Ciletti，Advanced Digital Design With the verilog HDL［M］. Beijing：Publishing House of Electronics Industry，2005.

［5］ Stephen Brown，Zvonko Vranesic，Fundanmentals of Digital logic with Verilog Design［M］. Beijing：China Machine Press，2007.

［6］ Donald A. Neamen. 半导体物理与器件［M］. 赵毅强，姚素英，解晓东，等译. 北京：电子工业出版社，2005.

［7］ 何希才，毛德柱. 新型半导体器件及其应用实例［M］. 北京：电子工业出版社，2002.

［8］ 曾树荣. 半导体器件物理基础［M］. 北京：北京大学出版社，2002.

［9］ 丁志杰，赵宏图，梁淼. 数字电路——分析与设计［M］. 北京：北京理工大学出版社，2007.

［10］ 曾树荣. 半导体器件物理基础［M］. 北京：北京大学出版社，2002.

［11］ 王金明. 数字系统设计与 Verilog HDL［M］. 北京：电子工业出版社，2005.

［12］ 李哲英. 电子技术及应用基础（数字部分）［M］. 北京：高等教育出版社，2003.

［13］ 陈大钦. 模拟电子技术基础［M］. 第 2 版. 北京：高等教育出版社，2000.

［14］ 康华光. 电子技术基础（模拟部分）［M］. 第 5 版. 北京：高等教育出版社，2006.

［15］ 清华大学电子学教研组编，童诗白，华成英主编. 模拟电子技术基础［M］. 第 3 版. 北京：高等教育出版社，2001.

[16] 浙江大学电工电子基础教学中心电子学组编，郑家龙，王小海，章安元主编. 集成电子技术基础教程 [M]. 北京：高等教育出版社，2002.

[17] 瞿安连. 应用电子技术 [M]. 北京：科学出版社，2003.

[18] 张申科，等. 数字电子技术基础 [M]. 北京：电子工业出版社，2005.

[19] 侯建军. 数字电子技术 [M]. 北京：高等教育出版社，2007.